陕西卷

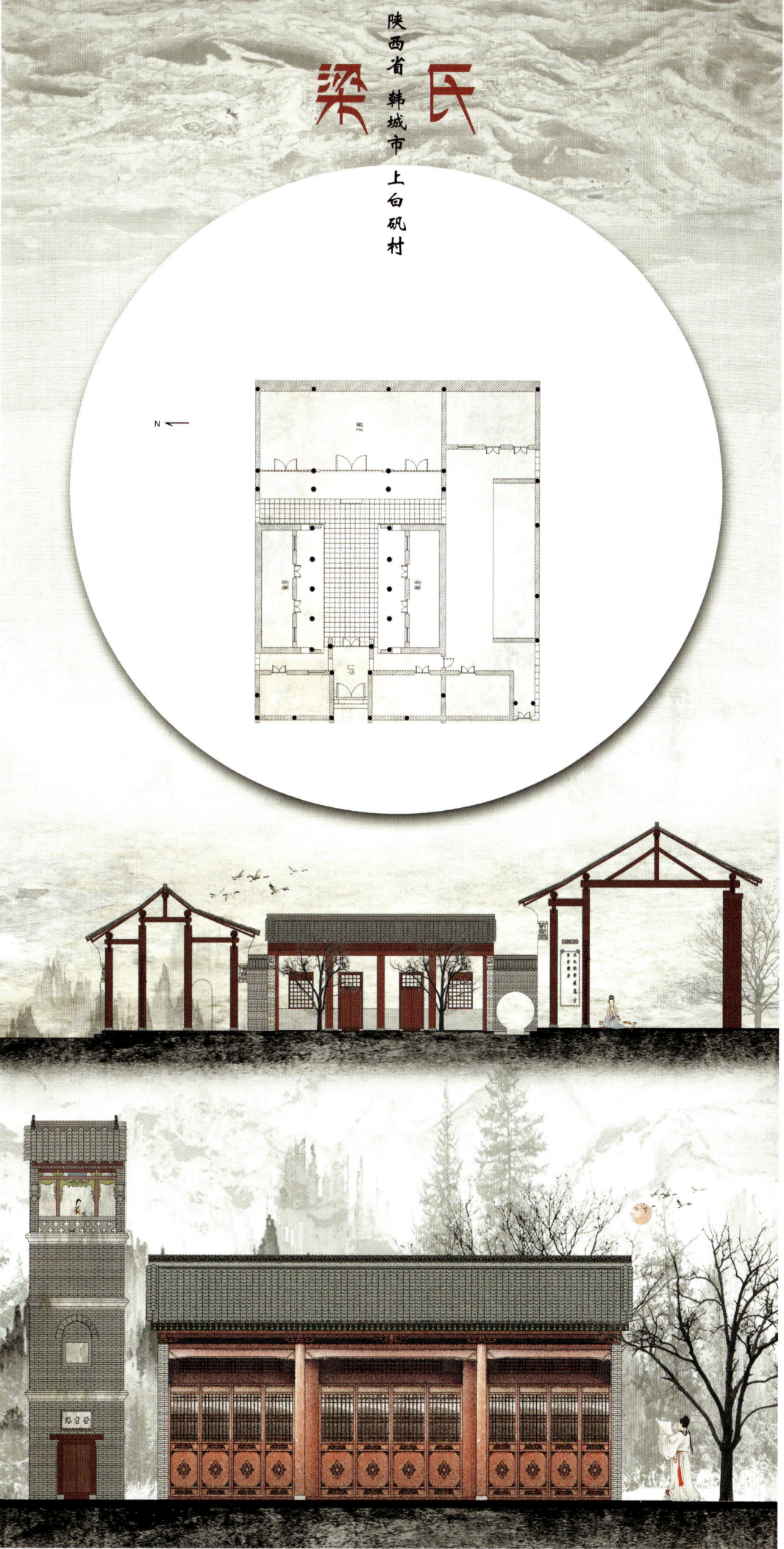

陕西省韩城市 上白矾村 梁氏

陕西／渭南市／澄城县
寺前镇南党村 承德祠堂

陕西省＼西安市 鄠邑区甘河镇晏平寨晏氏祠堂

王氏宗祠 陕西省／西安市／鄠邑区／甘亭镇／北大街

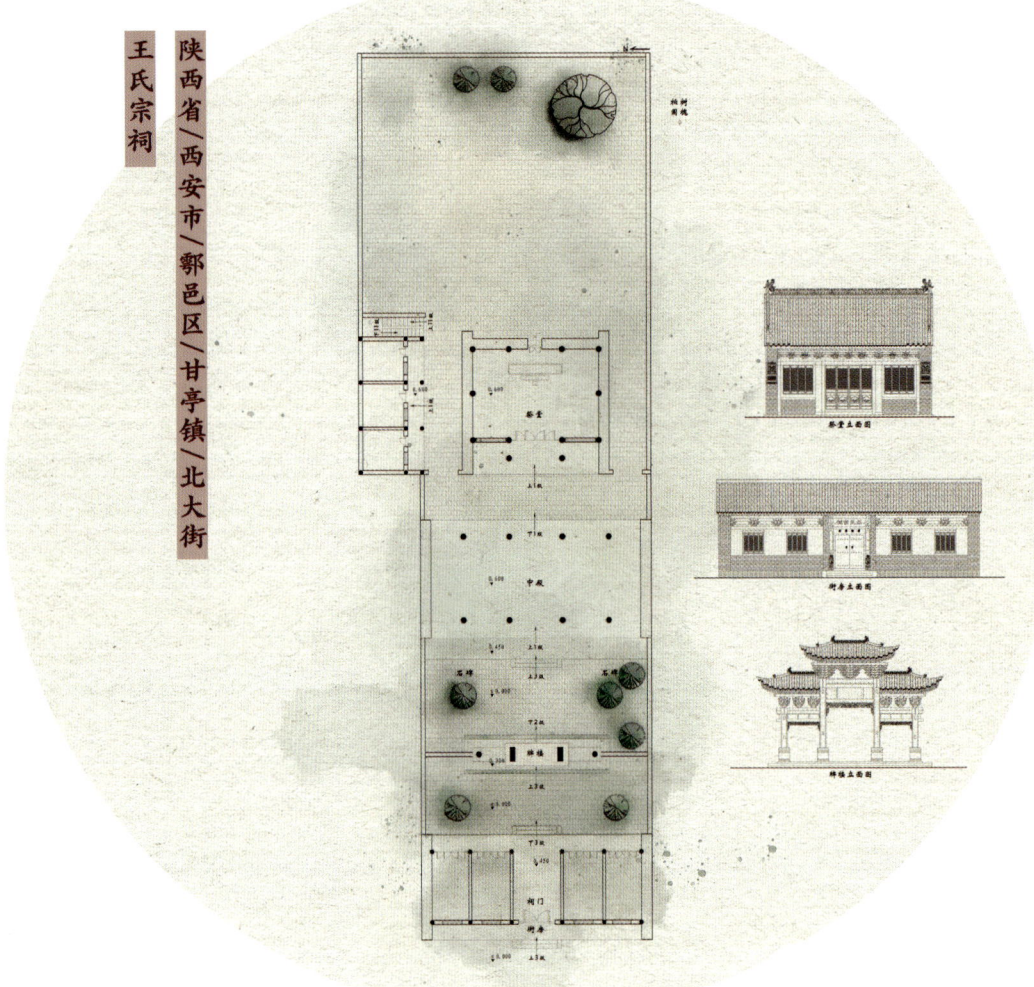

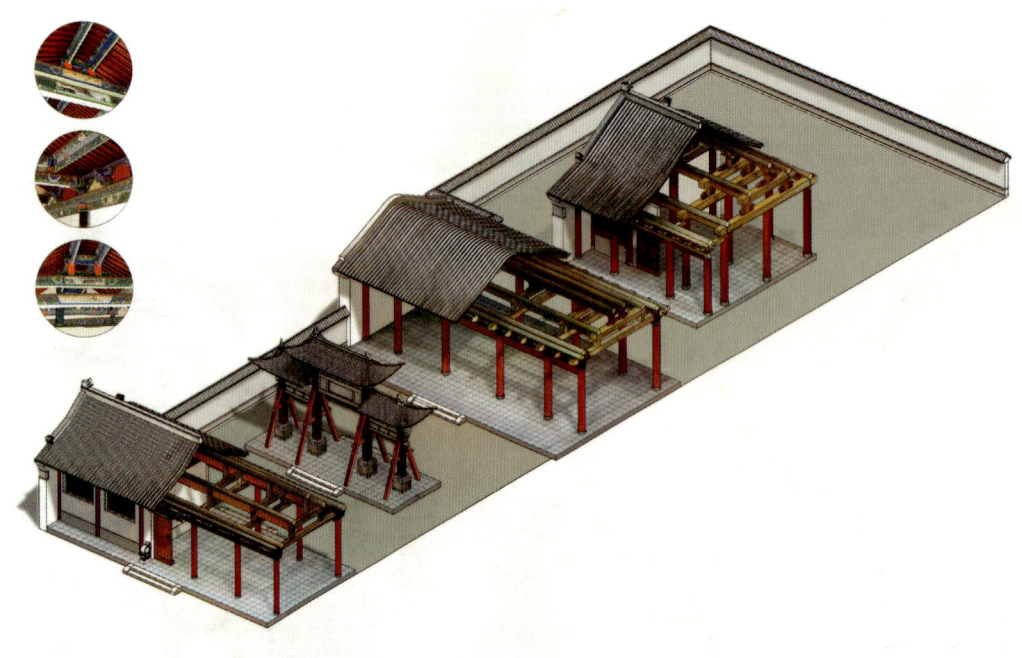

民间宗祠简介

祠堂缘起

宗谱及其所衍生的宗祠文化是中国传统文化的重要组成部分。宗谱与地方志、国史并称为中国古代的三大主流文化,直接体现在姓氏的血缘文化、聚族文化、伦理观念、宗族崇拜、典章制度、风俗习惯、建筑艺术、地域特色等各个方面。祠堂历史可以追溯到千年之前。早在夏商周时期祠堂及祠堂文化便已经悄悄萌芽,宋代时祠堂及祠堂文化蓬勃发展,形成了比较完备的体系,明清两代时达到鼎盛。我国现存的祠堂大多是明清时期的建筑。

黄河流域是世界上最早有人类活动的地区之一。距今100万年前,就有人在黄河流域定居,黄河中游晋陕豫地区是仰韶文化、华夏文明的发源地,是历代政治经济文化中心,有着深厚的历史底蕴和文化内涵。历史上政治家、军事家、文化家层出不穷,名门望族不胜枚举,宗族祠堂文化得到了很大的发展,具有深厚的文化历史底蕴。

祠堂制式

晋陕豫地区民间宗祠中轴线上的布局一般为:大门—中堂—寝堂,大门与中堂之间是一个围合院落,院落中有亭台及各种花卉、树木等。有些祠堂前面还立有牌坊或建有照壁。这类三进两院式宗祠,其大门、中堂和寝堂,就是宗祠的三个基本建筑元素。

(1) 大门

也称头门。它是宗祠正面最重要的单体建筑,也是宗祠中轴线序列上的第一座建筑和礼仪性入口。大门之上一般悬挂有祠堂的名号或名人高官赠予的牌匾。大门之后有门廊,多开间的大门两旁多设有耳房,以供看管祠堂的族人休息,类似于现在的门房。

(2) 中堂

也称享堂、祭堂等。它是祠堂的正厅,是宗族举行祭祖仪式和议事主要场所,所以空间高大宽敞。是宗祠中公共性最强的单体建筑,专供祭拜行礼时所用。祖先牌位一般存放在宗祠的寝堂之中,在进行祭祀活动时,不是把祖宗牌位放到寝堂中,族人站在中堂对着寝堂祭拜;就是把牌位从寝堂请到中堂来,放在案桌上祭拜。因此有的宗祠只在中堂中放置一座香炉,一般不置他物。

(3) 寝堂

又称寝殿或殿堂。这里是安放祖宗牌位的场所,是神灵安寝之处。寝堂是祠堂中最重要的主体建筑,因此在建筑形式上它最隆重庄严,建筑体量最高大,装饰最精美。寝堂内有供桌、香炉、供品等陈设,墙上一般挂有祖先画像、立置祖先牌位。墙面还挂有牌匾、楹联或家训家规等物。有的寝堂后方两侧分别隔出一个小房间,称为夹室,用来存放各代祖先的牌位,或者存放祭祀器具和家族族谱等。

(4) 牌坊

牌坊位于宗祠大门之外,是宗祠中轴线上常见的构筑物,多采用四柱三门形式,用石材或木材建造。牌坊可以增强宗祠建筑的层次感和序列感。但牌坊需有恩赐匾额才能建立,虽然牌坊没有祭祀功能,但它却体现着宗族先人的丰功伟绩和道德境界,是昭示宗族功业和美德的独立建筑。

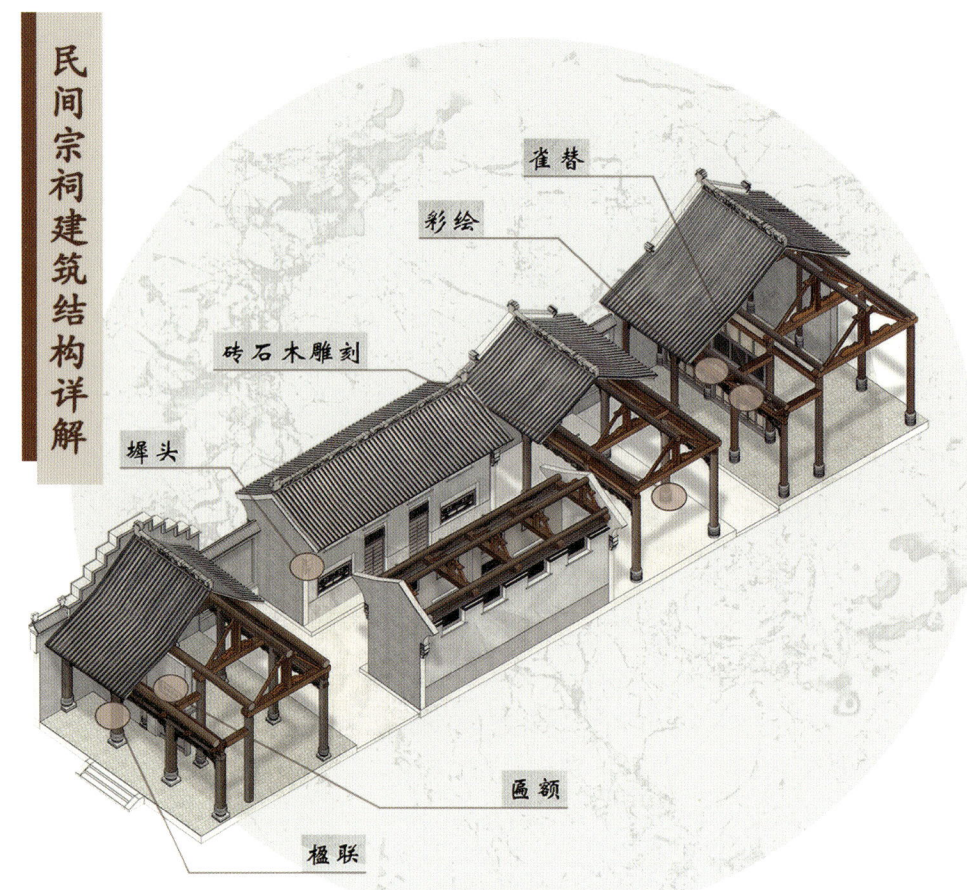

民间宗祠建筑结构详解

1 墀头

墀头是中国古代传统建筑构件之一，是山墙伸出至檐柱之外的部分，突出于两边山墙边檐，用以支撑前后出檐。墀头本来担屋顶排水和边墙挡水的双重作用，但由于其特殊的位置，使其远远看去，如房屋昂扬的颈部，于是含蓄的屋主用尽心思装饰它。

2 楹联

又称对联，因古时多悬挂于楼堂宅殿的楹柱而得名，有偶语、俪辞、联语、门对等，以"对联"通称之，则始于明代。楹联是一种对偶文学，起源于桃符，其是利用汉字特征撰写的一种民族文体，它与书法的美妙结合，又成为中华民族绚烂多彩的艺术独创。

3 彩绘

彩绘在中国自古有之，被称为丹青。常用于中国传统建筑之上，用绘制的手法作为装饰画之功用。后来传到朝鲜和日本，并在那里被广泛运用、发扬光大。在中国古代建筑上的彩绘主要绘于梁枋、柱头、窗棂、门扇、雀替、斗拱、墙壁、天花、瓜筒、角梁、椽子、栏杆等建筑木构件上。主要以梁枋部位为主。成语"雕梁画栋"便由此而来。

4 雀替

雀替是中国古建筑的特色构件之一。宋代称角替，清代称为雀替，又称为插角或托木。通常被置于建筑的横材（梁枋）与竖材（柱）相交处，作用是缩短梁枋的净跨度从而增强梁枋的荷载力，减少梁与柱相接处的向下剪力，防止横竖构材间的角度倾斜。雀替的制作材料由该建筑所用的主要建材所决定，如木建筑上用木雀替，石建筑上用石雀替。

5 照壁

照壁是中国古代传统建筑特有的部分。明朝时特别流行，一般照壁就是大门内的屏蔽物。古人称之为萧墙，因而有祸起萧墙之说。在旧时，人们认为会有鬼来访，据说小鬼只走直线，不会转弯，因此人们在宅院里修上一堵墙，以断鬼的来路。照壁是中国受风水意识影响而产生的一种独具特色的建筑形式，称影壁或屏风墙。

6 砖石木雕刻

石雕多饰于房屋基础部分，主要是柱础石，此外还有夹门石和门狮等。木雕装饰主要分布在房屋的结构部分，如梁枋、檩条、瓜柱、斗拱等主要构架和撑木、挑头、梁垫、雀落等构件，以及构成外廊空间的天花、楠扇、门窗上。木结构外露部位，如屋檐、门罩等多有彩绘，其流畅细腻。砖雕主要饰于木结构门庭外的八字或一字影壁上，以及仿木结构的垂花门罩、檐椽、额枋、斗拱、牌匾、下垂的莲柱等处。

7 匾额

匾额是古建筑必不可少的组成部分，相当于古建筑的眼睛。悬挂于门屏上作装饰之用，反映建筑物名称和性质，表达人们义理、情感之类的文学艺术形式即为匾额。横着的被称为匾额或牌匾，竖着的则为对联或抱柱瓦联。

黄河流域民间宗祠文化传承研究
陕西卷

王葆华　张斌　著

陕西师范大学出版总社

图书代号：SK22N1825

图书在版编目（CIP）数据

黄河流域民间宗祠文化传承研究．陕西卷／王葆华，张斌著．—西安：陕西师范大学出版总社有限公司，2022.12
ISBN 978-7-5695-3324-8

Ⅰ.①黄… Ⅱ.①王… ②张… Ⅲ.①祠堂—文化研究—陕西 Ⅳ.① K928.75

中国版本图书馆CIP数据核字（2022）第224546号

黄河流域民间宗祠文化传承研究　陕西卷
HUANGHE LIUYU MINJIAN ZONGCI WENHUA CHUANCHENG YANJIU SHAANXI JUAN

王葆华　张　斌　著

出版统筹	刘东风　冯晓立
项目运作	杨　杰　王丽君
责任编辑	庄婧卿
责任校对	张旭升　王丽君
封面设计	即刻设计
出版发行	陕西师范大学出版总社
	（西安市长安南路199号　邮编710062）
网　　址	http：//www.snupg.com
印　　刷	陕西龙山海天艺术印务有限公司
开　　本	889 mm×1194 mm　1/16
印　　张	24.25
插　　页	4
字　　数	242千
版　　次	2022年12月第1版
印　　次	2022年12月第1次印刷
书　　号	ISBN 978-7-5695-3324-8
定　　价	296.00元

读者购书、书店添货或发现印刷装订问题，请与本公司营销部联系、调换。
电话：（029）85307864　85303629　传真：（029）85303879

陕西卷

前言

求木之长者，必固其根本；欲流之远者，必浚其泉源。

唐·魏徵

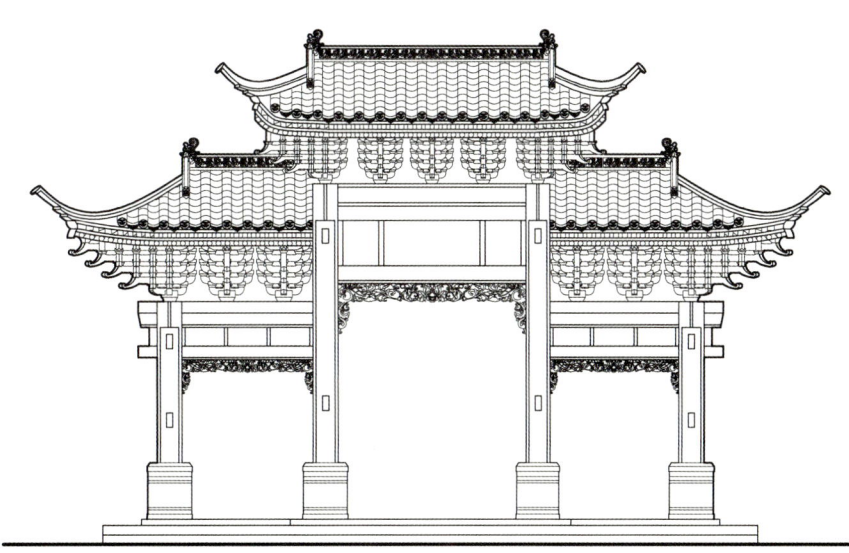

宗祠是提升家族凝聚力、实现社会和谐以及族人寻根问祖的重要场所，承载着族人对故土乡愁的寄托。本研究的核心是，在社会变迁中，民间宗祠作为一种传统文化空间形态，在"建设宜居宜业美丽乡村"中的作用及其影响。

宗谱及其所衍生的宗祠文化是中国传统文化的重要组成部分。宗谱与地方志、国史并称为中华民族历史的三大支柱，它体现了传统文化中姓氏血缘文化、聚族文化、伦理观念、宗族崇拜、典章制度、风俗习惯、建筑艺术、地域特色等方方面面，其历史可以追溯至千年以前。宗祠是宗族的象征与荣耀，是巩固中华民族优秀道德品质、优良民族精神、强化民族凝聚力的场所，也是中华传统文化深层内涵的重要表征和物化的文化精华。

近年来党和政府高度重视弘扬中华优秀传统文化，并将其作为治国理政的重要思想文化资源。习近平总书记在多个场合谈到中国传统文化，表达对传统文化、传统思想价值体系的认同与信心，也多次提到社会主义核心价值观与文化自信。党的十九大提出乡村振兴战略，明确要求注重保护与发掘传统文化，宗祠文化是中华优秀传统文化精神的一个缩影。发扬宗祠文化固有的文化特色，是对我国传统思想价值体系的继承，所传递的思想价值观念与当今社会所弘扬的价值观相适应。在大力弘扬社会主义核心价值观的背景下，如何正确地保护、传承并发扬民间优秀的宗祠文化，使之为我国文化强国建设与新农村文化建设添砖加瓦，此举措对于今日之中国有着十分重要的意义。

面对现代社会与西方文明的冲击，传统民间宗祠的空间及记忆正面临着衰落甚至消失的困境，这引起了各界学者的高度关注。

黄河中游晋陕豫地区是仰韶文化、华夏文明的发源地，是古代政治、经济、文化之中心，有着深厚的历史文化底蕴，历史上名门望族不胜枚举，因而民间宗祠文化繁荣兴盛并流传至今。同时对晋陕豫三省的宗祠文化在其地理区位、文化背景和民俗风情等方面进行研究，便于我们寻找和总结其共同特征。

因此，本研究以黄河中游晋陕豫地区文化背景和现存民间宗祠为基础，对民间宗祠进行实地综合考察和分析，对实证记载的地方志、文献、族谱等家族资料进行整理，对传统文化空间格局及构成要素进行剖析，运用空间保护与建筑修缮分析方法和宗祠文化空间与乡村环境融合共生分析方法，归纳剖析了在传统民间宗祠文化影响下的宗祠空间特征，探寻其中文化与空间的逻辑关系，提炼出在现代乡村振兴建设中具有深远意义的民间宗祠传统文化和空间类型，针对地域文化与特点进一步研究现代宗祠空间环境的营造方法。

从 2016 年 7 月至 2019 年 3 月，"晋陕豫地区民间宗祠的空间记忆与文化传承"项目组通过查找资料、搜集当地文物部门提供的相关数据等渠道，对晋陕豫地区共 2912 座民间宗祠（其中山西 689 座、陕西 663 座、河南 1560 座）进行了实地调研考察、数据搜集及资料整理工作。

此项目最终搜集整理的有效宗祠数量如下。

山西省宗祠 480 座：太原市 14 座、晋中市 81 座、晋城市 71 座、临汾市 41 座、长治市 43 座、吕梁市 26 座、运城市 117 座、阳泉市 31 座、忻州市 44 座、朔州市 1 座、大同市 11 座。

陕西省宗祠 426 座：西安市 60 座、咸阳市 8 座、宝鸡市 30 座、渭南市 157 座、延安市 51 座、榆林市 12 座、铜川市 10 座、汉中市 38 座、安康市 31 座、商洛 29 座。

河南省宗祠 967 座：郑州市 135 座、三门峡市 34 座、周口市 7 座、焦作市 223 座、南阳市 49 座、平顶山市 22 座、信阳市 30 座、许昌市 28 座、商丘市 42 座、濮阳市 21 座、漯河市 3 座、鹤壁市 2 座、安阳市 4 座、洛阳市 269 座、新乡市 68 座、济源市 23 座、开封市 7 座。

通过对晋陕豫三省民间宗祠的实地调研发现，在黄河中游晋陕豫地区中，由于历史、政治、经济、文化等原因，民间宗祠建筑损坏最多的省份是河南，其次是山西，最后是陕西。几年来项目组先后对这三省的民间宗祠进行了调研、勘察和走访，绘制三省的民间宗祠图典并按省份分为三卷：山西卷、陕西卷、河南卷，为之后的研究提供了大量的测绘数据、照片以及访谈记录等多种资料。

为了照顾读者阅读，本书内所呈现的碑文图片及其文字，将依照碑文进行实录，保持原貌。

作　者

2022 年 6 月 16 日

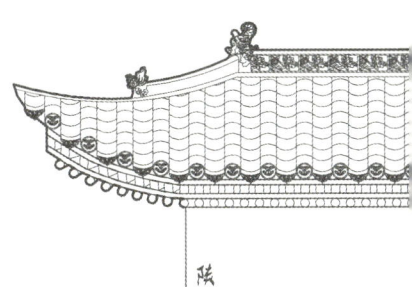

目录

晋陕豫民间宗祠实地调研分析	001
陕西省民间宗祠研究	009
陕西省民间宗祠测绘图典选集	051
杨氏祠堂　陕西省西安市长安区东三爻村	053
晏氏祠堂　陕西省西安市鄠邑区甘河镇晏平寨	060
王氏宗祠　陕西省西安市鄠邑区甘亭镇北大街	069
唐祠堂　陕西省西安市蓝田县汤峪镇碧水湾	076
郧氏祠堂　陕西省西安市长安区砲里街道北桑村	080
唐家祠堂　陕西省咸阳市旬邑县太村镇唐家村唐家大院	084
梁悦祠　陕西省渭南市富平县流曲镇昌宁村梁家堡	090
孙家祠堂　陕西省渭南市韩城市金城街道双楼村	095
丁氏五合祠　陕西省渭南市韩城市新城街道丁家村	102
高氏祠堂　陕西省渭南市韩城市芝阳镇中寿寺村	109
党氏南祠堂　陕西省渭南市合阳县坊镇灵泉村	116
北党始祖祠　陕西省渭南市合阳县路井镇北党村	121
黄祖祠　陕西省渭南市韩城市新城街道相里堡村	128
党氏祠堂　陕西省渭南市澄城县寺前镇韩家洼村	135

1

尚书村祠堂	陕西省渭南市富平县曹村镇尚书村	142
梁氏祠堂	陕西省渭南市韩城市龙门镇上白矾村	146
杜氏祠堂	陕西省渭南市韩城市芝川镇姚家庄村	154
张氏祠堂	陕西省渭南市蒲城县荆姚镇东街	162
张氏祠堂	陕西省渭南市澄城县安里乡张卓村	167
段氏祠堂	陕西省渭南市韩城市芝阳镇桥头村	175
乔氏家庙	陕西省渭南市合阳县同家庄镇南龙亭村	181
党氏二门祠堂	陕西省渭南市韩城市西庄镇党家村	189
张氏祠堂	陕西省渭南市韩城市芝阳镇张家庄村	198
胡家祠堂	陕西省渭南市韩城市金城街道东彭村	205
雷家祠堂	陕西省渭南市韩城市西庄镇雷许庄村	211
张氏祠堂	陕西省渭南市韩城市新城街道周原村	216
卫祖祠	陕西省渭南市韩城市芝阳镇贺龙村	224
任氏宗祠	陕西省渭南市蒲城县永丰镇东堡村	231
张氏祠堂	陕西省渭南市韩城市芝川镇白家庄村	237
子夏祠	陕西省渭南市韩城市新城街道河渎村	243
赵雷氏祠堂	陕西省渭南市合阳县新池镇坡赵村	248
范家祠堂	陕西省渭南市蒲城县尧山镇雷鸣村	254
王氏家庙	陕西省延安市宜川县阁楼镇太木村	260

李家祠堂	陕西省铜川市耀州区永安路街道文营东路	265
高氏宗祠	陕西省汉中市勉县金泉镇勤俭村	271
罗氏祠堂	陕西省汉中市西乡县堰口镇穿心店村	276
冀宗堂	陕西省汉中市西乡县高川镇大树村	283
吕氏祠堂	陕西省安康市宁陕县城关镇旱坝村	289
唐氏宗祠	陕西省安康市紫阳县高桥镇龙潭村	295
王氏祠堂	陕西省安康市汉滨区张滩镇兰沟村	301
唐氏祠堂	陕西省安康市汉滨区恒口镇唐湾村	305
沈氏宗祠	陕西省安康市汉阴县涧池镇枞岭村	312
典公私祠	陕西省安康市汉滨区洪山镇元坝村	321
侯家祠堂	陕西省安康市汉滨区大竹园镇正义村	327
孙家祠堂	陕西省商洛市商南县清油河镇团坪村	334
姚家祠堂	陕西省商洛市商南县清油河镇团坪村	340
郭氏祠堂	陕西省商洛市商州区腰市镇上集村	344
叶家祠堂	陕西省商洛市洛南县保安镇蒿坪村	351
房氏宗祠	陕西省商洛市商州区金陵寺镇房店子村	359
曹氏宗祠	陕西省商洛市商南县白浪镇地坪村老屋场	364

后　记   369

晋陕豫民间宗祠实地调研分析

晋陕豫民间宗祠实地调研分析

我国古老的传统宗祠建筑即将消失，通过当地人的叙述对逐渐消失的传统民间宗祠进行文化记忆传承是晋陕豫民间宗祠的空间记忆与文化传承研究项目组（简称项目组）实地研究目的。此次实地调研走访了山西、陕西、河南三省大部分传统宗祠，深入当地搜集、整理、归纳并发掘以宗祠为载体的重要历史信息；探访传统民间宗祠所在地的乡贤老人和对传统民间宗祠研究的专家学者，通过他们的记忆和口述，对调研地区现存的民间宗祠建筑进行实地测绘调查，对建筑进行分析复原，并进行文化还原，从而为本课题深入考察科学研究奠定了基础。

一、调研背景

宗祠作为中国现存数量最多的古代民间文化建筑，积淀了深厚的历史文化基础，是寄托中华民族深厚感情的宝贵精神财富。它既是连接中华民族古今历史文明的重要桥梁，也是承载中华民族优秀传统信仰文化的宝库。

宗祠的选址一般位于村落、院落的中心，是乡村民居中地位最高的建筑，对乡村具有独特的意义，对乡村建筑的选择以及乡村景观的建设有着指导性的作用。同时宗祠作为深入民间的教化单元，其文化涵盖面广泛、影响深远，能够有力地凝聚族人、村民，对维护乡村秩序、构建友善的邻里关系具有重要价值，形成以宗祠文化为核心的共同价值体系，提高社会认同感。

宗祠文化作为传统文化的重要组成部分，是历史文化遗产的一种载体，而黄河流域中游地区的晋陕豫民间宗祠一直缺乏整体全面的调查研究总结。保护中国民间宗祠、传承优秀传统文化精神内涵与意识形态迫在眉睫，是推进宗祠资源历史遗产发掘保护管理工作的重中之重。

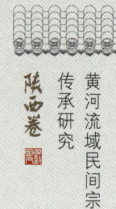

二、调研目的与意义

通过组织调研与开展宣传教育,弘扬传统宗祠文化及其载体宗祠建筑的传统美学结构特征与传统文化内涵价值思想,对不断增加民族传统文化的认同感、增进家族与民族团结也有极大帮助,同时,有助于不断增强中华民族自信心和民族自豪感,以此唤起社会和人们对于民族传统文化和区域传统文化的整体认知度和社会重视度,激发人们对于民族传统宗教文化和民族传统美德的高度重视和积极践行。

(1)填补黄河流域中游地区晋陕豫民间宗祠研究空缺,建立宗祠文化数据库,汇总相关数据、资料,奠定学术基础。

(2)探索宗祠文化保护传承中科学性强、推广价值高的新模式,为民间宗祠提供新时代的发展途径。

(3)建立起宗祠文化保护传承与乡村振兴之间的切实联系,利用宗祠及其所蕴含的优秀文化助力乡村振兴,建立文化自信。

宗祠文化是传播中华优秀传统文化的前沿,是激发农村活力,建立文化自信的支点,是倡导尊重祖辈、善良、团结的民风,亦是维护和谐社会主义社会的历史支点。宗祠文化中社会教化作用对研究视野的拓展、社会责任的培养以及民族荣誉感的构建有着重要意义。

依托国家乡村振兴战略,对黄河流域中游地区的晋陕豫民间宗祠建筑艺术及其包含的宗祠文化进行研究和发掘,能够为民间宗祠文化的保护与环境空间的营造提供新思路与新方法,助力乡村振兴与乡村治理。

三、调研设计、实施

(一)调研时间及地点范围

从2016年7月至2019年3月,项目组对黄河中游晋陕豫地区总计共2912座民间宗祠(其中山西689座、陕西663座、河南1560座)进行了实地考察、数据搜集及资料整理。

其中山西省有效宗祠480座:太原市14座、晋中市81座、晋城市71座、临汾市41座、长治市43座、吕梁市26座、运城市117座、阳泉市31座、忻州市44座、朔州市1座、大同市11座。

陕西省有效宗祠426座：西安市60座、咸阳市8座、宝鸡市30座、渭南市157座、延安市51座、榆林市12座、铜川市10座、汉中市38座、安康市31座、商洛29座。

河南省有效宗祠967座：郑州市135座、三门峡市34座、周口市7座、焦作市223座、南阳市49座、平顶山市22座、信阳市30座、许昌市28座、商丘市42座、濮阳市21座、漯河市3座、鹤壁市2座、安阳市4座、洛阳市269座、新乡市68座、济源市23座、开封市7座。

本次调研范围涵盖黄河流域中游地区晋陕豫三省，计划未来将上游地区的青海省、甘肃省、宁夏回族自治区以及下游地区的山东省也纳入调研范围，整个调研涉及7个省共计74个市级行政区，目前共走访60个市级行政区，覆盖市级行政区总数的81%。

（二）调研方法

1. 田野调查法

对黄河中游的晋陕豫1990余个乡村的2912座民间宗祠进行实地调研，走访三省各村落，搜集当地宗祠现状的一手资料。运用专业工具现场测绘、拍照记录建筑信息（图1），记录周边环境状况，并对337位乡贤老人进行录音采访（图2），搜集个体记忆，归纳建筑复原信息。

图1　现场绘制手稿图

图2　采访乡贤老人

调研结束后，项目组把所有祠堂信息分类整理，用 CAD 软件将宗祠手稿重新描绘存入宗祠文化数据库当中。

2. 比较归纳法

宗祠建筑的照片是后期研究和文献梳理的重要资料。项目组在现场调研时需要拍摄相关照片，记录每一个宗祠的历史文化与建筑其中的特色，采集建筑结构、装饰、周边环境等重要信息，用于后期还原现场。

运用艺术图像学理论，对比宗祠的结构装饰、图像等特征信息，归纳其中的共性和差异，深入挖掘宗祠文化、艺术、历史价值，为宗祠建筑保护与文化传承打下基础。对具有代表性的宗祠着重记录与研究，达到完善宗祠文化库的目的。

3. 问卷调查法

项目组设计关于宗祠文化的调查问卷，通过 4 个乡村进行预实验及信度分析后，在实际调研中，向 265 个乡村共计发放问卷 3300 份，其中有效问卷 2861 份，同时在网上投放问卷 2000 份，搜集社会各界人士对民间宗祠的了解程度、态度看法等。

从社会学角度来看，问卷调查可以了解民众对民间宗祠及其文化的社会意义认知与社会认同程度，为科学分析提供相关基础数据。

在当地民间宗祠资料不完整的情况下，拜访专家学者，采访当地长者、乡贤老人，询问关于宗祠的一些重要历史事件，获得翔实可靠的宗祠口述资料，并对其进行归纳、总结、分类。

四、调研创新点

1. 覆盖面更广

在实地调研中，项目组对各地祠堂测绘整理及存档，为之后的研究提供了大量数据样本。本项目组是首支对黄河流域中游地区进行晋陕豫民间宗祠研究的团队，为有关部门和相关学者提供了目前关于黄河中游晋陕豫地区范围广、专业性强、使用价值高、开发前景广阔的民间宗祠文化数据库。

2. 复原度更高

在当地一些民间宗祠建筑保存不完整或已经损坏甚至消失的情况下，项目组拜访当地的长者，询问、收集关于民间宗祠的历史信息及重要历史事件，还原当地宗祠的历史面貌。综合文保单位提供的资料、乡贤老人的口述，项目组记录数据，绘制建筑形制、结构，基于学科优势，进行高准确度地复原，为宗祠的修缮提供图纸及专业指导。

3. 传承意义更大

将宗祠空间作为乡村公共空间重构、乡村振兴的重要基点，通过多层次的传播手段，活态化宗祠文化，再经过实践印证效果，将模式经验推广至同类乡村。

从文化振兴的角度来看，宗祠建筑文化、宗祠建筑空间的隐性教化和建筑装饰的显性教化组合在一起，渗透到家庭生活和社会活动的方方面面。在社会层面，它构成了一种综合的教育影响。

通过采集—记录—整理—集合—提取的过程，为优秀宗祠装饰文化提供一种有效的传播方式，使散落的宗祠装饰艺术得以推广。壁画、彩绘、木雕、砖雕、石雕、楹联、牌隔等丰富多样的形式是民间宗祠教化图绘载体，项目组搜集、分析、整理并记录宗祠文化元素中具有教化意义的素材。

陕西省民间宗祠研究

陕西省民间宗祠研究

一、陕西地理环境及宗祠分布现状

在陕西这片古老的土地上，曾出现过中国最早的民居建筑——宗祠，中华民族五千年厚重的历史，赋予这片土地深厚的文化积淀。陕西关中地区是众多朝代之都、氏族聚居之所，孕育了宗祠文化，几乎大家大户都有自己的宗祠，民间宗祠文化氛围浓厚。经过项目组成员调研与走访发现，陕西省民间宗祠保护的整体情况却不容乐观，有约三分之一的宗祠倒塌或被改造拆除，余下的宗祠中一部分也处在无人管理状态，几近荒废。而令人欣喜的是，在西安和渭南，还存留很多保护比较完整的民间宗祠建筑；陕南地区民间宗祠建筑与地理环境的结合造就了其独特的风格，特别是以汉中市为代表，仍有较多民间宗祠整体保存完好。如今现存的大部分陕西省民间宗祠都集中于关中与陕南地区。例如，山阳漫川烈马王氏宗祠，韩城党家村宗祠，贾家宗祠，商南叶氏宗祠，陕西商州郭氏宗祠，韩城金城街道双楼村孙家宗祠，分别代表了不同时期的民间宗祠风格。宗祠建筑结构统一坐北朝南，部分宗祠如陕西韩城党家村党家宗祠、贾家宗祠均建在村落的中心位置，反映了陕西宗祠建筑在宗族文化的重要地位。

二、陕西宗祠建筑空间格局研究

陕西省总计10个地级市，分别为西安市、宝鸡市、咸阳市、铜川市、渭南市、延安市、榆林市、汉中市、安康市、商洛市。通过走访，项目组成员对各个市区进行调查和数据收集，测绘出陕西调研宗祠的样本数据426套。

(一)选址与朝向研究

陕西民间宗祠选址朝向与村落布局有着密不可分的关系。在古代,人们对宗祠本身的选址、朝向都是十分考究的,这与宗祠本身的使用功能有关;宗祠作为祭祀的场所,是沟通先人神灵的平台,同时也是影响家族兴旺的关键,在整个村落里都享有极高的地位,其在建筑的选材、建造技术、施工工艺等方面都远超于传统民居。同时宗祠的选址、朝向也包含了儒家的一些理念和风水思想。

1. 选址

每个家族的宗祠选址都有一定的依据和要求,中国古代在建宅和建宗祠时都会请风水先生来考量建筑的地理位置和院落布局。明清时期风水思想已经在民间普及,越来越多的人追求建宅的风水布局。

风水思想对宗祠的影响主要是在选址上,中国宗祠建筑讲究坐北朝南,通常要综合考虑多种因素才会建祠,如地形地貌、居住环境、气候变化以及周边景观条件等方面。一般宗祠建筑讲究周边环境要依山傍水,因为山代表有依靠,水代表族内优秀的后代可以像水流一样延绵不绝。希望通过外在条件对族人起到保护作用,使天、地、人和谐共处。古代战争频繁,在有山川的地方建祠人们会觉得相对安全,同时,山体可以抵挡寒风,获取更多的阳光;需要有水域环绕是因为人们靠水生活,还意味"遇水则发"。因此,有山有水的选址为最佳(图1)。

风水思想融合了《易经》等古籍中的传统思想。如《老子》中的"负阴抱阳"这一观念,即住宅或宗祠选址的重要参考,意在建筑周围要阴阳结合,通俗来说就是在建祠时需要外部环境有山川和河流,同时大门朝向初升的太阳,即指

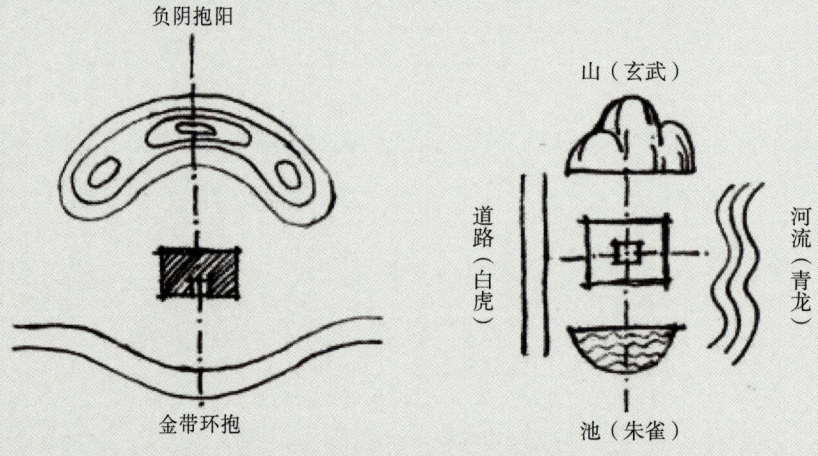

图1 "负阴抱阳"思想

南向。

正因古代人讲究天时地利人和，认为人的发展会被周边环境影响，所以宗祠作为一个宗族的中心和重点，人们对宗祠的选址也就格外讲究。

2. 朝向

中国建筑从古至今在选址上人们都讲究朝向问题，"朝"所指的是建筑大门的位置，而"向"所指的是这个建筑整体的方向。陕西地区不管是民间住宅还是宗祠建筑大多数都是坐北朝南，也有少数部分因环境限制会有所变化。《周礼》中记载"测土之深，正日景"，意思就是建筑的朝向要向着太阳升起的地方，也寓意建筑可以像初升的太阳一样朝气蓬勃。从科学角度上看，朝南的方向会使建筑获得更充足的阳光和更长时间的日照。从风水学的角度来看，建筑代表阴，而围合起来的院墙则代表阳，二者结合，是为阴阳相合。同时也使得建筑布局中的平衡说在此得以应用，寓意吉祥如意、好运常伴、驱除邪祟。

在宅院的朝向上，同样根据阴阳平衡说采用坐北朝南的布局，背阴向阳。除了以上提到的风水学说和阴阳平衡说之外，在决定宅院的朝向时，也会考虑不同的地域特征和自然地理环境因素，例如，当宅院位于陕北黄土高原地区时，居民们为了生活便利与提高生活质量，为了被足够的阳光照射，大多会选择将民居与宗祠建于山体的南面。

（二）平面布局研究

"进"是指宗祠主体建筑中那些垂直于面阔方向的单体建筑，所以研究中亦使用"第一进""第二进""第三进"来称呼前、中、后三堂，"进"的数量是决定宗祠进深的数据。我们通过对"进"的分析来对陕西民间宗祠平面布局进行研究。（表1）

宗祠空间布局上都是以主轴线为中心，两边呈对称的空间形式。以中轴线将宗祠的空间分为入口空间、休憩空间、祭祀空间。

宗祠的空间氛围普遍都比较庄严肃穆，总体建筑高度从低到高，步步递进，这种空间营造方式与中国园林的造景方法有相似之处，即将敞开的空间与闭合的空间相结合，利用不同的空间感受营造不同的空间氛围。这种左右对称建筑布局在现代依然被采用，很多家庭住房的布局也讲究左右对称。

陕西省内的宗祠多以单进一院落宗祠为主，这种宗祠方便修建，建筑平面布局比较简单，通常由大门、厢房和正殿组成，虽然建筑单体结构单一，但功

能齐全。以陕西省渭南市合阳县坊镇西蒙村雷家宗祠为例,雷氏宗祠始建于清,坐北向南,雷氏宗祠前厅为抬梁式硬山建筑,面阔三间12米,进深四椽五架5.8米(图2)。沿中轴线自南向北分布有前厅、上房、厢房,厢房虽现已经损毁,但现场依然有其地基的痕迹。

两进以上的宗祠在关中地区比较多见,这类宗祠的平面布局比较复杂,由大门、厢房、享堂、中堂组成,只是在房间数量上有所不同。以陕西省咸阳旬邑唐家大院唐家宗祠为例,唐家是当地的富贵人家,在发展最鼎盛时期商号遍布全国,经济实力雄厚,据乡贤老人口述:当年唐家宗祠就建在唐家大院内,只是不在现存的两院里(图3)。

表1 陕西宗祠院落平面布局形式

宗祠名称	地理位置	平面布局形式	建筑空间结构(单位:mm)
卫氏宗祠	渭南市韩城市芝阳镇贺龙村	一合院	
史氏宗祠	安康市汉滨区恒口镇云峰村	封闭式三合院	

续表

宗祠名称	地理位置	平面布局形式	建筑空间结构（单位：mm）
高家宗祠	汉中市勉县勤俭村	四合院	
郭家宗祠	商洛市商州区腰市镇上集村	两进式四合院	
王氏宗祠	西安市鄠邑区甘亭镇北大街	三进式四合院	
强家宗祠	宝鸡市陈仓区贾村镇陵三村	正殿（单殿）	

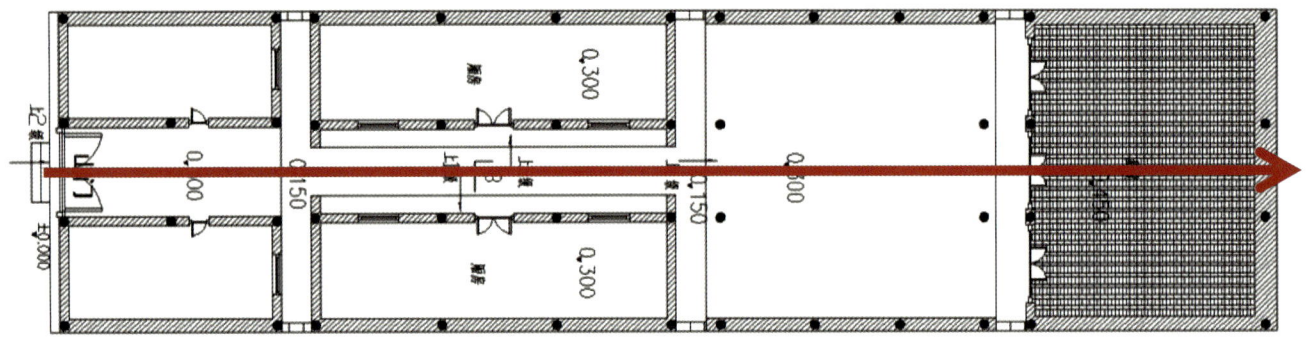

宗祠中"进"的体量大小与多少直接决定了这个宗祠的空间感，宗祠从山门到正殿只有一处空间，因此称为"一进"；从山门进入到达正殿需要经过拜殿，院落分割出两处可以停留的空间，称为"两进"；依此类推，如果在山门到正殿的距离中分隔出三处可以停留的空间，则称为"三进"。陕西省的宗祠以一进院和两进院居多。

能构成一个进深是"进"产生的基础，因此，在宗祠中辅助构成一个进深的建筑——拜亭、仪门等，都可被称为"一进"，而牌坊的结构大多数为四柱三间形式，构不成一个进深，因而不能称作"一进"。中国传统的礼制思想贯穿在宗祠的建筑空间中，有非常强的等级观念，讲究尊卑有别。在明清之前只有皇家、诸侯、做官之人才有自己家族的宗祠，明清之后由于陕西地区的商业发展较好，商贾之家也有了自己的宗祠。

现存陕西地区民间宗祠的院落布局多为一进院，且一部分宗祠仅剩正殿或山门结构，二进院数量次之，只有很少的为三进院结构。但在结构布局上都呈现建筑左右对称、正殿位于制高点、居中为上的特点，包括宗祠建筑中的柱子和门的数量都是成对出现，在建筑中处处都融合了礼制的思想。

（三）竖向空间剖面架构研究

陕西地区民间宗祠可按规模分大小两类，规模通过院落数量与进深来决定。"进"指的是宗祠主体建筑与面阔方向相垂直的单体建筑，决定宗祠规模布局的深度，而每个"进"形成的空间则被称为院落，因此院落的大小需要依靠"进"的多少来定。

2 | 3
 | 4

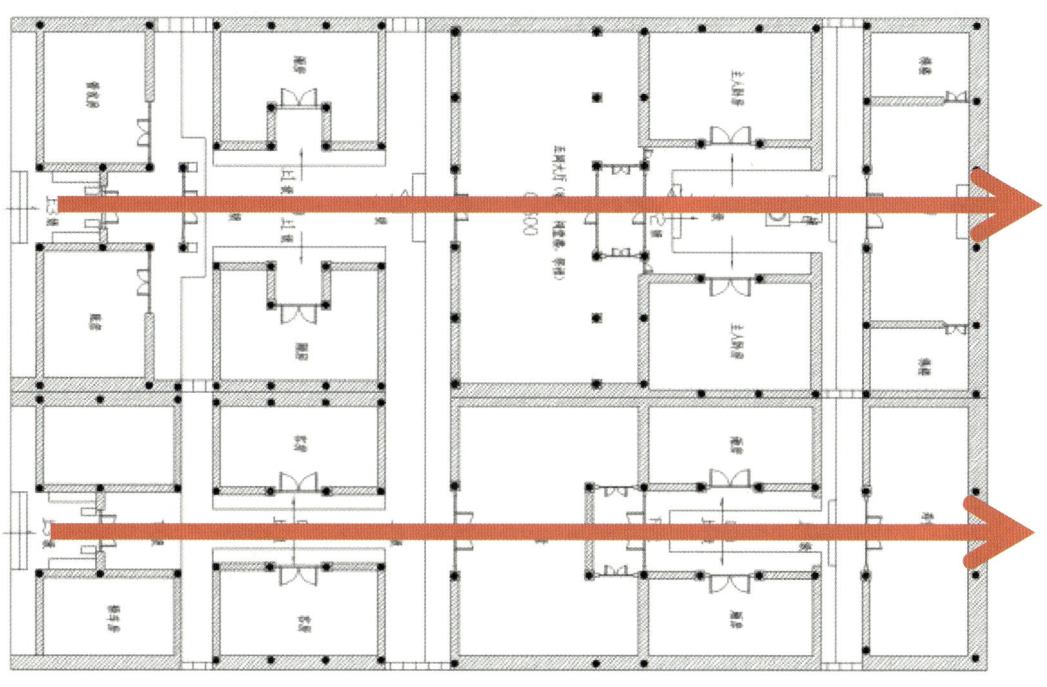

图 2　渭南市合阳县雷家宗祠平面图

图 3　咸阳市旬邑县唐家大院平面图

图 4　咸阳市旬邑县唐家大院

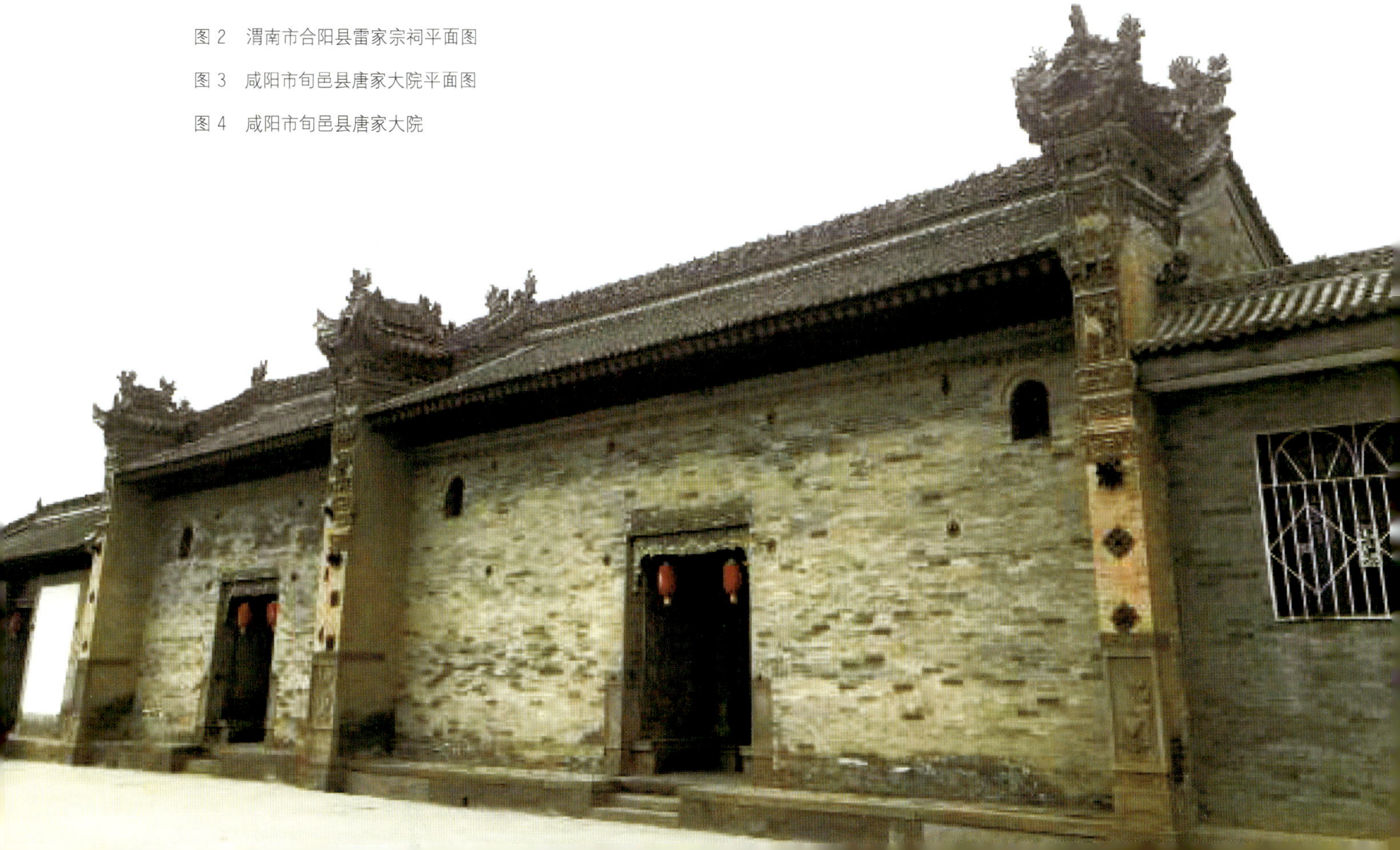

宗祠的建造有着严格的要求，需要遵循"尊卑主次顺序"与"前上后下"的原则，在建筑布局中通过中轴线对称的排布形式来体现，即主体建筑依次排列于中轴线上，厢房、廊亭等辅助建筑对称分布其两侧。同时在竖向空间的层面上，从宗祠门前的牌坊开始，到祭祀议事的正殿，再到安放牌位的寝堂，都需要严格按照由低到高建造，步步为营。

陕西民间宗祠数量众多，将陕南地区、陕北地区、关中地区的具有显著特征的正殿整理如下（表2）。

表2 陕西民间宗祠部分正殿立面图

宗祠名称	地理位置	寝堂立面图（单位：mm）
薛氏宗祠	渭南市韩城市芝阳镇清水村	
北党始祖祠	渭南市合阳县路井镇北党村	
东阁楼宗祠	延安市宜川县阁楼镇东阁楼村	

续表

宗祠名称	地理位置	寝堂立面图（单位：mm）
连二祠	渭南市韩城市西庄镇党家村	
唐家宗祠	西安市蓝田县汤峪镇碧水湾	
唐家宗祠	咸阳市旬邑县太村镇唐家村唐家大院	

空间次序的层次感在陕西民间宗祠的竖向空间剖面中体现得淋漓尽致，尤其体现在对建筑空间组合关系的灵活运用中，通过不同的组合方式来营造风格不同的空间氛围。常见的建筑空间组合形式主要有开敞与封闭、私密与半私密。建造者为了体现宗祠主次尊卑的等级制度，在设计空间建筑次序时所有单体建筑严格按照中轴线排列组合，通过地形、台阶等方式打造高低差，并且将正殿——宗祠中最重要的主体建筑之一，作为宗祠整体布局中的制高点，拜厅的高度通常与其一致，以鲜明的主次有别来体现宗祠威严肃穆的空间氛围。

陕西地区民间宗祠完整的建筑空间顺序为：门楼前场地—山门—戏楼—天井—东西厢房—拜厅—天井—正殿，在一定规模的宗祠中，会依照这个顺序沿着中轴线逐渐抬高建筑，强化空间的紧凑感。

通过渭南市党家村党氏报本祠的剖面可以看出，山门—东西走廊—拜厅—正殿的顺序有明显的空间节奏变化：沿中轴线穿过山门，进入下沉式天井，两侧有走廊围合并连接拜厅，拜厅与正殿位于宗祠的最高点，通过增加台阶来连接；拜厅比正殿低，以此来强调正殿的重要性。从宗祠空间的剖面架构来看，随着空间秩序感的加强，竖向空间节奏感具有明显的变化。

"主次尊卑"的儒家传统思想在韩城市党家村党氏报本祠中体现得淋漓尽致，在报本祠中通过抬高台阶高度与增加台阶数量，形成两侧高、中间低的建筑布局，以此突出正殿的重要性与主导性。

汉中市西乡县堰口镇穿心店村罗家宗祠也在建筑布局中强调了正殿的重要性，其效果是通过增高正殿的建筑高度来达到的（图5）；而汉中市西乡五渠村李氏宗祠则是将这两种方法结合起来，这些都使得正殿更高、更威严。

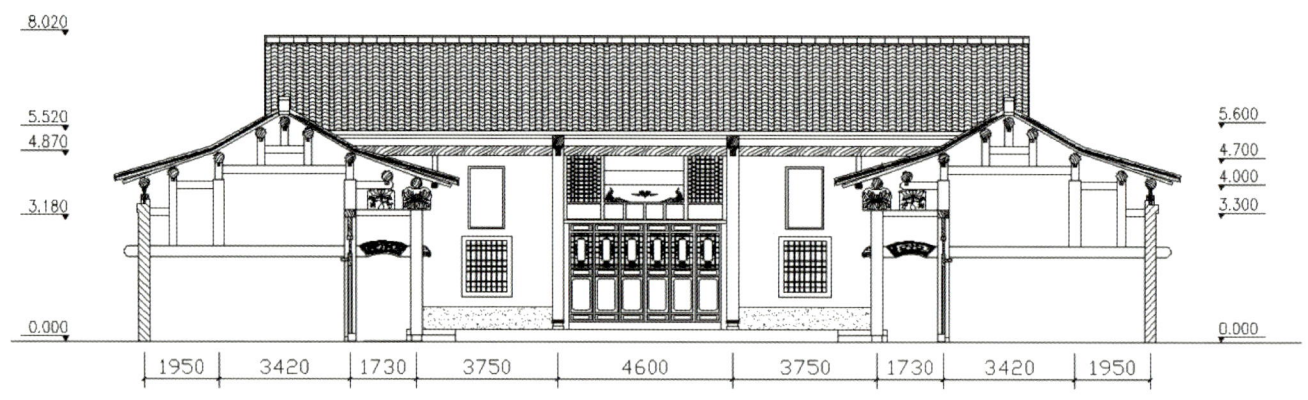

图5 汉中市西乡县堰口镇穿心店村罗氏宗祠纵向剖面图

（四）空间尺度研究

在封建制度的影响下，民间宗祠建筑规格和尺度都具有一定的制度依据，不同身份地位的人建造宗祠时规格和尺度有不同的要求。

以山门为第一视角，空间尺度由大到小依次是厢房、拜殿、正殿，从山门往宗祠内部看可见正殿，此时人的视觉空间为一个三角形，所见最大的建筑空间是正殿，正殿在这种观察角度下是整个宗祠建筑空间的视觉中心。

正殿的开间通常是三开间或五开间，陕西省的宗祠一般为三开间，其正殿宗祠形制大多为一明两暗，即正殿的正面形制被四根柱子分为三部分，由一扇门和两个窗户的结构组成，少数宗祠为三开间三破二，即有两扇门和三个窗子[图6（b）]。

关中地区的商人较多，因此宗祠建筑的尺度都比较大气，越是地位高的宗族的院落面积越大，进深也越深。以渭南市韩城市党家村贾氏宗祠为例（图7），宗祠的厢房位于正殿前侧两边，高度一致，其建筑尺度与"昭穆制度"的内容相互辉映。其正殿位于整体院落的最高处，由此可以看出中国传统礼制在社会中的地位与权威。

图6　宗祠三开间正殿形制
图7　渭南市韩城市党家村贾氏宗祠

（a）一明二暗　　　　　　　　　　　　（b）三破二

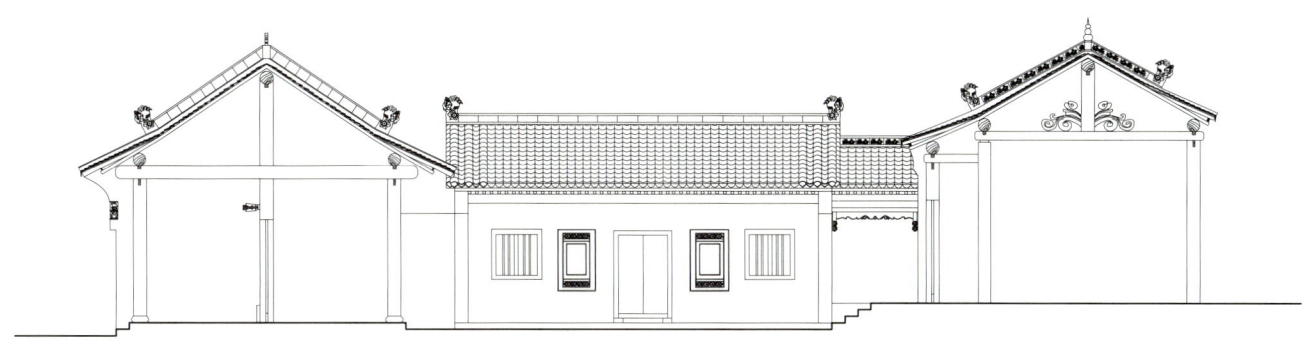

陕西有很少一部分宗祠只保留了单坡的厢房形式，但正是这些不一样的建筑风格丰富了宗祠的建筑形式。每个不同宗祠的形成都有其历史渊源，因陕西民间有"房子半边盖"的习俗，故陕西省延安市宜川县阁楼镇太木村王氏家庙，就只有一个厢房，其与当地的历史文化特色便相互融合了（图8）。

以正殿为第一视角，空间尺度由大到小依次是正殿、厢房、山门。陕西主要为平原地形，民居多建筑得较为宽敞，宗祠也是如此，其四周的院墙高度不高，具有一定的外向性，以正殿的空间尺度来分析整个宗祠，正殿是视觉最高点，这点在韩城市芝阳镇中寿寺村高氏宗祠中就有明显的体现（图9）。

以汉中市西乡五渠村李氏宗祠为例（图10），宗祠总占地约240平方米，是一个比较大的宗祠，在后期修缮的时候人们对宗祠平面进行过改造，打破了原有的长方形平面，但不影响其整体的宗祠空间尺度。宗祠的正殿形制为三开间，空间尺度远没有五开间正殿的尺度大。从正殿开始，其位于台阶之上是建筑制高点，下台阶横穿厢房，然后到达大门，从空间的剖面架构来看，随着空间布局的秩序感逐渐减弱，三开间的正殿体量感越来越小，宗祠院落在竖向的节奏感也随之突显出来。

宗祠院落平面形态一般矩形居多，长L为院落的进深方向，宽W则指院落的水平方向，长宽比为L∶W。一般来说，当L≈W时，院落空间较大，院落的封闭感和中心感较强。当L＞W时，空间纵深感会加强，秩序感会发生显著变化。建筑的立面也是有其尺度规范的，立面高度的不同会营造出不同的建筑环境氛围，将建筑物的横向距离为D，高度为H。通过比较不同的宽高比（D∶H）来探讨不同的建筑尺度带来的秩序感。当D≤H时，横向距离较短，空间比较紧凑；当H≤D时，横向距离大于建筑高度时，空间感觉比较空旷。当1＜D∶H＜2时，这种建筑尺度是比较常见的，院落空间感觉比较舒适。陕西地区分为关中、陕北、陕南三个地区，因地域环境和历史沿革的不同，其空间尺度有明显的差别。关中地区的宗祠数量虽多，但规模都比较小，空间尺度都适中，只有个别宗祠规模较大。（表3）

表3 关中民间宗祠院落空间量化值

祠堂名称	地理位置	院落空间比例量化值（m）				L∶W	D∶H
		W值	L值	D值	H值		
黄祖祠	渭南市韩城市新城街道相里堡村	11	19.5	12.2	6.5	L＞W	1＜D∶H＜2
晏氏祠堂	西安市鄠邑区甘河镇晏平寨	2.5	16	8	6.8	L＞W	1＜D∶H＜2
任氏祠堂	渭南市蒲城县永丰镇东堡村	12.5	18.7	9.9	7.5	L＞W	1＜D∶H＜2
党氏二门西祠堂	渭南市韩城市西庄镇党家村	11	18.2	9.8	7.8	L＞W	1＜D∶H＜2
王氏祠堂	西安市鄠邑区甘亭镇北大街	15.3	27	9.9	6.9	L＞W	1＜D∶H＜2

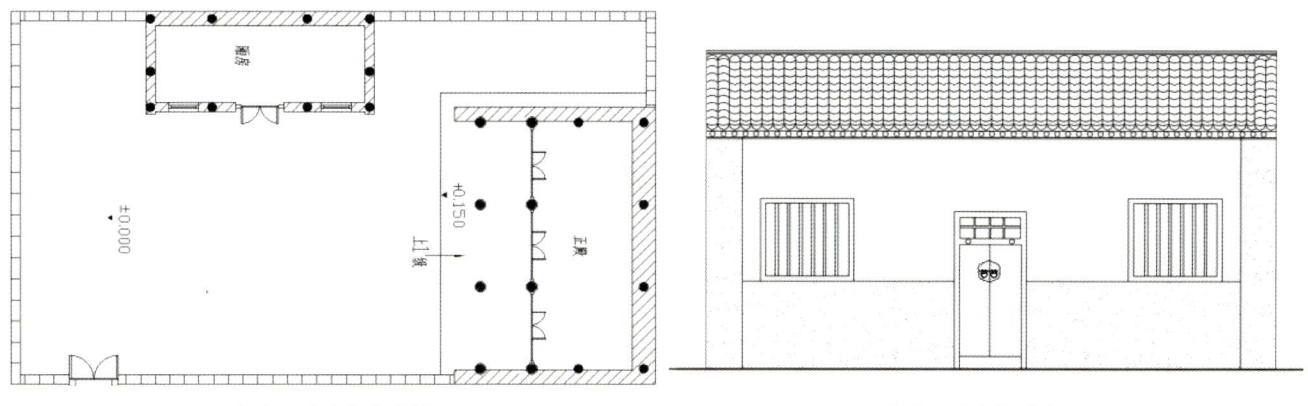

(a)王氏宗祠平面图　　　　　　　　(b)王氏宗祠厢房

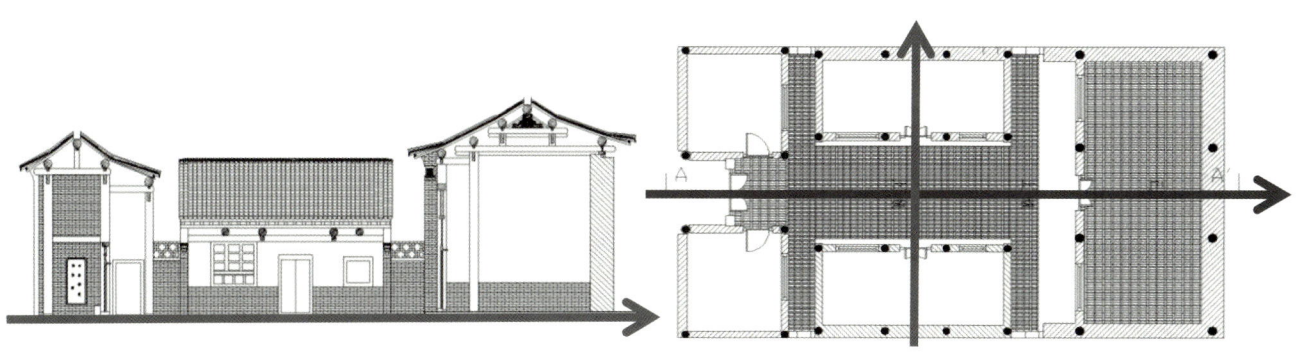

(a)高氏宗祠A-A'剖立面图　　　　　　(b)高氏宗祠整体平面图

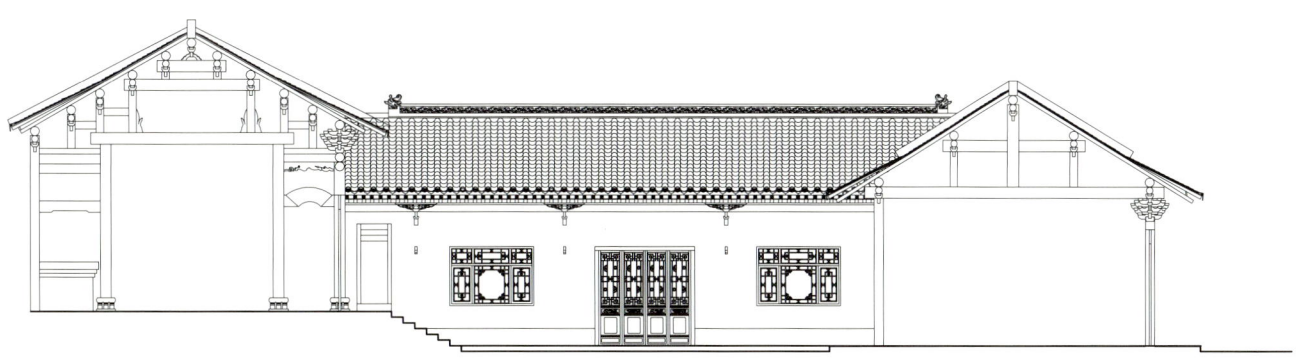

图8　延安市宜川县阁楼镇太木村王氏宗祠
图9　韩城市芝阳镇中寿寺村高氏宗祠
图10　汉中市西乡五渠村李家宗祠

陕南地区的宗祠建筑尺度较大，宗祠高度较高，因为陕南地区民间建筑结构一般为穿斗式。陕南文化有多元化的特征，处于巴蜀文化、楚文化、秦文化之间。因此，陕南民间宗祠最具特殊性，高宽比一般为 H≤D，陕南民间宗祠呈现出独特的地域特征。明代，嘉靖皇帝实行"推恩令"，放宽对官民祭祖的法制，全国各地开始兴建宗祠，出现大量的民间宗祠，陕南地区的大部分宗祠都修建于明清时期。（表4）

表4 陕南民间宗祠院落空间量化值

祠堂名称	地理位置	院落空间比例量化值（m）				L:W	D:H
		W值	L值	D值	H值		
高氏宗祠	汉中市勉县金泉镇勤俭村	6.5	18	10.5	7.5	L＞W	1＜D:H＜2
吕氏祠堂	安康市宁陕县城关镇旱坝村	13	12	14.5	10.2	L＜W	1＜D:H＜2
叶家祠堂	商洛市洛南县保安镇蒿坪村	6.5	16.7	15.7	7.5	L＞W	1＜D:H＜2
郭氏祠堂	商洛市商州区腰市镇上集村	5.5	9	10.9	8	L＞W	1＜D:H＜2
王氏祠堂	西安市鄠邑区甘亭镇北大街	15.3	27	9.9	6.9	L＞W	1＜D:H＜2

陕北地区的宗祠建筑尺度比较紧凑，地处黄土高原的陕北地区，民间建筑多以窑洞为主。因此，宗祠大多以正殿和窑洞组合的形式，一般正殿位于窑洞的前方，摆放先祖牌位，举行祭祀活动，窑洞则用以堆放家谱、祭祀用的器物、先祖的遗物等物件。祠堂大多是寝殿一间，大一点的规模是大门、厢房、寝殿。但陕北地区对宗祠保护意识薄弱，宗祠建筑受损严重。以陕北特有的窑洞式宗祠为例，宽高比一般都是 D≤H。（表5）

表5 陕北民间宗祠院落空间量化值

祠堂名称	地理位置	院落空间比例量化值（m）				L:W	D:H
		W值	L值	D值	H值		
王氏家庙	延安市宜川县阁楼镇太木村	7	12.5	8.1	7	L＞W	1＜D:H＜2
高家祠堂	延安市富县羊泉镇下立石村	19.5	30.2	19.5	7.2	L＞W	1＜D:H＜2
薛氏家庙	延安市宜川县云岩镇永宁村	7.3	21.8	7.6	6.8	L＞W	D≥H
杜家祠堂	榆林市米脂县城老街	8	12	16	5.6	L＞W	1＜D:H＜2
王氏祠堂	西安市鄠邑区甘亭镇北大街	15.3	27	9.9	6.9	L＞W	1＜D:H＜2

三、陕西民间宗祠建筑空间研究

（一）宗祠建筑分类

通过走访发现，宗祠建筑的规模，象征着整个氏族的繁荣和兴旺，凸显着宗族的实力和地位。陕西地区民间宗祠的分类有以下几种：

（1）祭祖宗祠。宗祠是祭祀家族列祖列宗的场所；皇家祭祖的场所，被称为皇家宗庙；民间统称为宗祠，唯有不同的是孔子后代祭祖的场所被称为孔庙。宗族宗祠的主要用途是让族人祭祀祖先和制定家规，同时也是家族议事的最主要场所。

宗族宗祠一般分为宗祠、支祠、家祠三个等级。宗祠，指的是同一宗族全体族人祭祀迁祖的宗祠。支祠，一部分族人因为宗族内人口众多，而从中分离出来单独成为一个支系，用来祭祀本支系祖宗的宗祠。家祠，是指主要祭祀本家族先祖的宗祠，又称己祠。

（2）名人宗祠。这是为某一个名人专门修建的祭祀场所，如司马迁祠、诸葛亮祠等。

（3）神灵宗祠。是指以一种自然现象或一个不朽的形象为崇拜对象的场所，包括自然山川、自然精神和天地人物。如太阳神灵祠，是中国古代人们举行某种仪式活动的重要场所。一般神灵宗祠崇拜的对象不仅是自然神灵，还有一些是传说中的神仙。

图11　黄祖祠大门

（二）陕西民间宗祠建筑空间研究

陕西地区民间宗祠的建筑结构可以大致分为基本建筑和辅助建筑，建筑都沿着中轴线依次分布，顺序为山门—中堂—正殿，在山门和中堂之间有一个围合的院落，院落内有景观装饰。有些宗祠还会在山门前建牌坊或照壁。在三进两院式的宗祠中，门、廊、殿也是构成宗祠院落的基本建筑元素。

（1）大门。也被称为山门。大门后面常接有门廊。在多开间的大门旁会为看管宗祠之人设有耳房，功能作用相当于现在的门房（图11）。

（2）中堂。也叫享堂、祭堂等，是宗祠中最重要的单体建筑之一。可以满足祭祀与决策族内事务的需求，因此也是宗祠中空间最大、最具公共性的建筑。作为宗祠中最重要的建筑的象征，通常会在中堂上方悬挂牌匾，在立柱上悬挂楹联（图12）。

（3）寝堂。又称寝殿或殿堂，是安放祖宗牌位的场所，是神灵安寝之处。寝堂往往通过较大的建筑体量、更精致细腻的装饰、大气规整的建筑形式来体现它在宗祠中的地位。作为先祖神灵安寝之所，寝堂中供奉着祖先的牌位，在供桌上常年放置香炉、贡品以求祖先庇佑，墙上还会悬挂先祖的肖像画，寝堂中的牌匾、楹联、书法或挂画，多记载着家族的历史或祖训家规（图13）。

| 12 | 14 |
| 13 | 15 |

图12　中堂

图13　寝殿

图14　大门—中堂—寝堂布局图

图15　牌坊

大门、中堂与寝堂是宗祠中最基本的建筑元素（图14），同时也承担着宗祠最重要的职能，除此之外，宗祠中常出现的辅助建筑还有牌楼、厢房、拜厅、戏台等。

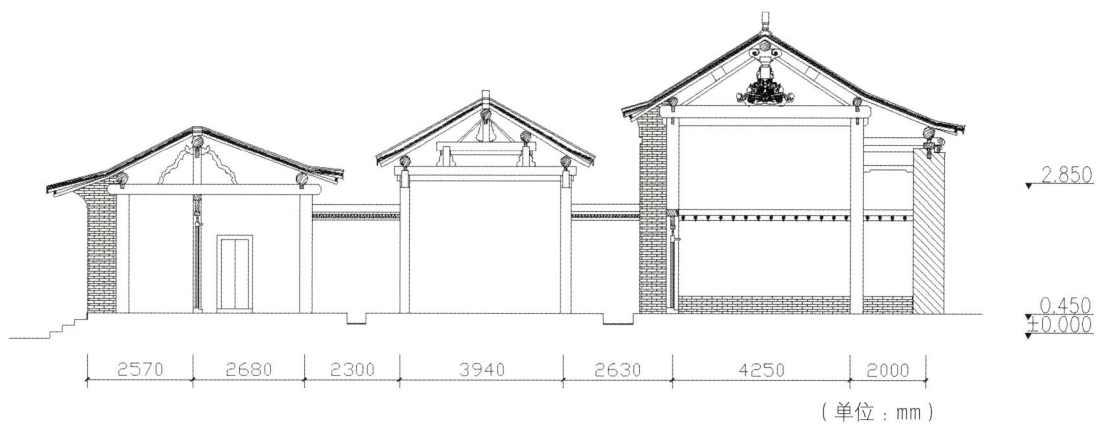

（4）牌坊。也被称为牌楼。牌坊或牌楼是位于宗祠中轴线上的常见建筑，多为四柱三门的形式，用石头或木头建造。牌坊虽然为宗祠中的辅助建筑，但其高大的体量与它的对称感，恰好可以强化宗祠建筑空间中的层次感和序列感。但牌坊的建立需要一定的条件，普通家族无法为自己建立牌坊，只有氏族先祖获得过朝廷嘉奖、建功立业，或有极大的道德文化贡献经历的才有可能获得恩赐牌匾，才能建立牌坊。因此，牌坊是反映氏族功德高贵的独立建筑（图15）。

（5）旗杆。在宗祠前竖立旗杆，是封建社会科举功名的象征。族人有中进士、举人者，返乡拜宗祠时要立旗杆。旗杆上有单斗、双斗的区别，古代中了举人立单斗，中了举人以上立双斗。立旗杆作用有二：一是考取一定功名后，社会地位提高，花钱竖立旗杆可以光耀门楣；二是旗杆竖立作为后人学习榜样，激励后人积极进取。民国后期，作为百岁老人，一些在海外经商、致富后为祖国做出了重大贡献者，允许在宗祠前设置旗杆。

（6）厢房或走廊。无论是宗祠的规模大小，庭院两侧均有厢房或廊道，用以连接山门与拜厅、拜厅与正殿的附属空间。厢房的另一作用是被用来存放祭祀用具和家谱的（图16）。

（7）戏台。戏台是表演的场地。当氏族举行大型祭祀活动时，他们会邀请戏班子为族人和当地居民唱戏。在修建宗祠的过程中，大宗族会搭建一个靠近山门、开放的戏台，在唱戏时邀请其他村民一起观看，以扩大氏族在当地的威望。宗祠的戏台通常与大门相对，同时戏台也正对着正殿或寝殿。这种建筑方式几乎已经成为一种固定的形式，几乎是所有南北方宗祠建筑的风格。只有少数宗祠是独立建造的，舞台没有与大门相连（图17）。

（8）拜亭。也称香厅，有的位于正殿前，有的类似大殿相连的抱厦形式。拜亭大多为四面开放，由立柱支撑，屋顶形式也与宗祠内其他建筑不同，会有比正殿和山门更多更细腻的雕刻装饰。拜亭在祭祀活动中承担非常大的作用，在活动中，会先将先祖牌位请到拜亭中，再按流程举行祭拜活动。作为用来实现祭祖功能的建筑单体，功能近似于正殿。

陕西地区民间宗祠依据自然和人文也被分为陕南、关中和陕北三个区域。陕南地区宗祠受人文历史、地理环境的影响，在建筑外形与构架上格外不同；陕北地区宗祠多以窑洞形式出现；部分关中宗祠受地形影响也会出现窑洞的建筑形式。由此可见，地理位置对宗祠建筑形式的影响很大。

延安市宜川县阁楼镇东阁楼村东阁楼宗祠（图18），位于东阁楼村白云齐家对面，坐北朝南。根据建筑梁上的墨题记载，始建于康熙三十四年（1695）。建筑主体为砖木结构，面阔三间，进深二间，并带有前廊，硬山灰瓦顶，三架梁带单步梁，檐下施斗拱，石砌台基，是当地仅存的康熙时期的宗祠。西安市鄠邑区甘河镇晏平寨村晏氏宗祠（图19）和安康市紫阳县焕古镇宦姑村王家宗祠（图20）都是由大门、厢房、正殿组成，保存较为完好。

图16　厢房

图17　戏台

图18　延安市宜川县阁楼镇东阁楼村东阁楼宗祠

图19　西安市鄠邑区甘河镇晏平寨村晏氏宗祠

图20　安康市紫阳县焕古镇宦姑村王家宗祠

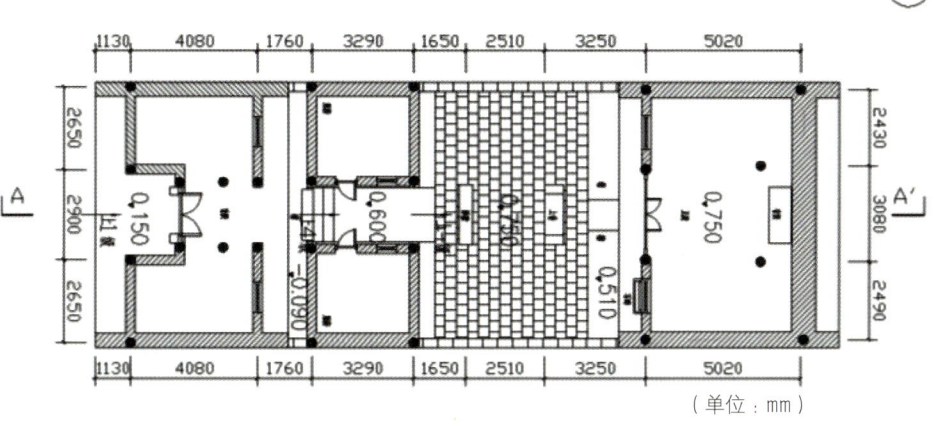

（单位：mm）

（三）院落形制研究

宗祠院落的形制除了遵循坐北朝南以外，在"进"上也是需遵循一定的形制规则。陕南的民间宗祠，在形制上更加规范，例如在三进院院落中，第一进院为待人接客的场所，第二进院常为厢房和过厅，第三进院为主要活动场所，包含拜亭、寝殿等重要建筑。陕北的民间宗祠受地形影响，具有非常浓厚的地域特色，以靠崖式、下沉式和独立式的窑洞式宗祠为主，形制大多简单没有严格的规范。

院落的围合方式大多为合院，合院的形式是"天人合一"思想的体现，通过四周围合，中轴对称的布局形式也体现出"财不外露"的思想。

宗祠院落中还会遵循"昭穆制度"。《礼记·中庸》中记载："宗庙之礼，所以序昭穆也。"这实际上就是祖先牌位根据辈分等级的摆放依据，也是宗族秩序的一种体现。往往在正殿的中央，摆放着辈分最高的始祖排位，其余各支排位则按照左为尊的思想从左到右一字排列。在祭拜时，往往也按照尊卑进行站位，率先行祭拜礼的应是宗族中最年长的族长，其后族人则按照辈分分批进入正殿内进行祭拜活动。

宗祠院落中的家具装饰、景观布局也都是不同形制思想的体现，具有浓厚的氛围感。有些宗祠内会添置植物、假山、天井等景观小品，在祠堂内部空间中加入其他景观元素，使宗祠兼顾功能性和观赏性。

（四）家具布置研究

宗祠作为氏族祭祀、议事的重要场所，所有的家具陈设都是为了满足祭祀的主要功能。宗祠不同于民居，民居需贴近人的日常生活起居，家具的配置也更加完备与精致。但宗祠因功能、规模和空间布局的需求，会出现很多建筑空间利用率较低的情况，例如厢房只在供家族活动议事期间临时居住。作为寝殿的附属性建筑，家具相对较少，只需要准备满足族人议事时的桌椅即可，其他家具布置较少。而在祭祀的主要场所——正殿，与放置牌位和神龛的寝殿中，会摆放较多家具，以供日常活动与祭祀活动所需。

寝殿中的家具通常包括供桌、八仙桌、条椅或官帽椅。供桌或祭台是用来摆放瓜果贡品、香炉火烛的地方，供桌的样式多为方形的八仙桌和条案。有些宗祠会在供桌旁摆放议事时供德高望重的族人安坐的官帽椅。在一些小宗祠中，为了方便族人在议事婚嫁时休息或讨论，会在寝殿的周围放置桌椅。（图20）

续表

木雕分类	宗祠名称	地理区位	样式特点
屋脊装饰	房家宗祠	商洛市金陵寺镇房店村	
	黄祖祠	渭南市韩城市新城街道相里堡村	
	侯氏宗祠	汉中市略阳县西淮坝镇西淮坝村	
槅扇门	吕氏宗祠	安康市宁陕县城关镇旱坝村	

续表

木雕分类	宗祠名称	地理区位	样式特点
窗棂	余氏宗祠	安康市岚皋县佐龙镇正沟村	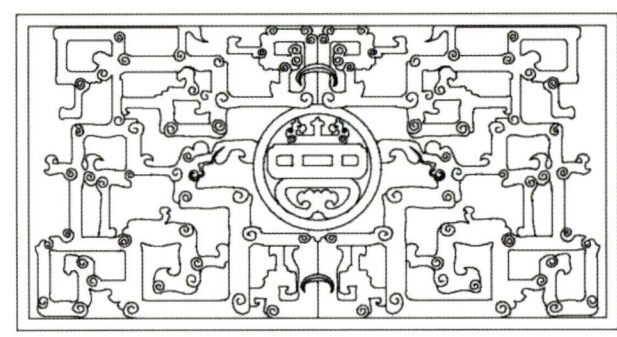
	吕氏宗祠	安康市宁陕县城关镇旱坝村	

（二）砖雕装饰艺术

砖雕主要用于陕西地区民间宗祠建筑中的影壁、屋脊、墀头、墙面等。通常以阴刻、浅浮雕、深浮雕、圆雕、镂雕、平雕等作为主要雕刻手法。功能性与装饰性是民间砖雕的最大功能，造型简单，风格大气稳重，灵动而简约，主要目的是保持建筑物的组件强度，能够抵御风吹日晒。

墀头的雕刻内容通常选用具有广泛意义的中国传统图案，同时还必须具备特定的教化功能，内容大致有以下几类：一是花卉植物类，有梅兰竹菊四君子、牡丹、卷草等；二是祥瑞动物类，常用蝙蝠、麒麟、龙凤、狮子、马、蜜蜂与猴子等；三是器物类图案，主要有博古图、暗八仙、道家八宝等；四是吉祥文字图案，有福、禄、寿、喜等；五是故事类图案，如八仙过海等神话传说、四大名著典故等。

砖雕在陕西地区民间宗祠中常见于山门、寝殿等重要宗祠建筑单体的大面积墙壁上，雕刻在墙壁上的吉祥图案、花卉与祥瑞动物，一同形成了视觉中心，打破了大面积墙壁给人造成的单调感与重复感。

表7　陕西宗祠砖雕装饰艺术分类

石雕分类	宗祠名称	地理区位	样式特点
照壁/影壁	刘家宗祠	宝鸡市陈仓区县功镇下河西村	
屋脊	雷家宗祠	渭南市韩城市西庄镇雷许庄村	
墙面	古戏楼	渭南市澄城县安里镇张卓村张氏宗祠	

续表

石雕分类	宗祠名称	地理区位	样式特点
墙面	乔氏家庙	渭南市合阳县同家庄镇南龙亭村	
墀头	刘琦祠	延安市洛川县旧县镇上铜堤村	
	乔氏家庙	渭南市合阳县同家庄镇南龙亭村	
	党氏二门西宗祠	渭南市韩城市西庄镇党家村	

照壁是宗祠建筑中风水与功能相结合的产物。从功能方面来说，它通过遮挡门前景物与过往行人视线，使行人无法窥探到宗祠内部。从风水方面来说，古人看重风水对家族的影响，认为宗祠选址在风水好的地方对后代子孙以及家族兴旺都会有极大帮助，而好的风水讲究背山面水、负阴抱阳，因此便会在山门前修建照壁作为屏障，取建筑风水上所说保护家族"福禄吉祥"不外漏之意。

照壁的样式较多，但陕西地区民间宗祠中常见的有三种形式："一字平""八字"形和"反八字"式。"一字平"照壁为一个长方形，其中不分段，位于宗祠内，高度统一；"八字"形照壁与"一字平"照壁相比面积更大，以中间稍大块壁墙作为中轴，左右带角度对称，成为三段式照壁，其通常建造在山门外并面对大门。"反八字"式照壁是指斜置于宅门山墙墀头两侧的影壁，这种形式较为特殊。

砖雕的主题大致分为以下类别：一是以龙凤、舞狮、宝马与猴子等动物形象为主，利用谐音将族人对未来生活的美好愿景与雕刻形象联系在一起，如一只猴与蜜蜂站在马背上，寓意"马上封侯"。二是花卉植物图案，如梅兰竹菊、岁寒三友等。三是"博古"图案，将文房四宝、暗八仙、道家八宝等巧妙组合形成吉利的图案。四是故事典故类，常见的有神话传说故事、历史典故等。

（三）石雕装饰艺术

陕西地区民间宗祠中的石雕装饰艺术，常出现在墀头、柱础、镇宅兽、抱鼓石等位置，雕刻技法及寓意都十分考究，是氏族繁荣昌盛的象征。

（1）台基与台阶。台基与台阶是建筑的基础构件，在建筑之下，起到辅助人通行的作用，所以作为功能性极强的建筑构件，装饰性就相对较弱，尤其在民间宗祠中，更少见复杂的装饰雕刻。更多时候只是用凿毛手法或者在凿毛的基础上刻凿斜纹，以简单线条做装饰。

（2）栏杆。栏杆由望柱、扶手与栏板组成，主要作用是建筑外围的围合，防止人掉落。因其结构的限制，所以带有故事性、表达性的装饰多以雕刻的形式出现在望柱和栏板上，而带有标志性与装饰性的雕刻则会出现在望柱的柱头，例如望柱狮子头、莲花花瓣等；栏板由于其功能的要求，通常造型为平整的大面积石板，雕刻上各种蕴含寓意的图案、人物历史故事等。

（3）柱础。柱础是石雕出现较多的部位，通常是连续的花纹图案。陕西地区宗祠建筑的柱础常见的形状有圆形、方形、六角形、八角形等。

（4）石狮。狮子是一种瑞兽，不仅能赶恶灵，还能带来祥瑞之气。在陕西省，从古至今寺院建筑前的石狮子，大多是一只公一只母；雄狮象征力量，母狮踩着幼狮，寓意家族繁荣昌盛、子孙兴旺。

（5）门墩石。门墩石的位置位于门与门轴的相接处，起到固定支撑的作用，有内外之分，外侧是内里的延伸，更多起到装饰作用。通常有方形和鼓形，鼓形也被称为抱鼓式，即抱鼓石。

表8　陕西宗祠石雕装饰艺术分类

石雕分类	宗祠名称	地理区位	样式特点
栏杆	沈家宗祠	安康市汉阴县涧池镇枞岭村	
台阶	党氏二门西宗祠	渭南市韩城市西庄镇党家村	
	唐家宗祠	西安市蓝田县汤峪镇碧水湾	

续表

石雕分类	宗祠名称	地理区位	样式特点
门枕石\抱鼓石	党氏二门西宗祠	渭南市韩城市西庄镇党家村	
	北党始祖祠	渭南市合阳县路井镇北党村	
	卫氏宗祠	渭南市韩城市芝阳镇贺龙村	
	乔氏家庙	渭南市合阳县同家庄镇南龙亭村	

续表

石雕分类	宗祠名称	地理区位	样式特点
墙面	张氏宗祠	渭南市蒲城县荆姚镇东街	

（四）彩绘装饰艺术

木材作为中国传统民居建筑中最常见的建筑材料，常年暴露在风吹日晒的环境中，受到风沙与虫蚁的侵蚀，而其上的彩绘装饰则起到保护木材的作用，同时增添建筑细节，增加装饰性，象征建筑等级。

彩绘常绘在墙或梁上，绘画题材多为教化意义的历史典故、人物传记等，用来教育子孙后代。正殿的内墙上也绘有彩绘，外墙偶尔也绘有以花鸟走兽为题材的彩绘。彩绘是集合装饰作用与教育作用为一体的宗祠建筑装饰手法。陕西地区民间宗祠彩绘装饰以苏式彩绘为主，常见题材有自然山水、花鸟鱼虫等。

表9 陕西宗祠彩绘装饰艺术分类

宗祠名称	地理区位	样式特点
张载祠	宝鸡市眉县横渠镇古城村	
沈家宗祠	安康市汉阴县涧池镇枞岭村	 
唐家宗祠	西安市蓝田县汤峪镇碧水湾	 

（五）匾额、楹联装饰艺术

匾额是指在建筑门框与房檐之间刻或写有堂号或其他文字的矩形牌匾。上书文字是所对应建筑的性质、名字的说明概括。宗祠中不止一块牌匾，从山门到拜厅再到正殿，每块匾额所蕴含的意义都不尽相同。大多会选择有教化意义的文本，以告诫族人。

牌匾，又称堂匾，是挂在门头上作为装饰的一种木匾，反映建筑物的名称和性质，或表达人们的道德与情感。

楹联，在民间更多被称为对联，常被篆刻在矩形木牌挂于立柱之上，楹联中的其文字多为家训，或有劝诫寓意的文字，一般在宗祠的山门、拜厅、正殿等处都有悬挂。如杨爵祠的"八年幽繁风中烛，万古清香雪里梅"；北党始祖祠的"大秤分银教子润屋富生计，高风如玉修桥补路惠众人"。

牌匾楹联是中国传统文化中一颗璀璨的明珠。从书法艺术上看，其上文字分楷书、行书、草书、隶书等；从雕法上看，其有阳刻与阴刻两种手法；从内容上看，其有歌颂先人美德的牌匾，教育子孙后代的牌匾，对未来有美好向往的牌匾，还有权贵或名人为宗祠所题写的牌匾等。

表10 陕西部分宗祠匾额、楹联分类

类别	宗祠名称	地理区位	样式特点
匾额	唐家宗祠	西安市蓝田县汤峪镇碧水湾	高祠堂
	侯家宗祠	安康市汉滨区大竹园镇正义村	佑启炎
	房氏宗祠	商洛市商州区金陵寺镇房店子村	鸿河远堂
	杨爵祠	渭南市富平县老庙镇笃祜村	孙志映日

续表

类别	宗祠名称	地理区位	样式特点
匾额	唐家宗祠	咸阳市旬邑县太村镇唐家村	臣直代昭
楹联	孙家宗祠	渭南市韩城市金城办双楼村	
	子夏祠	渭南市韩城市新城街道河渎村	

续表

类别	宗祠名称	地理区位	样式特点
楹联	张氏宗祠	渭南市韩城市芝阳镇张家庄村	
	沈家宗祠	安康市汉阴县永宁镇枞岭村	 

五、陕西民间宗祠文化当代传承研究

（一）空间记忆研究

个人记忆与集体记忆是相辅相成的，集体记忆赋予个体记忆意义，我们常常被周围环境影响，如某件事给某人留下深刻的记忆，那么这些记忆就会对这个个体造成极为深远的影响。宗祠文化对人们的影响也是如此，祭祀文化中有宗法制，宗法制注重等级观念，礼制思想意在提升人的自我约束力和是非观，与现代社会中的社会主义核心价值观有异曲同工之妙，这些思想有助于人们树立正确的人生观和价值观。

在宗族中，宗祠是制定、执行族中规矩，教导族人遵纪守法，也是族人大小事务讨论问题和决策之地。具有教育族人、使族人遵纪守法、完善部分基层社会的治理、使社会稳定团结等功能。同样，我国古代是由各种小宗族组成的，宗室制度维系了宗室内部的长期稳定。奖惩分明促进家族和谐统一，地方的安稳是一个国家兴旺发达的基础。宗室制度有利于进一步推进整个社会的和谐稳定，同时也将大家与小家紧密联系起来。

族人从小耳濡目染饱读四书五经，深受儒家礼义廉耻等价值观的影响，即便成年后每个人的社会分工不一样，但家族良好的族风会在后人的脑海中形成记忆，种下种子。甚至延续几代人；祖先的教诲在族人的思想中慢慢生根发芽，这些精神文化给后代树立了正确的人生观和价值观。

宗祠为族人提供了祭拜祖先的场所，通过祭祖族人能找寻自我价值以回报社会。宗族是以血缘纽带，自发性地为家族和社会作出贡献的集体，目的是将祖先的精神传承下去。宗族所举行的祭祀活动则是为了缅怀先祖，延续家风，警示后人，传播正能量。

纵观整个黄河流域，宗祠的建筑布局与功能基本相同，但宗祠中不同尺度的空间会带给人不同的感受。例如中堂，不管是从建筑体量上，还是雕花彩绘装饰上，都带给人肃穆大气之感，而空间布局也尽是体现庄严感与秩序感。

宗祠的建筑营造手法与景观园林的造景之法又有异曲同工之妙，都讲究一步一景、移步异景。例如一些大户人家的宗祠都会在大门外或者大门里设置照壁，使宗祠具有神秘感。宗祠的外部空间营造，如牌坊、旗杆等，使人们在通过宗祠大门时多会停留和思考。

宗祠还可以作为一种载体来寻找自己的过去，"从而达到内心的平衡与和谐，实现灵性作为内生动力对自我的认知作用。对祖先崇拜的同时，也强调个人是作为家庭、家族和宗族中的一个成员而存在的"。当个人在家族中实现了自我价值的时候，也会找到适合自己的发展方式与目标，个人的发展是来源于"本我"的意识，而通过成长会慢慢达到"超我"的状态。

每个人都属于国家，都要服从国家的管理制度，同时国家的发展也依靠于人民，只有人民安居乐业、各司其职，国家才能蓬勃发展，在外打拼的族人回到故乡参加祭祖活动，昭祖念先，继承先辈优良品质，增强民族自豪感。因此每个人的集体意识是非常重要的，我们要有民族认同感和民族自信心。

（二）宗祠教化研究

在儒家思想中宗祠被视为物质文化遗产与非物质文化遗产的结合，宗祠不仅是存放祖先牌位、祭拜祖先的场所，而且其丰富的建筑装饰，以及所反映的地域性与民族性，都是中国传统艺术文化与人文历史的价值体现。也正因如此，宗祠成为陕西民间地区的重点保护建筑之一。

宗祠建筑的功能之一是教化。装饰作为一种人类行为，在满足审美的基础上也受到传统文化的影响和制约。宗祠作为启蒙的场所，其建筑雕塑、对联牌匾、彩绘装饰等多为教育题材。

宗祠建筑中经常出现的启蒙主题包括以下几种。

1. 忠、义

忠诚是孝顺的一种表现，古时有家国合一的观念。国家是"人人"的，君主是父亲，臣民是儿子，所以孝道是忠义的延伸。古代许多人通过科举成为官员，为官后对皇上忠诚，他们习惯在自家的宗祠装饰中配上一些装饰元素以表现忠的思想。

2. 孝

孝是指兄友弟恭、父慈子孝，它是中国传统儒家文化的核心。在中国传统社会中，父母是家庭的核心，孝成为每个家庭成员的义务和一个家庭成员品德好与坏的价值评判。

3. 福、禄、寿、喜

中国在社会贫困与科学发展较落后的时代，来年风调雨顺、家族人丁兴旺、后代无灾无祸是人们最大的心愿。因此福、禄、寿、喜就成为民间建筑中常见的主题之一。人们对未来的美好向往是多样的，因此会选择花鸟鱼虫、仙灵走兽的形象来表示，如牡丹代表富贵，灵芝代表好运。人们也会选用一些传统器物来表达这种美好的愿望，如佛教八宝、道教八宝、吉祥八纹等。

这些祖辈留下的人文思想源远流长，它们影响着自身以及后代的道德品行以及对未来的美好祈愿，都体现了中国传统伦理道德中的重要内涵，这些思想延续至今，也对当代人的基本道德规范起到了积极的作用。

六、结论

宗祠是一个家族的"灵魂"，其承载着规范氏族家规、祈福子孙的功能。宗祠中供奉着祖先与氏族中的先辈，从一方面来说，族人祭拜祖是先为了寻得祖先的庇佑，维系整个家族的精神交流，是家族中每一个人精神世界的寄托；从另一方面来说，中国传统文化中"天人合一"的思想既是现实生活与空间的交流，也是民族文化融合的思维方式。

宋朝的思想家朱熹曾提出过关于宗祠建造方案时的要点，从中获得以下几点认识：

（1）宗祠应遵循"正寝之东"的建造要求，即建在住宅的东方。

（2）宗祠中的单体建筑规模要符合功能需求。例如正殿的功能是议事与祭祀，为了满足此功能要求，正殿的建筑空间应尽可能地高大宽阔，以容纳所有宗人。

（3）宗祠要设有举办祭祀活动的场所除此之外，还应建设单独的空间用来放置先祖遗物和祭祀工具。这个空间在宗祠中被称为耳房，常建在寝殿两侧，此房会让有血缘关系的族人日常看守。这样的习俗是氏族世代传承的象征，体现了族人对先辈的敬重。

（4）朱熹设计的宗祠方案不但具有鲜明的祠庙特点，而且从整体结构布局上可以看出，具有明显的家族建筑风格。

宋元时期，一些宗祠是在祖居的基础上发展而来的。从建筑布局与外观上来看，与民间宗祠没有太大的差别，唯有的一些不同多体现在家具的造型上。

陕西地区民间宗祠通常由山门、厢房、拜厅、正殿等主要建筑单体组成，部分还有照壁、戏台、牌坊等辅助元素组成。其形制与其他地区基本一致，这也反映出我国在宗祠建设上追求的是同一种伦理文化。在宗祠装饰上，陕西宗祠突出了其独特的地域文化和民俗文化。无论是砖雕、木雕，还是梁上彩绘、仙人脊兽，这些宗祠中的精美雕刻都体现了当时工匠的技艺与精神。观者从宗祠建筑规模与细节精美程度的不同，可以看出此家族的文化底蕴、家族历史背景与财力。因此我们对陕西地区宗祠建筑多方位的研究，可以帮助我们更好地了解陕西地区人文历史发展脉络与宗族的变迁。

晋陕豫民间宗祠的空间记忆与文化传承研究项目组，通过对相关文献资料的阅读整合，以及利用实地调研获得对第一手原始资料的整理分析，将陕西地区的宗祠建筑进行地域划分，以地域分析总结的形式，来论述陕西不同地区民间宗祠在建筑空间、装饰艺术方面的特征与意义，发掘其独特的文化表现方式与人文历史演变的研究价值，从社会学的角度对宗祠进行分析，将其中蕴含的文化与科学知识解构，剖析其表达内涵，以达到保护和传承的目的。

陕西省民间宗祠测绘图典选集

陕西省民间宗祠测绘图典选集

杨氏祠堂

陕西省西安市长安区东三爻村

一、建筑区位分析

杨氏祠堂位于陕西省西安市雁塔区东三爻村（该文物点经纬度为 34°19′N，108°95′E）。

东三爻村为西安城南闻名的村落，随着城市的扩建，现已成为城中村，属于曲江新区范围。

东三爻村位于西安市长安南路南段，西安市南三环以南，与长安区交汇处，北靠南三环，南依长安区，曾名为三原村、山岳村。有主街汉口街、三官庙、药王楼饭店、慈应寺、钰兴祥商号、东凤楼等名址。

二、建筑空间结构

杨氏祠堂，坐北朝南。正殿为卷棚顶建筑，面阔三间10.5米，进深6.5米；后殿面阔三间10.4米，进深5.2米。现保存状况完整。

三、建筑空间记忆

三爻杨氏为当地大姓氏族，元朝时出过著名将领——杨子江。杨子江因造炮有功被晋封为"便宜督元帅，胡国进义武庄公"。后代子承父业，皆从事军工造炮业。杨子江去世后葬于三爻村，元顺帝下手谕敕修杨武庄公祠庙，祠后正中为墓冢址。

现三爻杨氏后人遍布西安多地，东三爻村、三民村等都有杨氏后裔，后人怀念祖先，先后于清康熙四年（1665）、道光十七年（1837）和2013年三次捐款集资重修。

2008年清明修建，原址为城壕，是由村里几名妇女主导，带领年轻人修建的，有杨氏祠堂和无量庙，是村里祭祖、拜佛之地，院里有一六角亭由村里一名人士捐建，目的是丰富庭院空间和保护纪念碑之用。

四、建筑装饰艺术

（1）平平安安。装饰于花瓶竖立在方桌上，"瓶"与"平"谐音，因此意为平平安安。

（2）祥龙戏珠。龙，中国古代帝王象征，代表着权威。现代寓意着吉祥、富贵、权利。龙珠，珍贵的宝珠。传说得自龙颔下或龙口中，故名。也称夜明珠。

（3）蝙蝠。据《抱朴子》载："千岁蝙蝠，色如白雪，集则倒悬，脑重故也。此物得而阴干末服之，令人寿万岁太平御览。"古人认为蝙蝠是长寿的象征。而且"蝠"与"福"同音，古人将蝙蝠美化，并作为象征"福"的吉祥图案，将蝙蝠进行变形，在建筑中广泛运用。

（4）牡丹。牡丹的香色可贵，不同于一般花卉，"国色天香"是对牡丹的美誉。牡丹的象征意义与百姓期盼富贵的愿望相符，所以千百年来在民间广为应用。

（5）宝瓶。"瓶"与"平"同音，故经常与其他有着吉祥寓意的纹样结合，如宝瓶与玉兰，被称为"玉堂平安"。

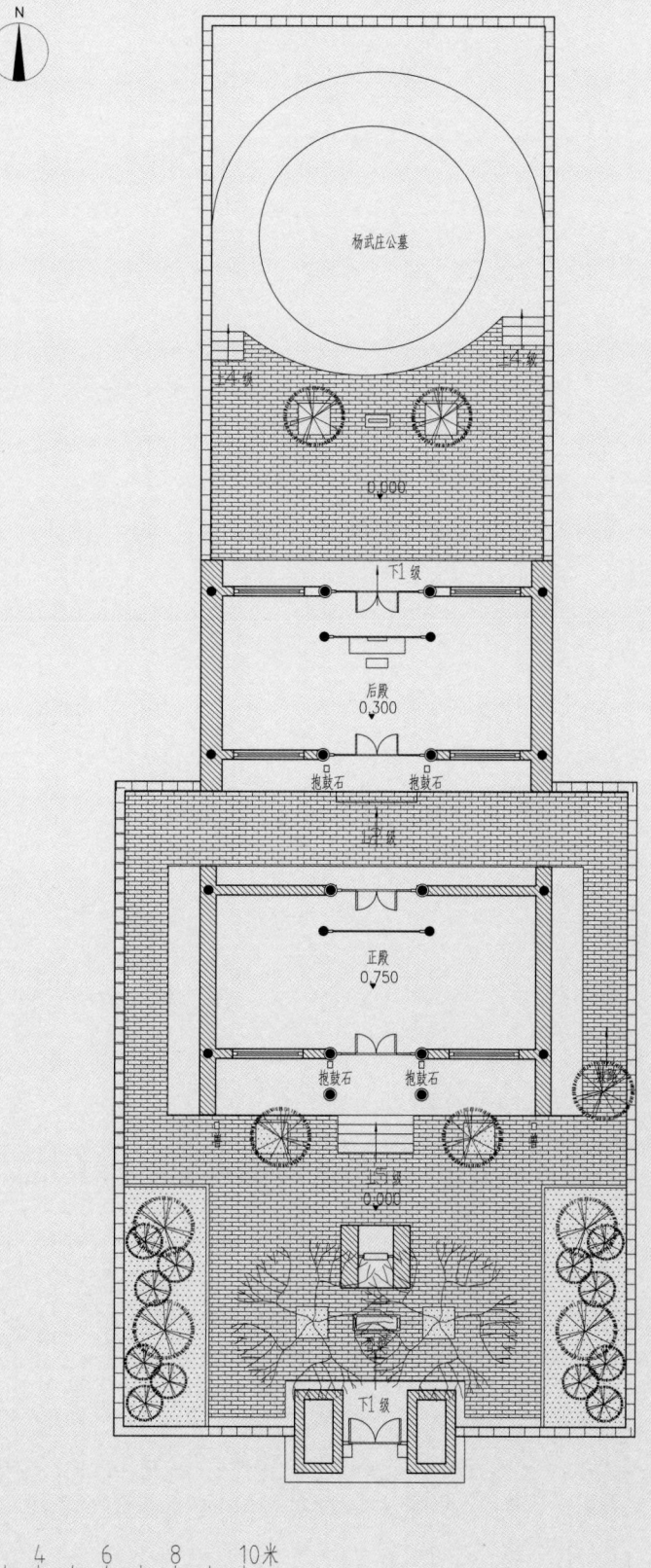

图1 杨氏祠堂正殿

图2 杨氏祠堂山门图

图3 杨氏祠堂总平面图

陕西省民间宗祠测绘图典选集

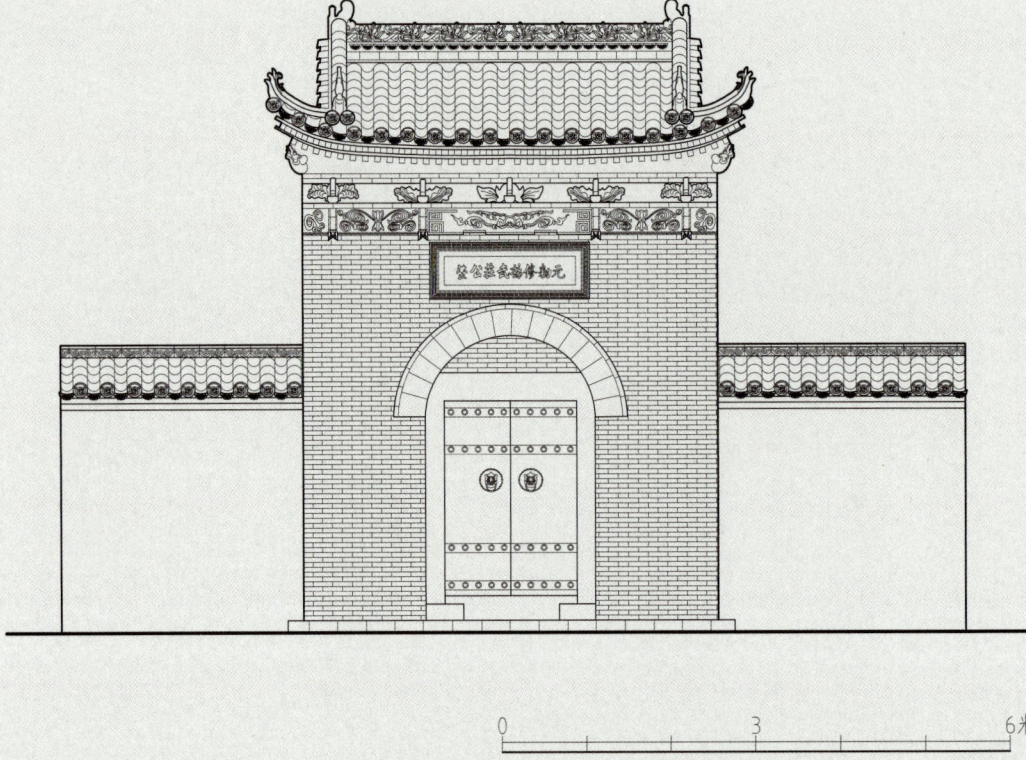

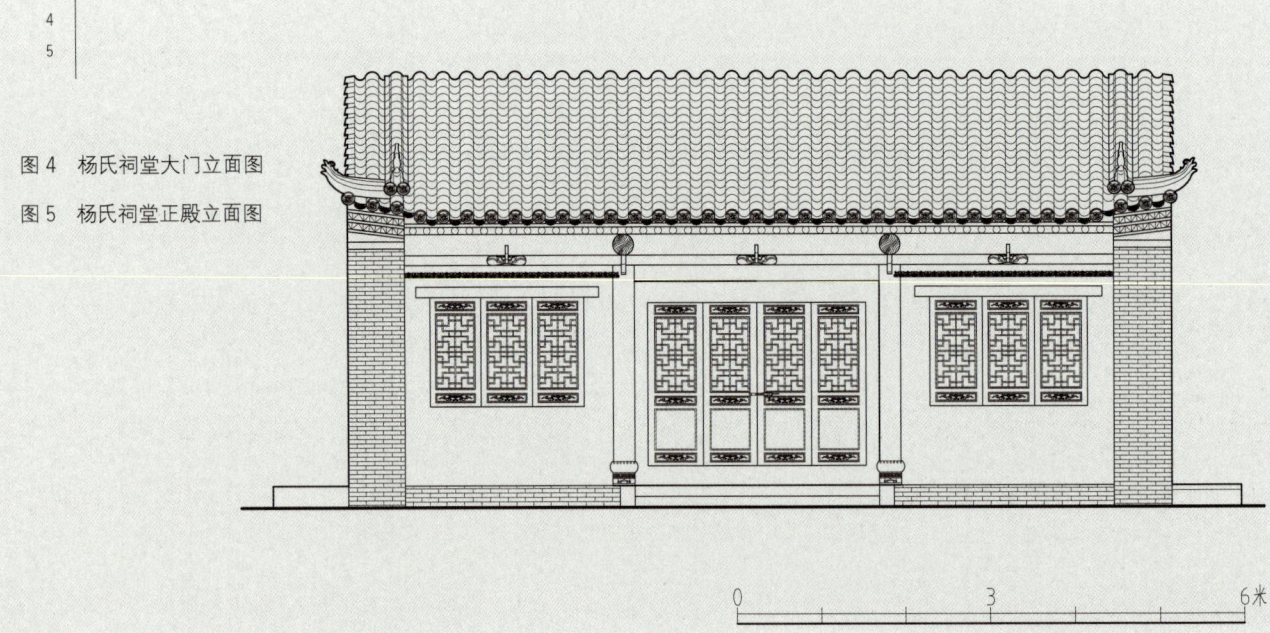

图 4　杨氏祠堂大门立面图
图 5　杨氏祠堂正殿立面图

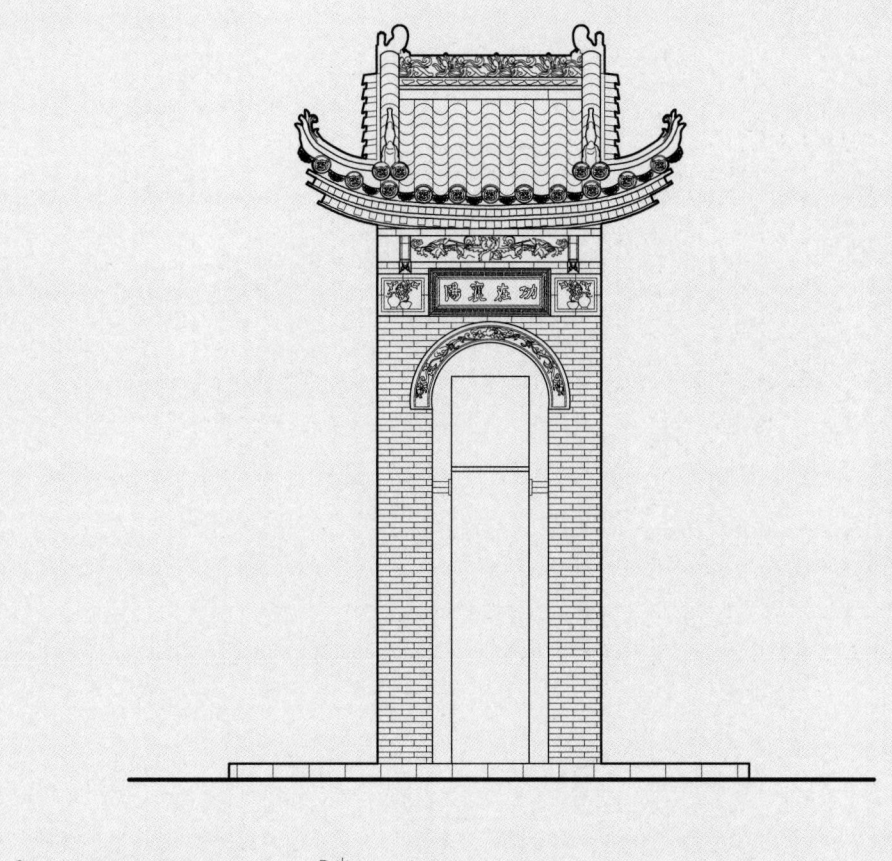

图 6　杨氏祠堂碑亭立面图
图 7　杨氏祠堂冢立面图

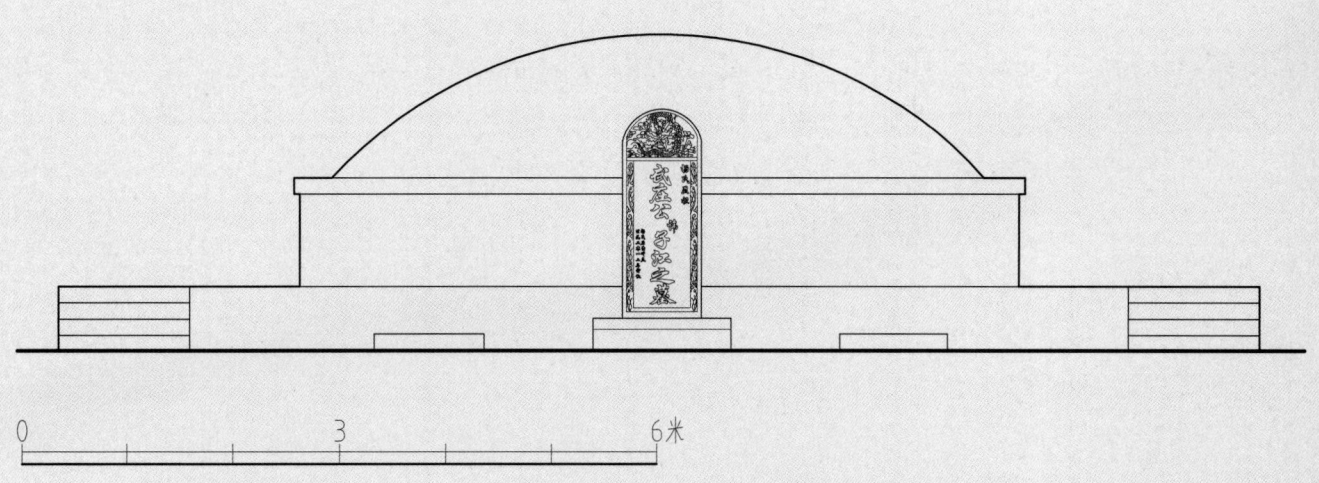

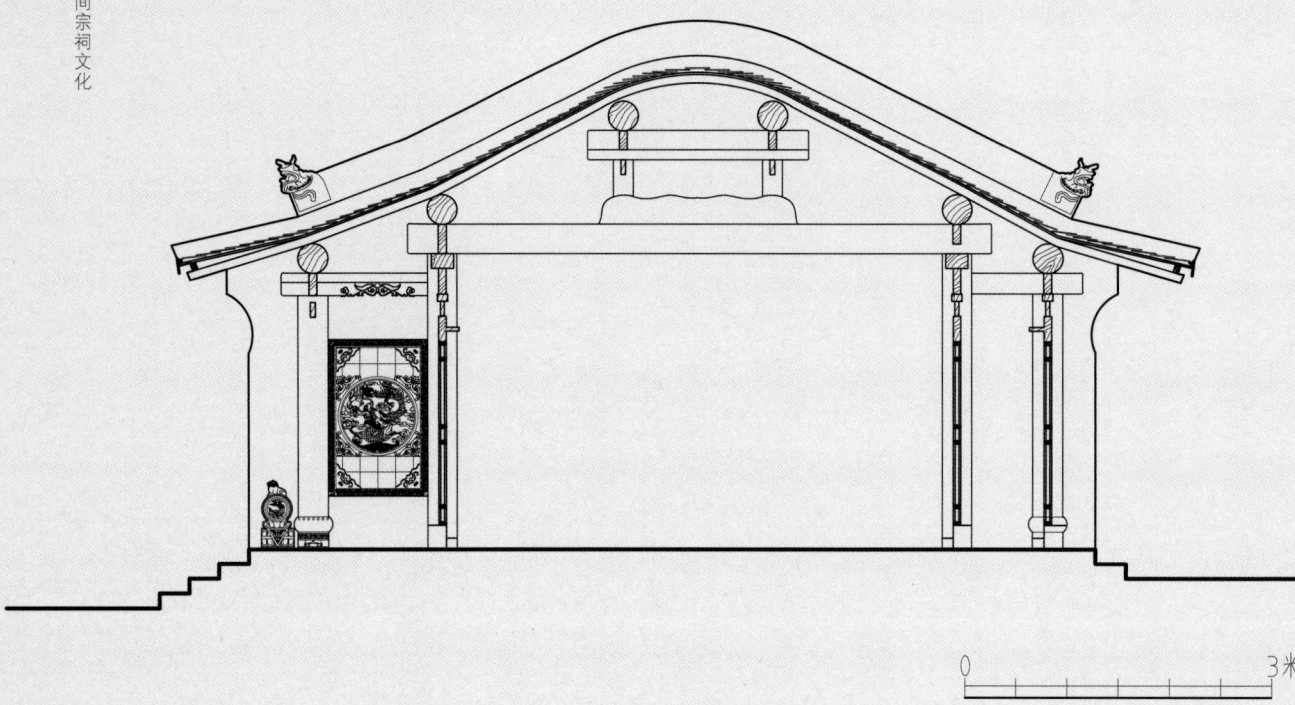

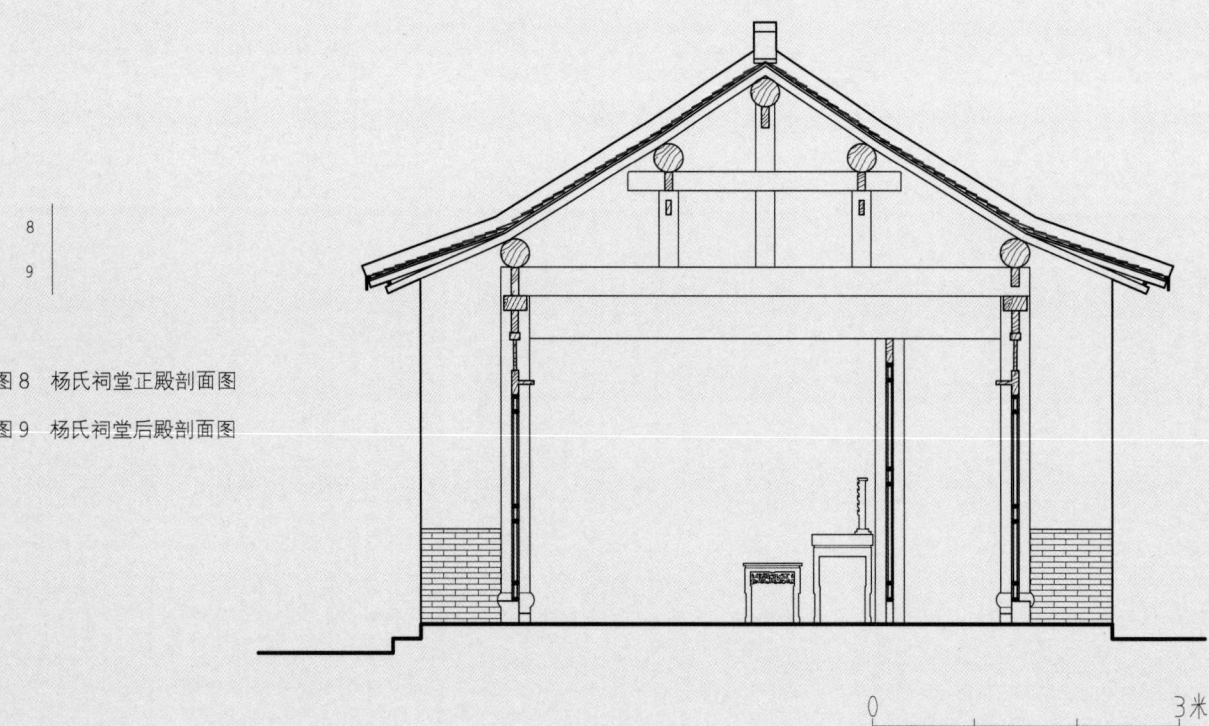

图 8 杨氏祠堂正殿剖面图
图 9 杨氏祠堂后殿剖面图

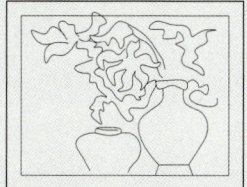

图 10 杨氏祠堂雕花大样图
图 11 杨氏祠堂照壁大样图

晏氏祠堂

陕西省西安市鄠邑区甘河镇晏平寨

一、建筑区位分析

晏氏祠堂位于陕西省西安市鄠邑区甘河镇晏平寨（该文物点经纬度为 34°15′N，108°55′E）。

甘河镇位于陕西省西安市鄠邑区西北部，地处关中平原，地势西南高，东北低。

二、建筑空间结构

晏氏祠堂，坐南朝北。正殿为硬山顶建筑，面阔三间 8.0 米，进深 5.0 米；左右厢房面阔 3.3 米，进深 3.0 米。

三、建筑空间记忆

晏氏是华夏民族众多姓氏中历史悠久、内涵丰富的古老姓氏，起源于黄帝裔孙帝喾高辛氏之子契，为殷商后代。西安市鄠邑区甘河镇晏平寨是陕西晏氏人口较为集中的区域，其余主要分布在东张村和临潼等地。

晏氏祠堂修建于明崇祯时期，作为明代建筑的典型代表，屋脊为青陶玉麒麟配芙蓉雕空花脊梁，东西山墙脊顶为飞凤高凌脊，屋面被复式青瓦覆盖，三排筒瓦居中央。祠堂中的砖雕形式多样，主要分布在屋脊、影壁、东西山墙等建筑部分，复杂精美的工艺反映出当时晏氏族人的精神品位与身份地位。祠堂包括前中正三殿，正殿于清朝同治元年遭乱化为灰烬，后经族人再次修缮，现正殿门口仍有原殿地基、石柱、基石原样。

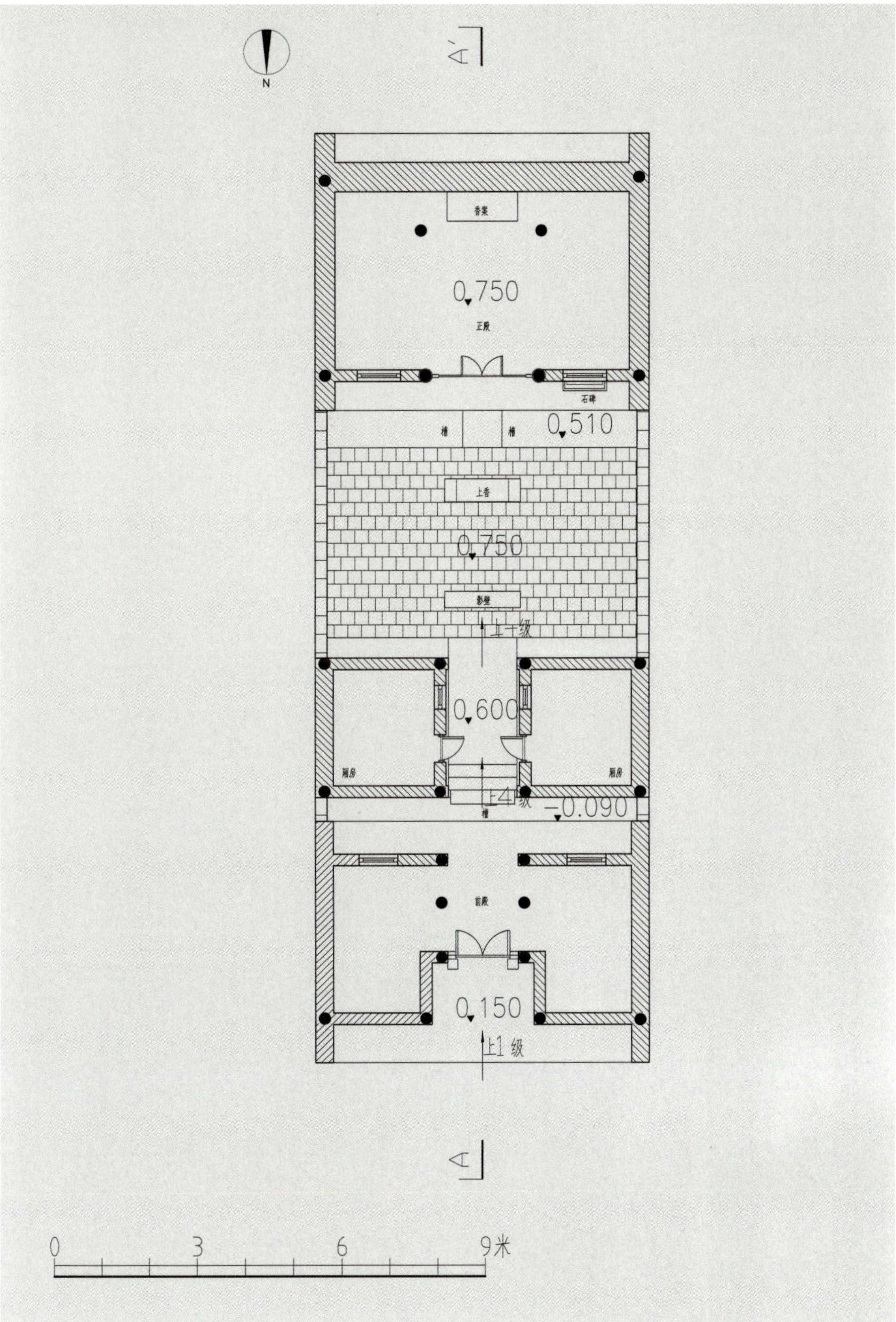

图1　晏氏祠堂正殿立面

图2　晏氏祠堂前殿立面

图3　晏氏祠堂总平面图

陕西省民间宗祠测绘图典选集　　061

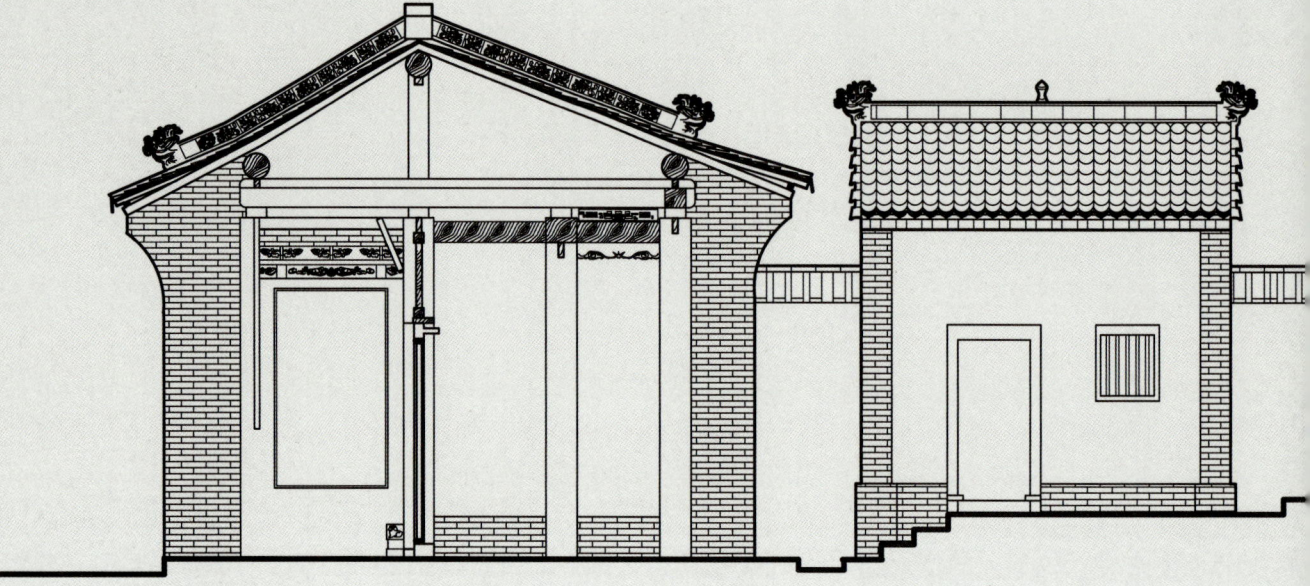

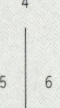

图4 晏氏祠堂A-A'剖立面图

图5 晏氏祠堂正殿立面图

图6 晏氏祠堂前殿立面图

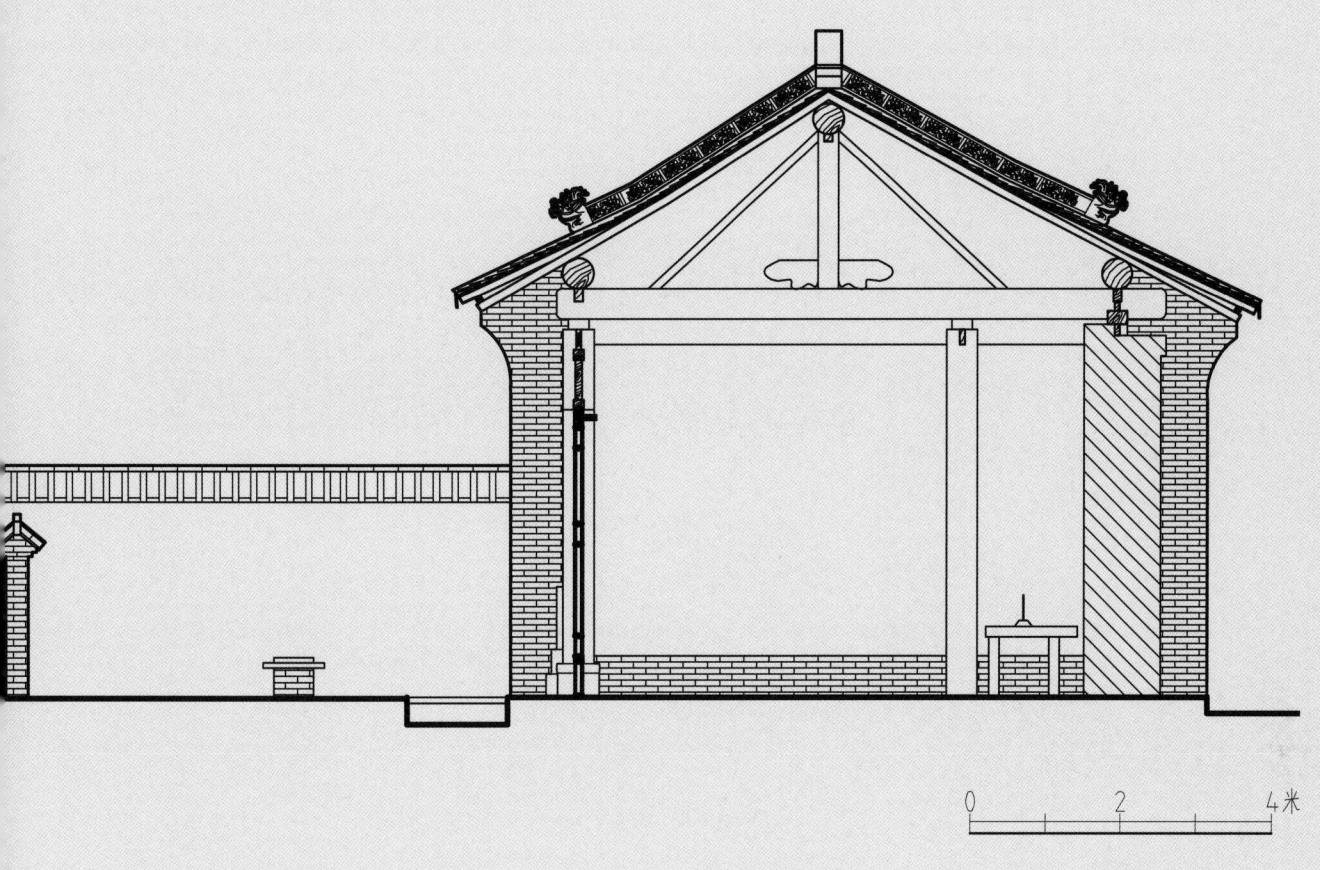
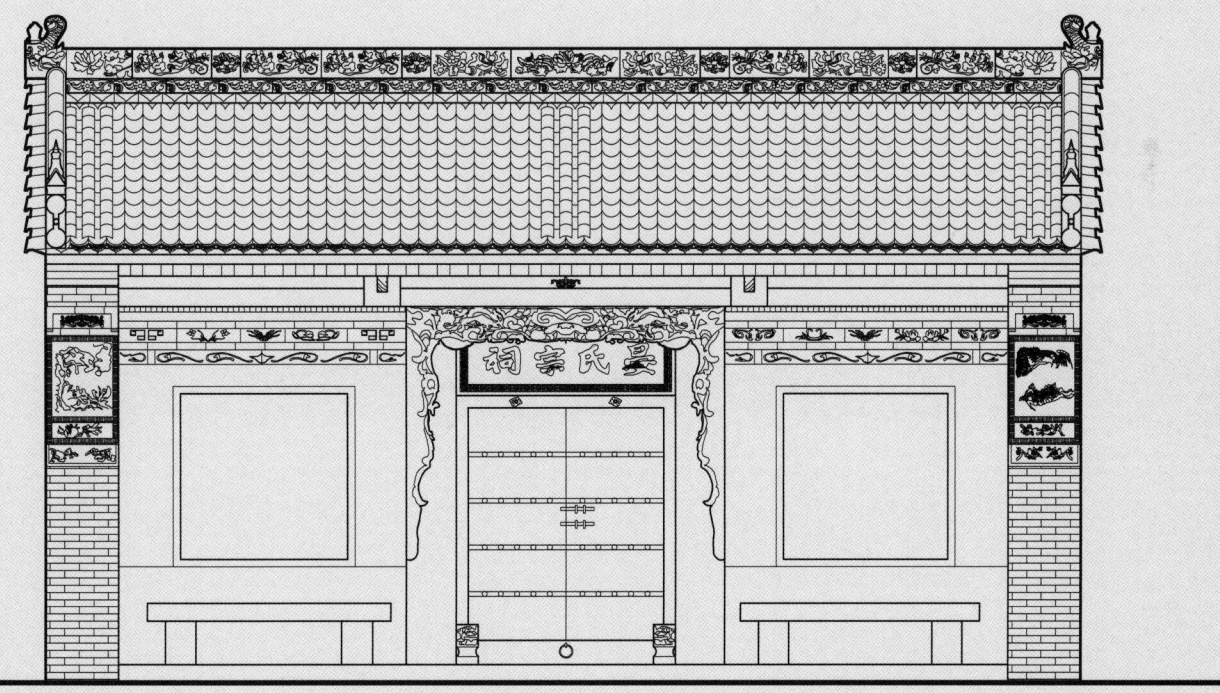

图7　晏氏祠堂枊墩
图8　晏氏祠堂院内景
图9　晏氏祠堂屋脊雕花
图10　晏氏祠堂鸱吻
图11　晏氏祠堂照壁立面

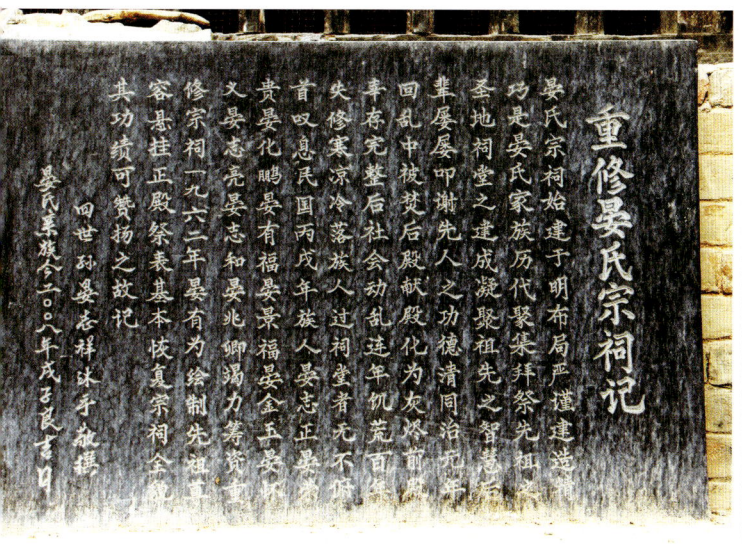

重修晏氏宗祠记

晏氏宗祠始建于明布局严谨建造精巧是晏氏家族历代聚集拜祭先祖之圣地祠堂之建成凝聚祖先之智慧后辈屡屡叩谢先人之功德清同治元年回乱中被焚后殿献殿化为灰烬前殿失修寒凉冷落族人过祠连年饥荒百年幸存完整后社会动乱社连年饥荒百年首叹息民国丙戌年族人晏志正晏荣贵晏化鹏晏有福晏景福晏金玉晏怀义晏志亮晏志和晏兆卿竭力筹资重修宗祠一九六二年晏有为绘制先祖尊容悬挂正殿祭表基本恢复宗祠全貌其功绩可赞扬之故记

四世孙晏志祥沐于敬撰

晏氏亲族二〇〇八年戊子良吉日

图12 晏氏祠堂碑刻细节

四、建筑装饰艺术

（1）盘常。吉祥图纹的一种，本为佛家八宝之一。八宝有法螺（右旋螺）、法轮、宝伞（宝盖）、白盖（尊胜幢）、莲花、宝瓶、金鱼（双鱼）、盘常（吉祥结），为佛家法物，也称八吉祥。

按佛家解释，盘常"回环贯彻、一切通明"，本身含有事事顺、路路通的意思，其图纹本身盘曲连接、无头无尾、无休无止，显示绵延不断的连续感，因而被民众取作吉祥符。作为富贵不断头的象征，盘常的适用性很强，世代绵延，福禄承袭，福寿永续，财富源源不断，以至于爱情之树的常青，都可以用它来表达和象征。

（2）龙。祥瑞的化身，与凤一起寓意成双成对或龙凤呈祥；与马合意为龙马精神；与地虎合有望子成龙、龙头出水、神龙出水、大显神威之意。

（3）喜鹊。两只喜鹊寓意双喜，梅花与喜鹊寓意喜上眉梢。

（4）驯鹿。福禄之意，与官一起寓意加官受禄。

（5）石榴。榴有百子，有多子多福之义。

(a)

(b)

(c)

(d)

(e)

图 13　晏氏祠堂雕花细节（a）

图 14　晏氏祠堂雕花细节（b）

图 15　晏氏祠堂雕花细节（c）

图 16　晏氏祠堂雕花细节（d）

图 17　晏氏祠堂雕花细节（e）

(a)

(b)

图 18　晏氏祠堂墀头细节（a）

图 19　晏氏祠堂墀头细节（b）

图 20　晏氏祠堂雕花细节

图21　晏氏祠堂柱础细节（a）
图22　晏氏祠堂柱础细节（b）
图23　晏氏祠堂柱础细节（c）
图24　晏氏祠堂门墩细节（a）
图25　晏氏祠堂门墩细节（b）

王氏宗祠

陕西省西安市鄠邑区甘亭镇北大街

一、建筑区位分析

王氏宗祠位于陕西省西安市鄠邑区甘亭镇北大街（该文物点经纬度为34°11′N，108°60′E）。

鄠邑区，原称为户县，位于陕西省西安市西南部，地处陕西关中渭河流域，土地肥沃，属暖温带半湿润大陆性季风气候区，四季冷暖干湿分明，光、热、水资源丰富。

二、建筑空间结构

王氏祠堂，坐东朝西。祭堂为硬山顶建筑，面阔三间9.0米，进深6.5米；中殿为卷棚顶建筑，面阔五间15.3米，进深6.0米。现存中殿和祭堂。

三、建筑空间记忆

鄠邑区文物管理所在对王氏宗祠前殿进行维修时，在其北山墙内发现一通清代石碑。青石质地，宽95厘米，高45厘米。右起竖行文，阴刻楷书54行，满行26字。上有"祠堂祭田记"五个大字。石碑记述了王氏宗祠修建过程和捐资人的情况。根据碑文载"尽栋雕梁，翠飞鸟草，庙貌巍然。群归功于十三世孙昆"，点出王氏宗祠是王氏后人——王氏第十三代世孙王昆，以祀先祖王九思于清乾隆七年（1742）开建，历时三年建成，宗祠坐东向西，原有建筑四进，原五间街房兼祠门、牌坊已毁，仅存后两进中殿和祭堂。

陕西王氏在明清间人才辈出，其中最负盛名的当属明代"前七子"之一的著名文学家、戏剧家王九思。王九思，字敬夫，号渼陂。弘治九年（1496）进士。由进士选翰林院庶吉士。留有《渼陂集》、《渼陂续集》、《碧山乐府》、《杜甫游春》、《诗余》、《中山狼》（院本）、《鄠县志》、《王氏族谱》等著作于世。

王氏宗祠是鄠邑区现存宗祠中规模最大、布局最完整的家族式宗祠，对于研究王氏家族发展史及鄠邑区清代民居建筑形式的演变具有一定意义。

图1　王氏祠堂中殿立面
图2　王氏祠堂总平面图

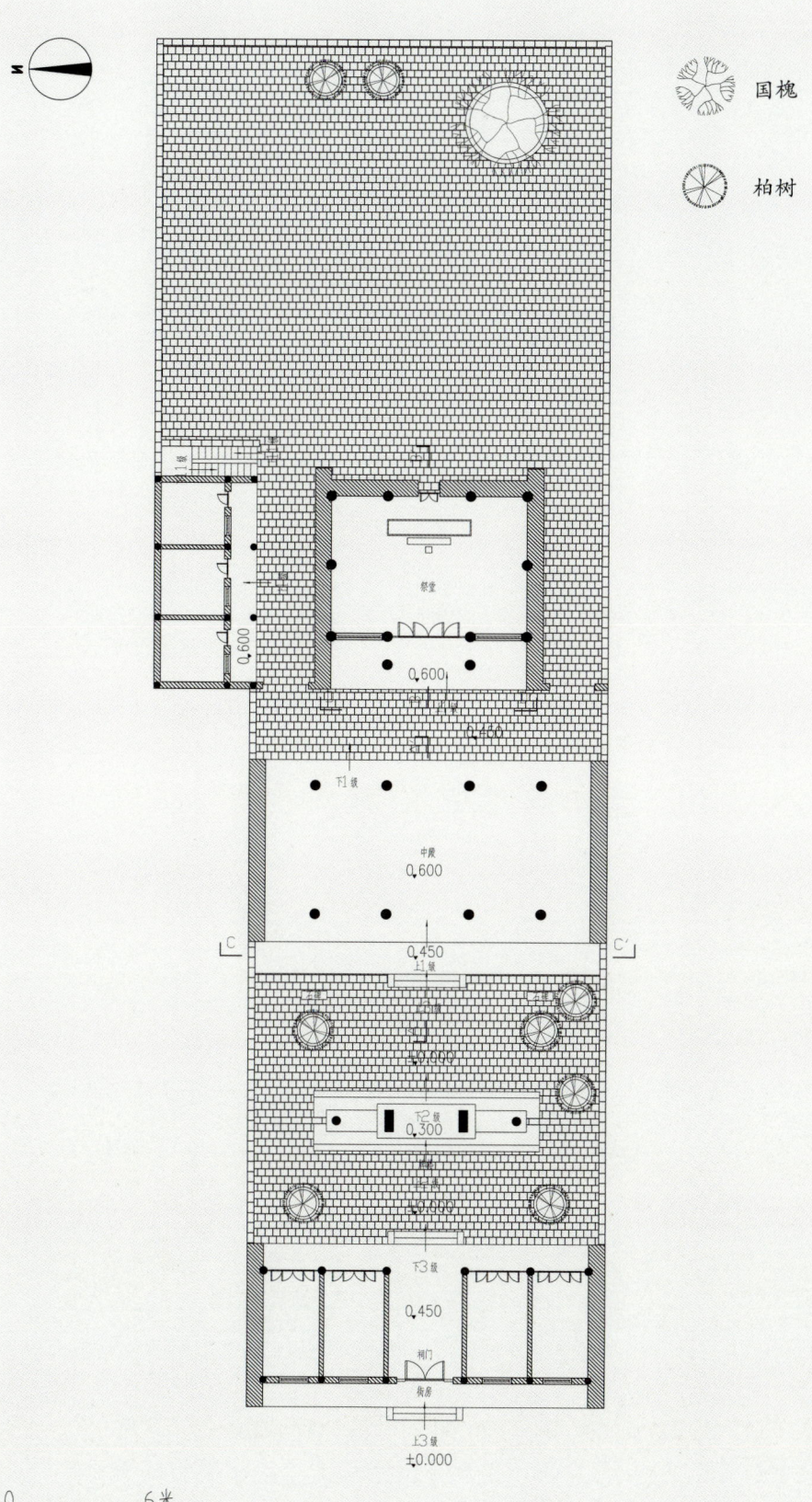

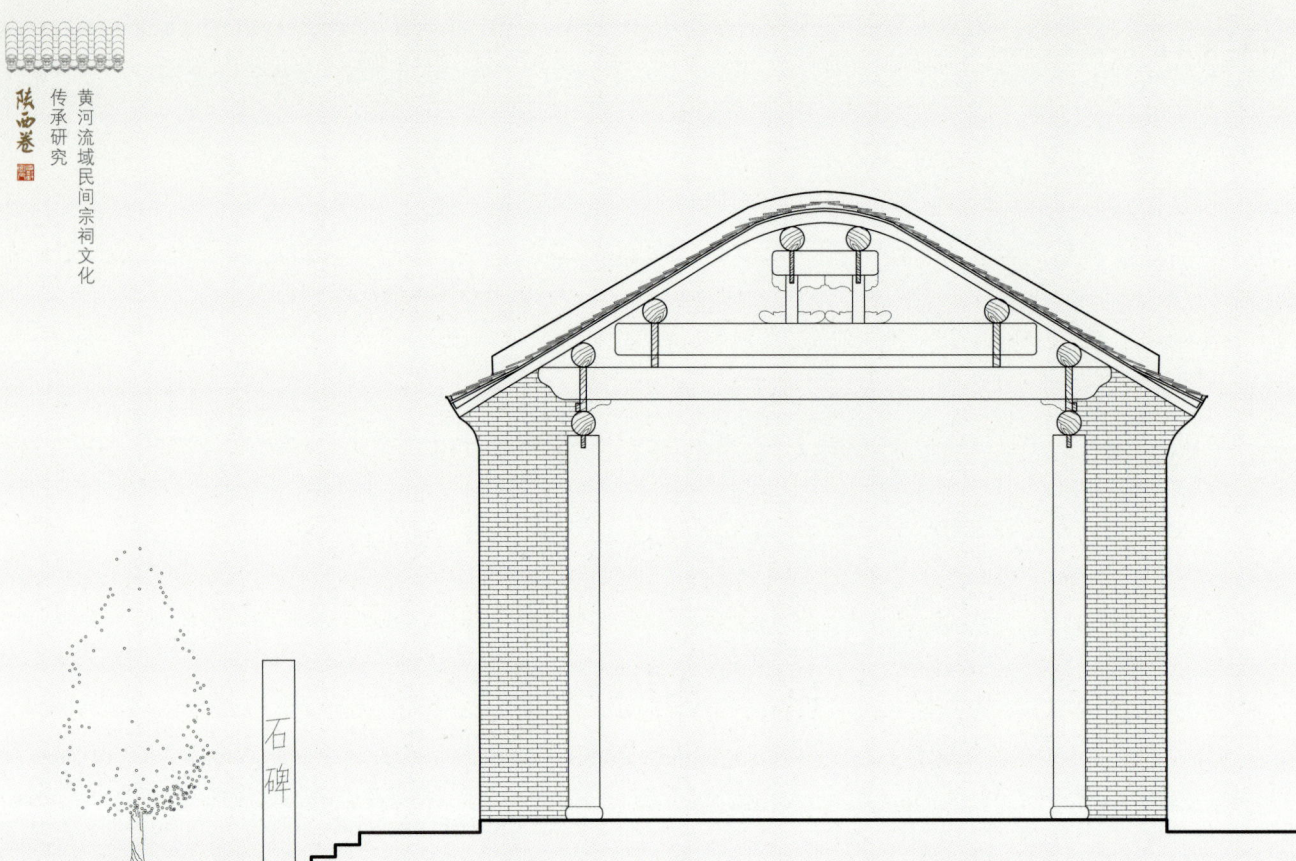

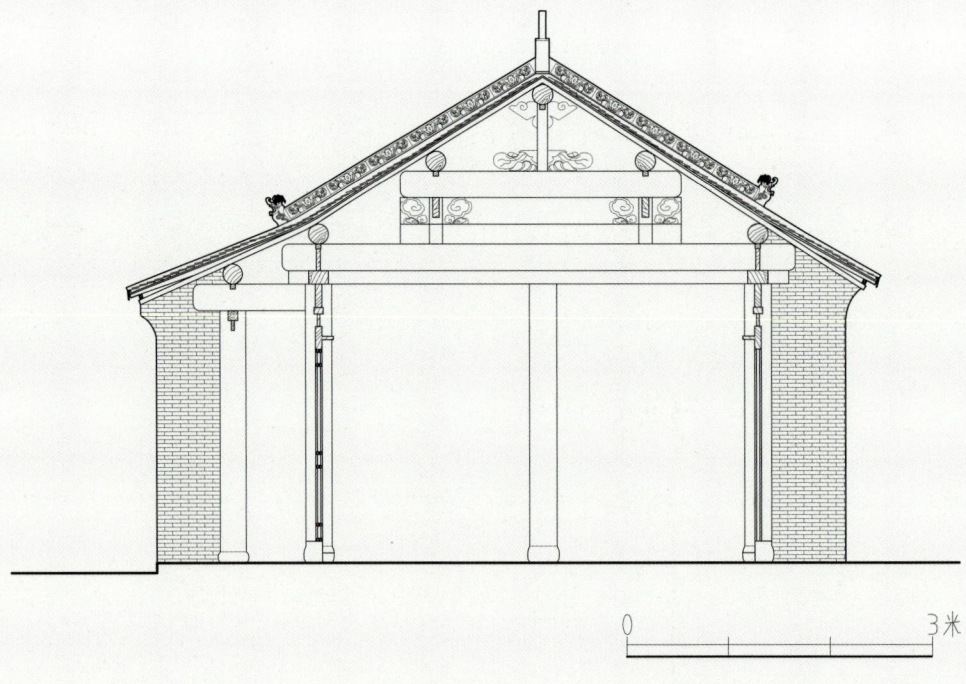

图 3　王氏祠堂 A-A' 剖面图
图 4　王氏祠堂 B-B' 剖面图
图 5　王氏祠堂中殿立面图
图 6　王氏祠堂正殿立面图

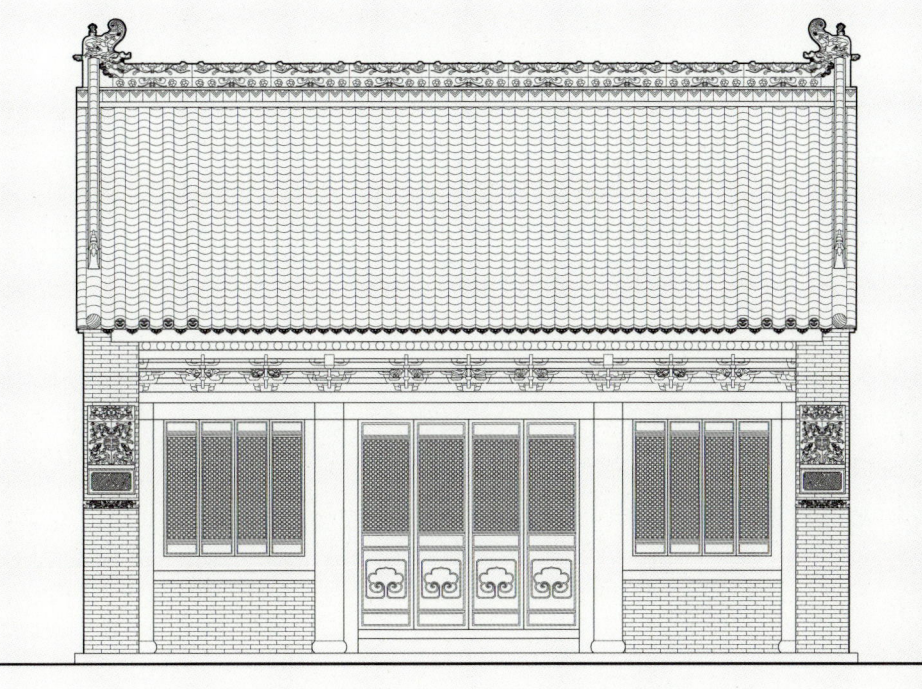

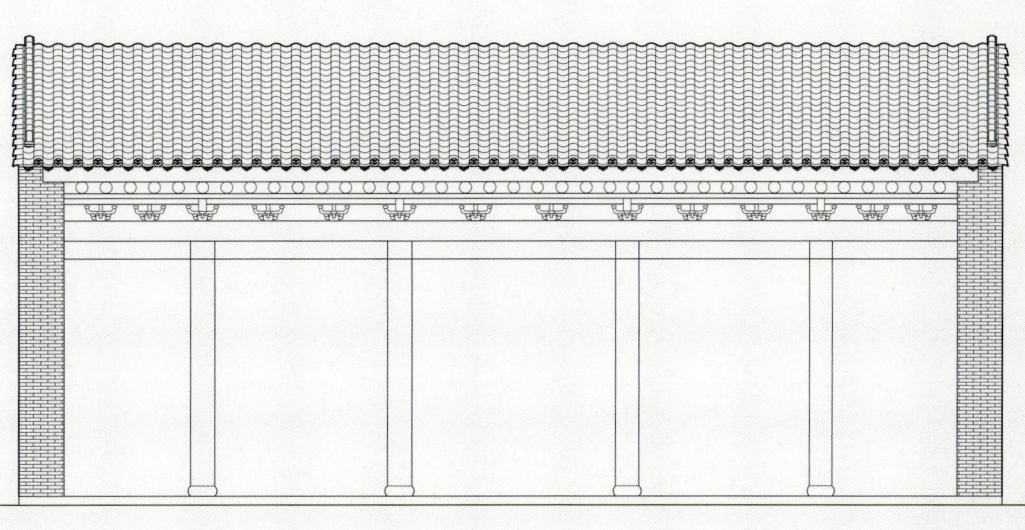

陕西省民间宗祠测绘图典选集

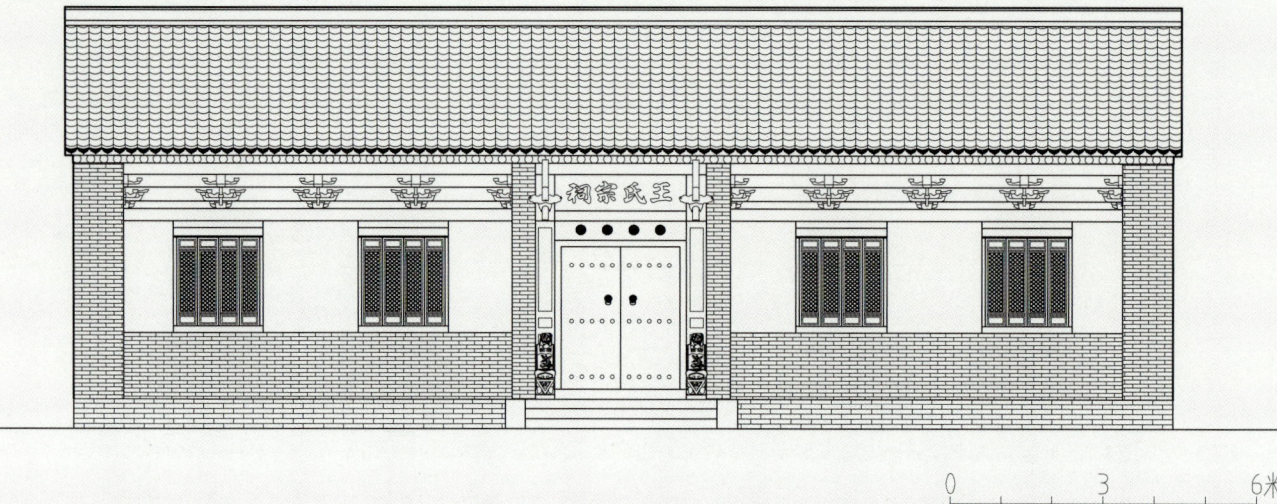

图 7　王氏祠堂山门立面复原图

图 8　王氏祠堂牌楼立面复原图

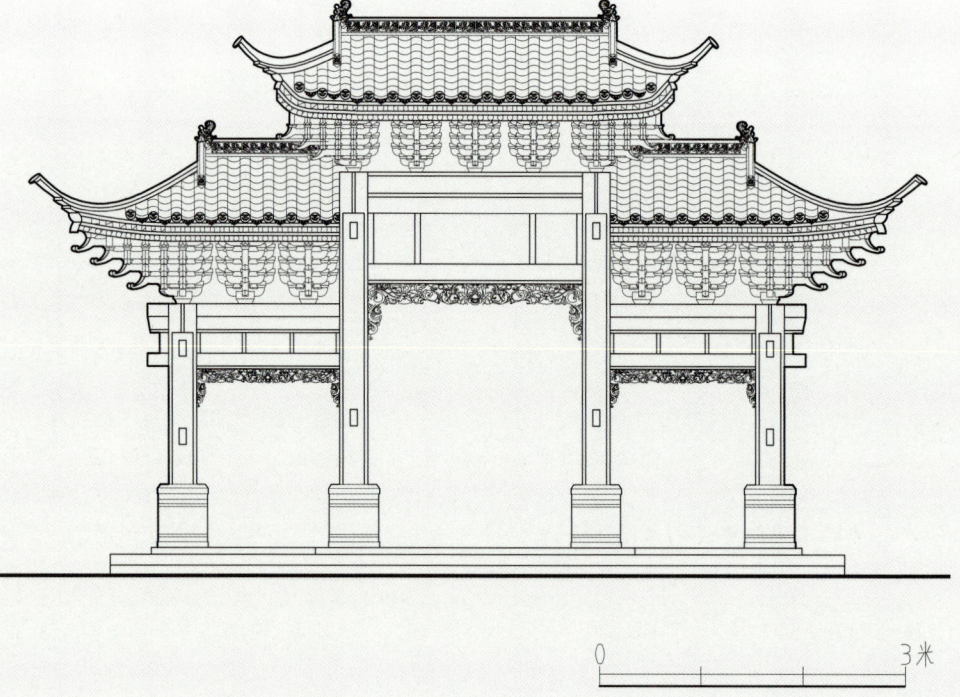

四、建筑装饰艺术

四蝠拜寿。"蝠"通"福",是对家中老人的美好祝福。"四福"第一福是"长寿",喻指福寿延长;第二福是"富贵";第三福是"康宁";第四福是"好德",指生性仁善而且宽厚宁静。

9	
10	12
11	13

图 9　原房产局加盖的居民房
图 10　王氏祠堂墀头细节
图 11　王氏祠堂室内构架（a）
图 12　王氏祠堂中殿
图 13　王氏祠堂室内构架（b）

（a）

（b）

唐祠堂

陕西省西安市蓝田县汤峪镇碧水湾

一、建筑区位分析

唐祠堂位于陕西省西安市蓝田县汤峪镇碧水湾（该文物点经纬度为 34°02′N，109°22′E）。

汤峪镇位于陕西省西安市蓝田县西南部，地势平坦，最低处海拔为482米，属暖温带湿润大陆性季风气候。

二、建筑空间结构

唐祠堂，坐南朝北。正殿为重檐歇山顶建筑，面阔五间17.0米，进深13.3米。现仅存正殿。殿内立有四天王塑像。

三、建筑空间记忆

唐氏有一说源于姬姓，出自黄帝轩辕氏裔孙尧的封迁地唐。西周时期，唐国之地被改封给周成王之弟唐叔虞，原来帝尧的后裔则被迁往杜国（今陕西长安杜曲），改称唐杜氏，即现西安蓝田唐氏的由来。

唐祠堂现代建成为祠庙合一的一种形式，殿内立有四天王塑像以及儒释道三教人物塑像。

四、建筑装饰艺术

盘龙纹，也称蟠龙纹。指蛰伏在地上，没有升天的龙，呈盘曲环绕状，周围多饰有云纹，给人一种粗犷凌厉之美，是一种武力征伐的历史痕迹。

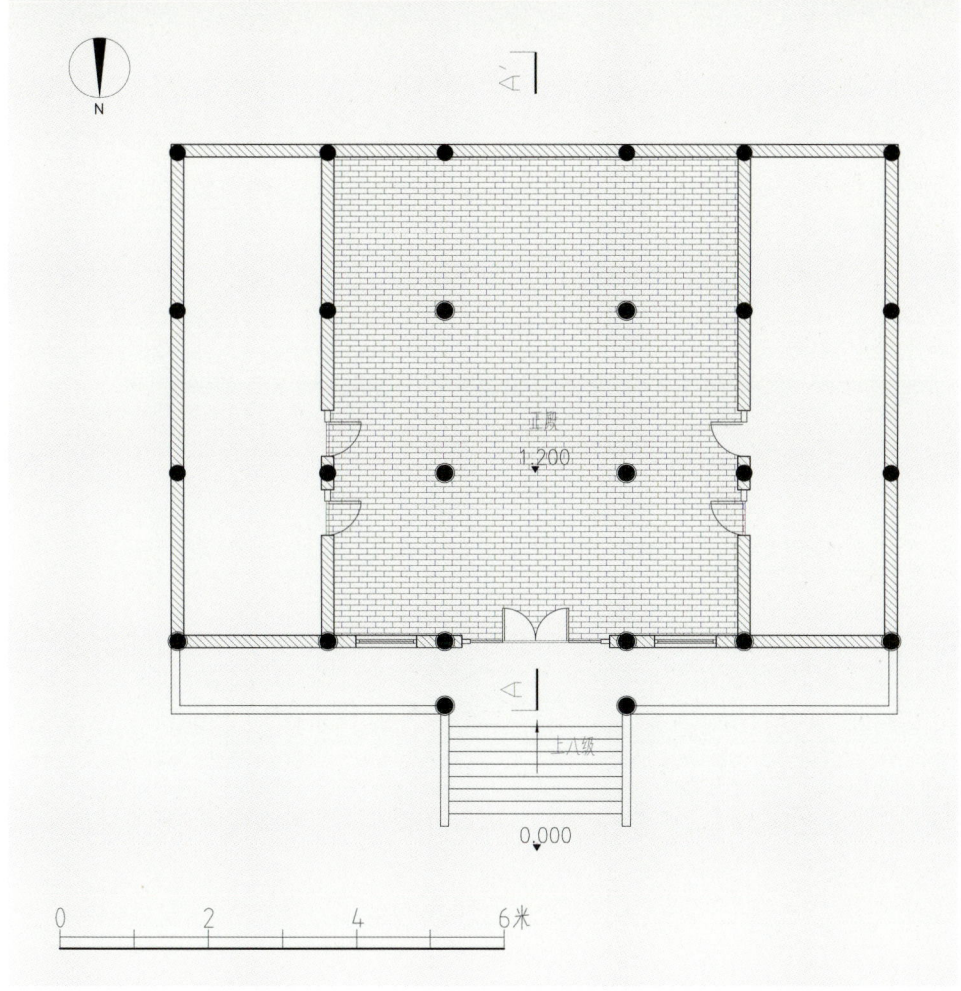

图 1　唐祠堂牌匾

图 2　唐祠堂正殿

图 3　唐祠堂总平面图

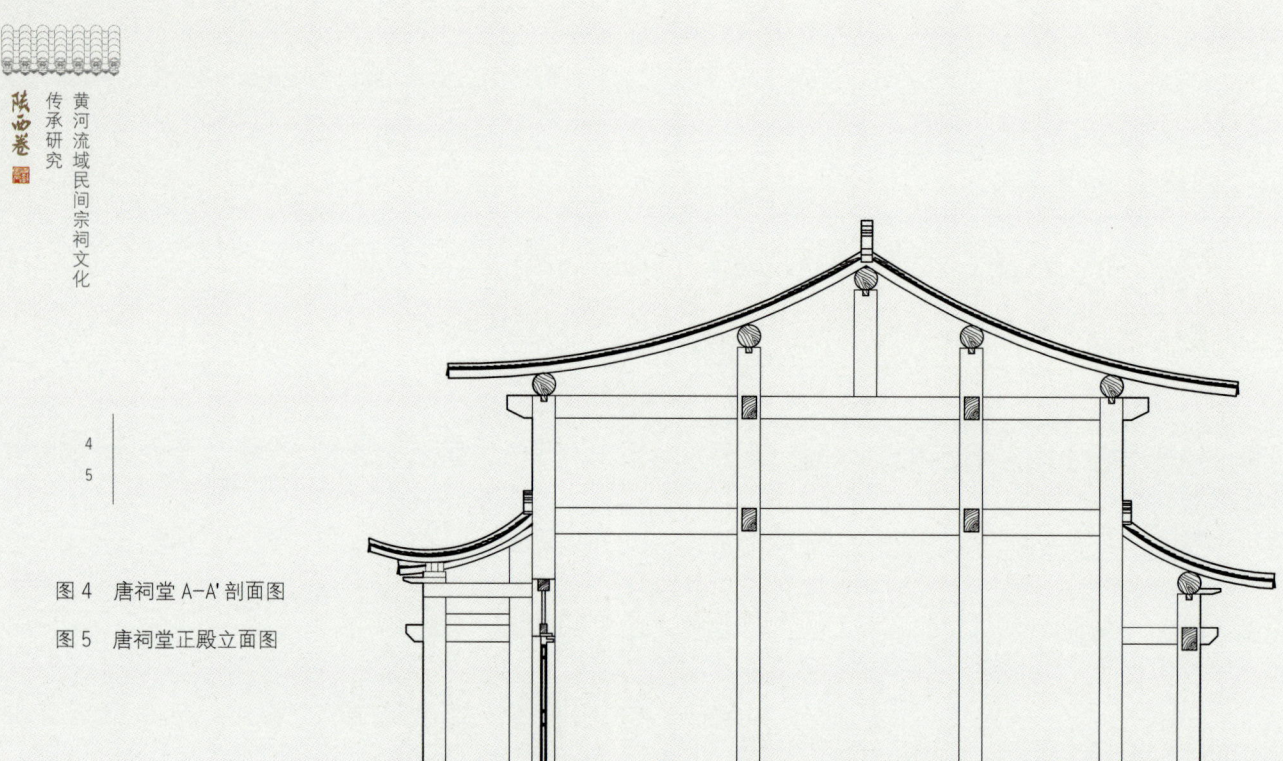

图 4　唐祠堂 A-A' 剖面图

图 5　唐祠堂正殿立面图

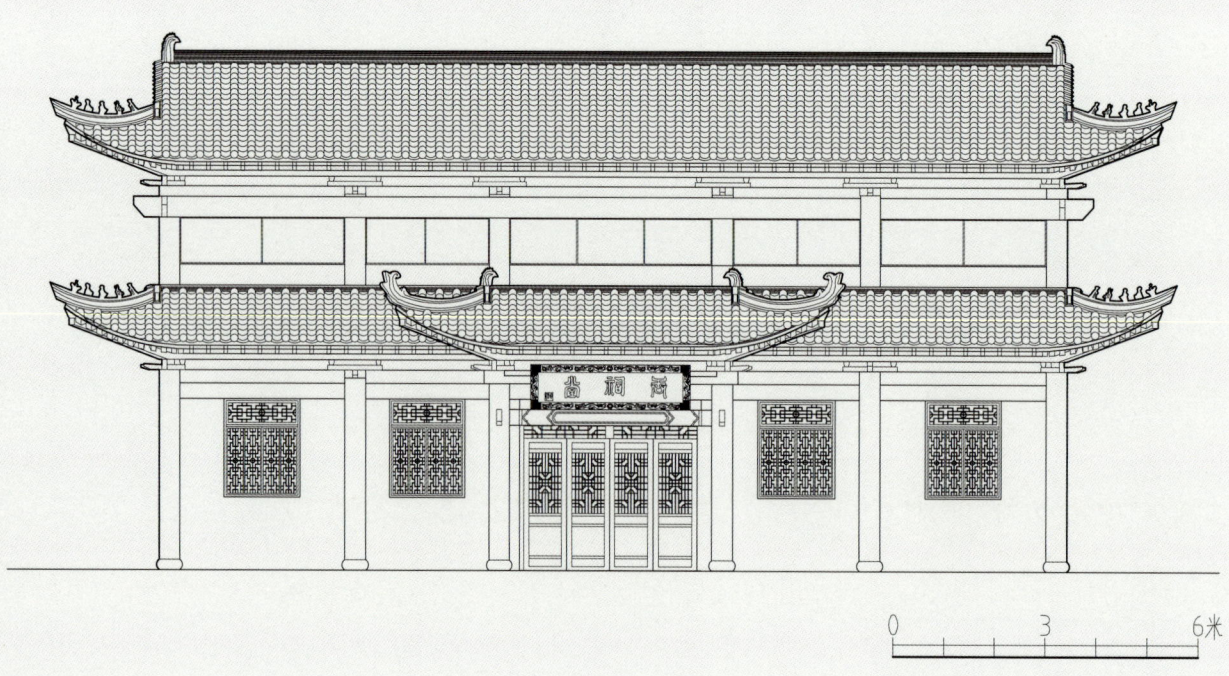

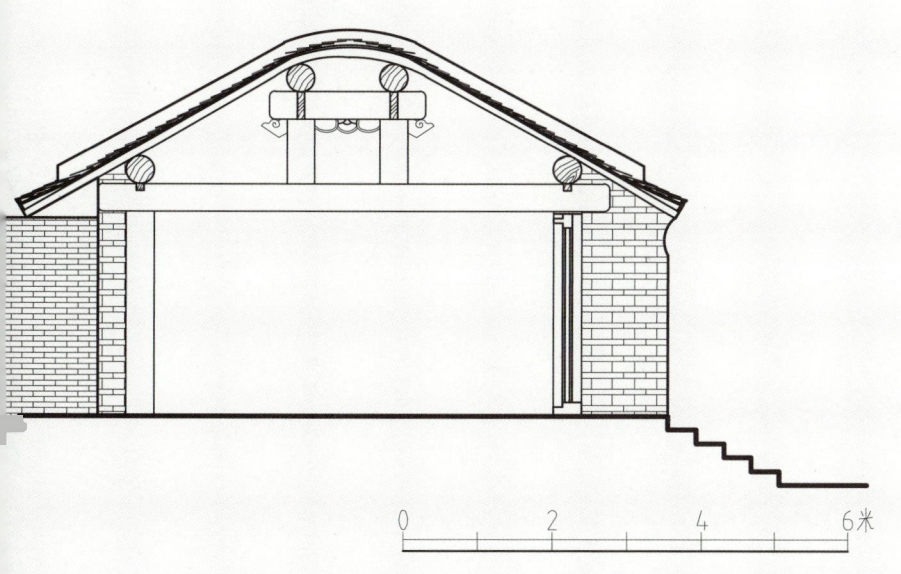

图 3　郧氏祠堂总平面图

图 4　郧氏祠堂 A-A' 剖立面图

图 5　郧氏祠堂雕花细节

图 6　郧氏祠堂室内

唐家祠堂

陕西省咸阳市旬邑县太村镇唐家村唐家大院

一、建筑区位分析

唐家祠堂位于陕西省咸阳市旬邑县太村镇唐家村唐家大院（该文物点经纬度为 34°17′N，108°35′E）。

唐家大院位于陕西省咸阳市旬邑县（旧称三水）城东北 7 公里处的旬邑县的唐家村内。旬邑县属暖温带大陆性气候，隶属陕西省咸阳市，位于咸阳市北部，东接铜川市耀州区，北依甘肃正宁，南傍淳化，西临彬州。

二、建筑空间结构

唐家祠堂，坐东北朝西南。上房加绣楼面阔五间 14.3 米，进深 4.3 米；五间大厅面阔五间 13.7 米，进深 7.2 米。

三、建筑空间记忆

旬邑唐家在清朝中晚期时，因经商兴家，商号遍及国内十三省，成为驰名朝野的"三水唐家"，由于其财力雄厚且在当地小有势力，故而其所建宅院均极其考究，做工十分精细。原建八十七院，二千七百多间，后经战乱及子孙变卖，现仅存两院三进相毗连的中次等房舍。整个庭院随处可见砖雕、木雕、石雕、铁艺，其工艺精美、细腻，令人惊叹当时的能工巧匠之精巧技艺。

唐家祠堂位于现存唐家大院的西院中间的祠堂楼，是唐家的待客及祭祖的地方。

图 1　唐家祠堂正殿
图 2　唐家祠堂大厅

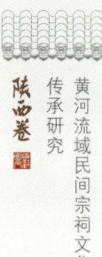

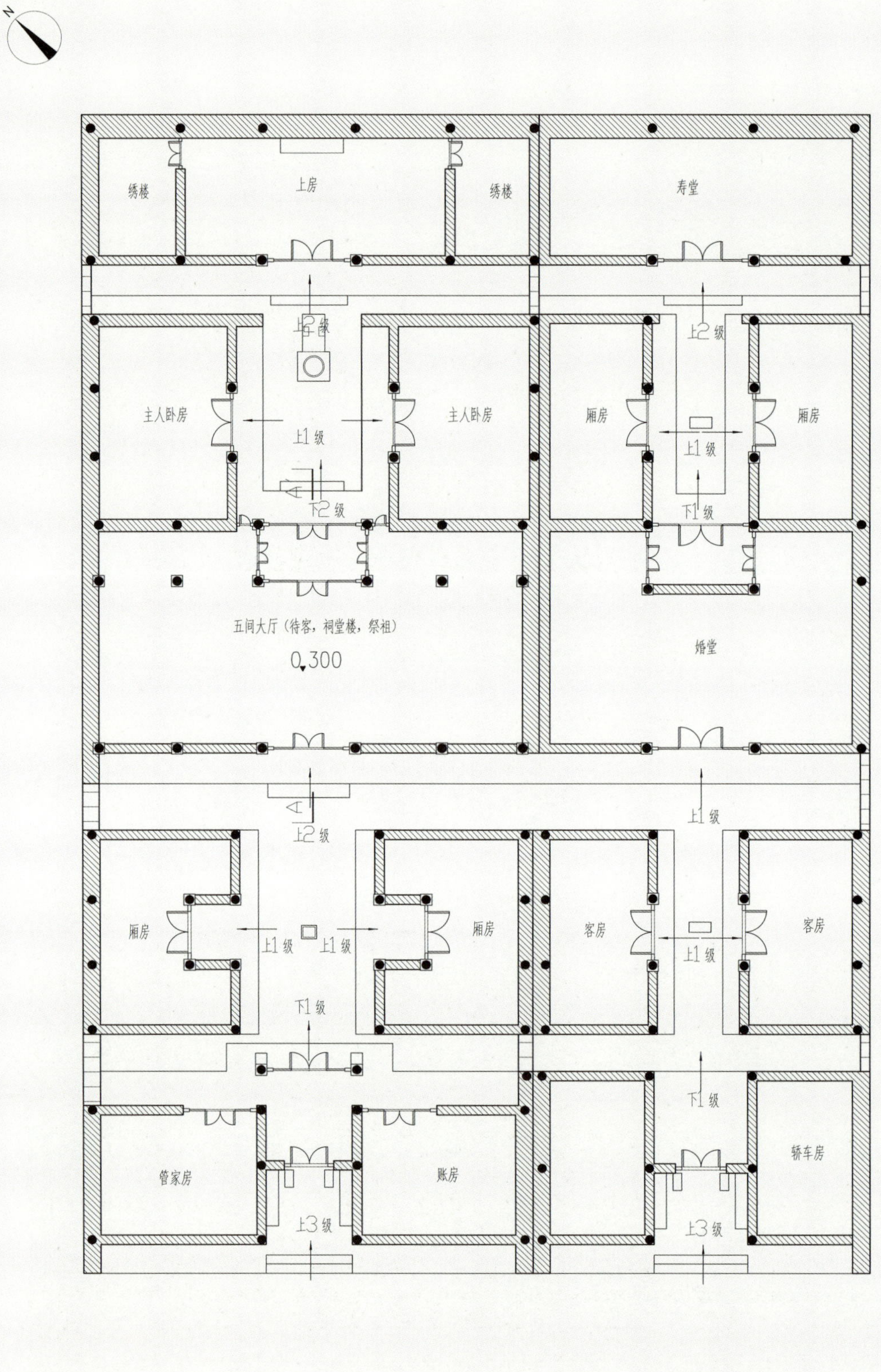

N
绣楼
上房
绣楼
寿堂
上2级
上2级
主人卧房
上1级
主人卧房
厢房
上1级
厢房
下2级
下1级
五间大厅（待客，祠堂楼，祭祖）
0.300
婚堂
上2级
上1级
厢房
上1级
上1级
厢房
客房
上1级
客房
下1级
下1级
管家房
账房
轿车房
上3级
上3级
0 2 4 6 8 10米

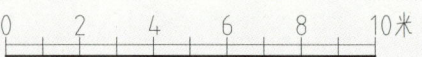

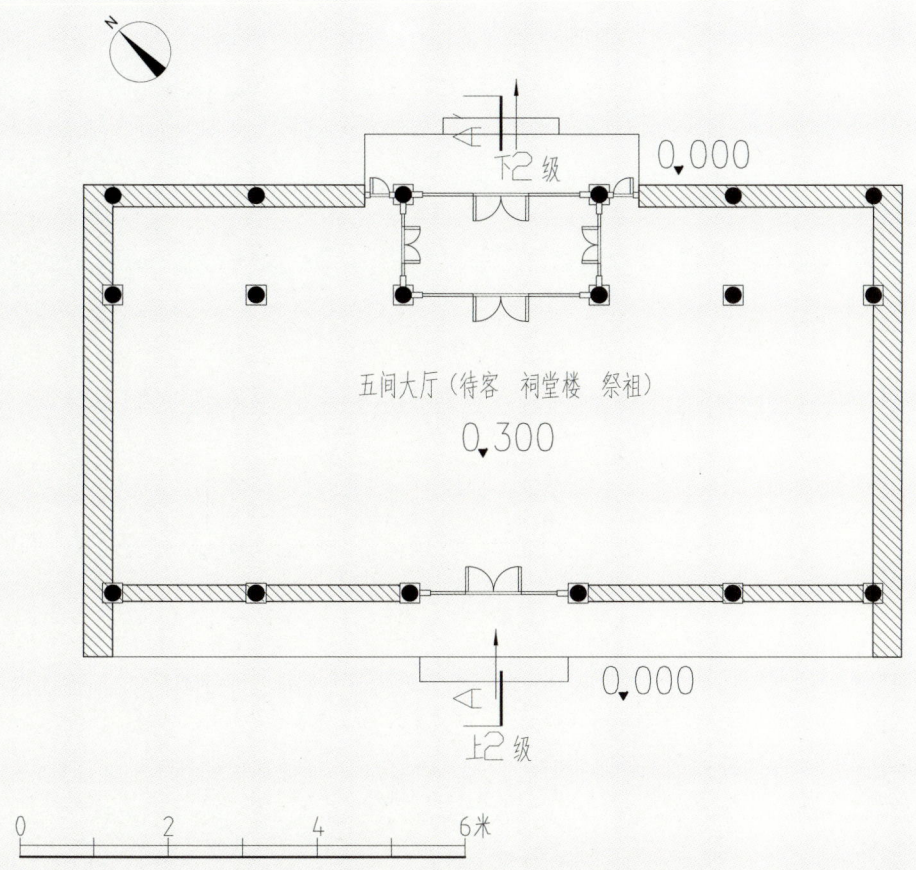

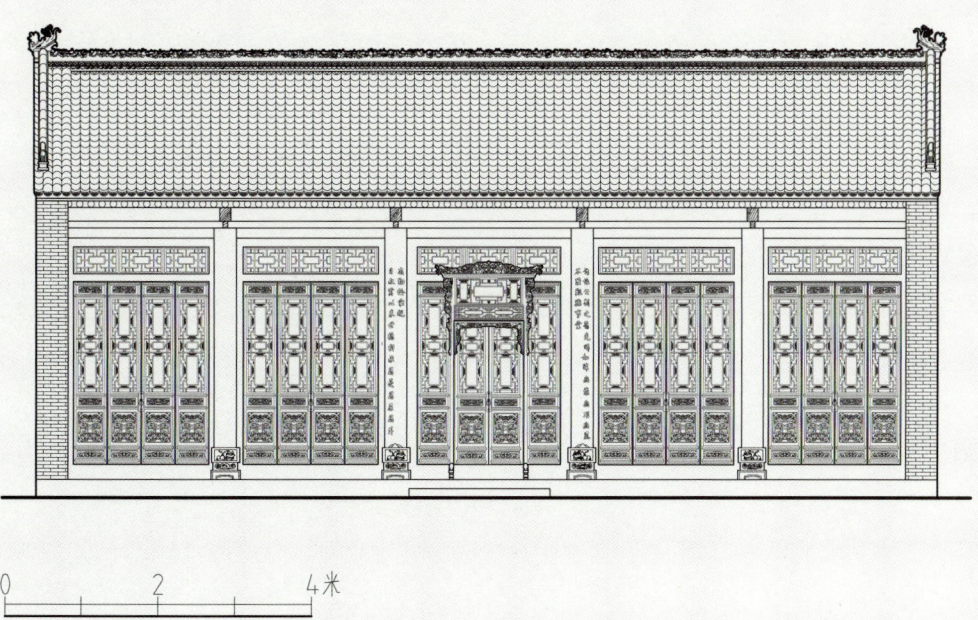

图 3　唐家大院总平面图

图 4　唐家祠堂五间大厅平面图

图 5　唐家祠堂五间大厅立面图

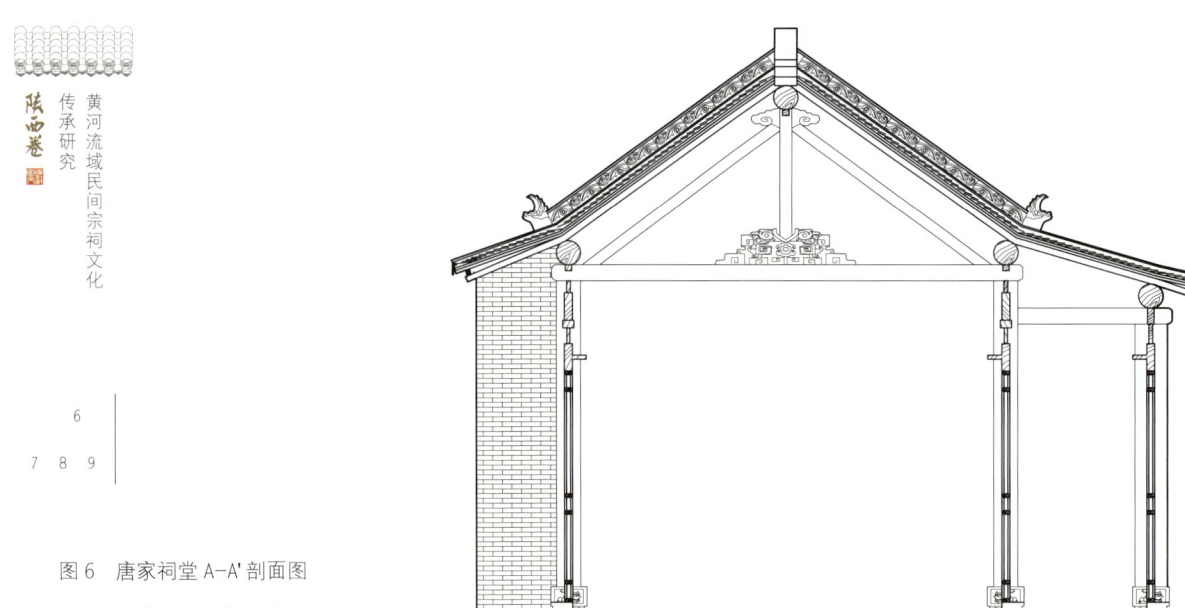

图6　唐家祠堂 A-A' 剖面图
图7　唐家祠堂上房立面
图8　唐家大院山门墀头
图9　唐家大院建筑纹样（a）

（a）

四、建筑装饰艺术

（1）葡萄。因葡萄本身的形状特殊，果实成串地堆积在一起，所以在中国传统纹样中引申出了两种寓意：一是代表着多子多福、人丁兴旺；二是寓意着人们做事情能事半功倍、一本万利。

（b）

图10　唐家大院山门

图11　唐家大院过道

图12　唐家大院建筑纹样（b）

（2）狮子绣球。常言道："狮子滚绣球，好事在后头。"狮子滚绣球是汉族传统吉祥的图案，常由两只狮子和一个绣球构成。有去除灾难、好事降临之寓意。狮子是百兽之王，有极大威慑力，是文殊菩萨的坐骑，为驱邪之象征。而绣球因为颜色鲜艳多姿，常用在传统婚礼中，有吉祥喜庆、好事连连的寓意。因此，狮子滚绣球就寓意着消灾、驱邪、赶走一切灾难、好事马上就要降临。

（3）松与鹤。松与鹤在中国传统文化中均有延年益寿、长久之意。中国古人常以松鹤延年来作为吉祥祝福语。

（4）龙。龙是我国远古时期就存在的神兽，在我国有源远流长的文化历史。进入帝制社会后，龙被统治集团利用，成为最高的权力象征。在传统观念中，皇帝即真龙天子，龙纹的使用也有着极其严格的等级规定，因此在民间老百姓巧妙地运用草龙的造型，既避开了统治者的规定，也达到了华丽、高贵、祥瑞的装饰效果。

梁悦祠

陕西省渭南市富平县流曲镇昌宁村梁家堡

一、建筑区位分析

梁悦祠位于陕西省渭南市富平县流曲镇昌宁村梁家堡（该文物点经纬度为34°57′N，110°26′E）。

流曲镇，隶属陕西省渭南市富平县。地处富平县东北部，东与贤镇接壤，南与刘集镇相连，西接宫里镇，北依小惠镇，气候属暖温带大陆性季风气候。

图1 梁悦祠正殿
图2 梁悦祠总平面图

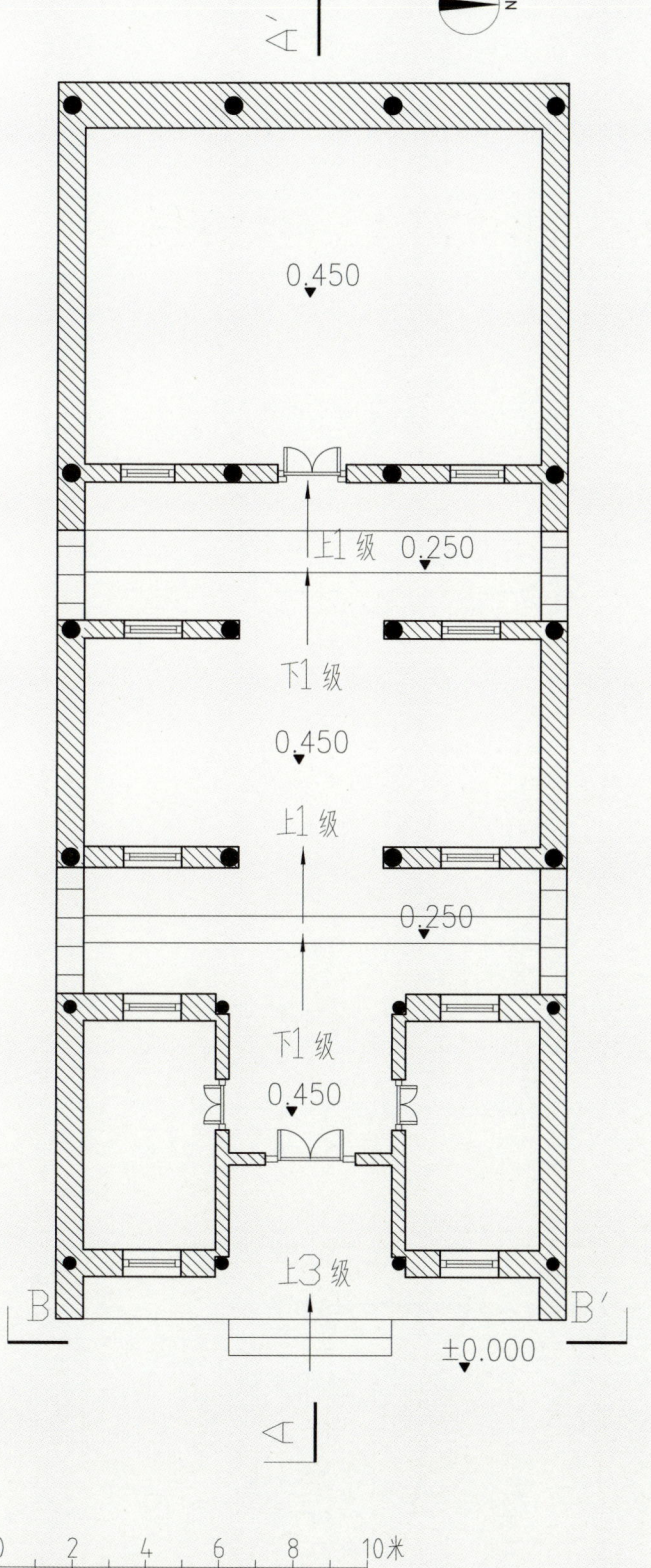

二、建筑空间结构

梁悦祠，坐西朝东。正殿为硬山顶建筑，面阔三间8.0米，进深6.2米；南北耳房面阔一间4.3米，进深2.5米。

三、建筑空间记忆

昌宁梁家最早为汉末从山西迁址富平、耀县一带，在唐宪宗元和六年（811），梁家出了一位轰动朝野的孝子梁悦，梁悦祠最早修建时间已不可考，后在清嘉庆六年（1802）三月，全族集资，在村东南角，重修梁悦祠，占地十余亩，青石门框上还刻有"杀秦杲名扬天下""报父仇唐世一孝"等，以祀孝祖。清光绪三年（1877）时，梁悦祠被村民拆毁换粮钱以糊口。现祠堂为民国三十二年（1943）三月二十五日梁氏族人集资出力，在原址上重修；公元2009年4月曾经修缮。

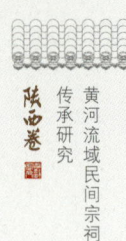

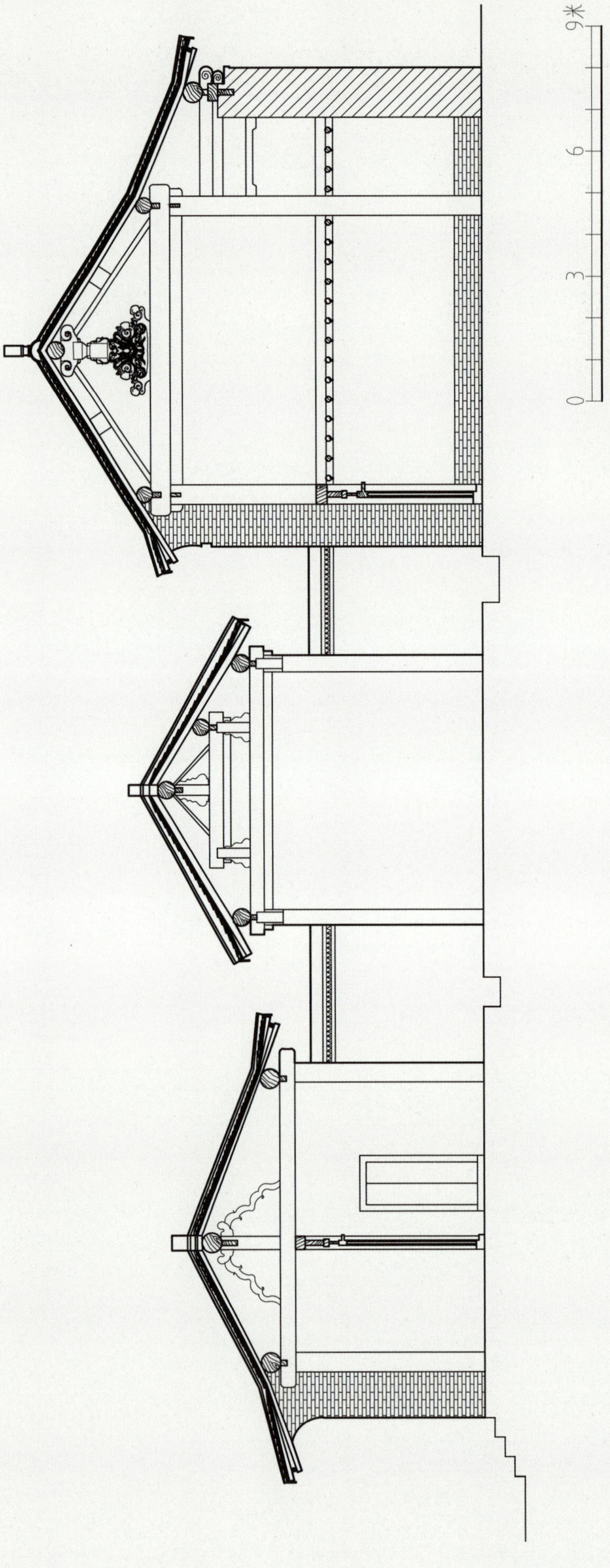

图3 梁悦祠 A-A' 剖立面图

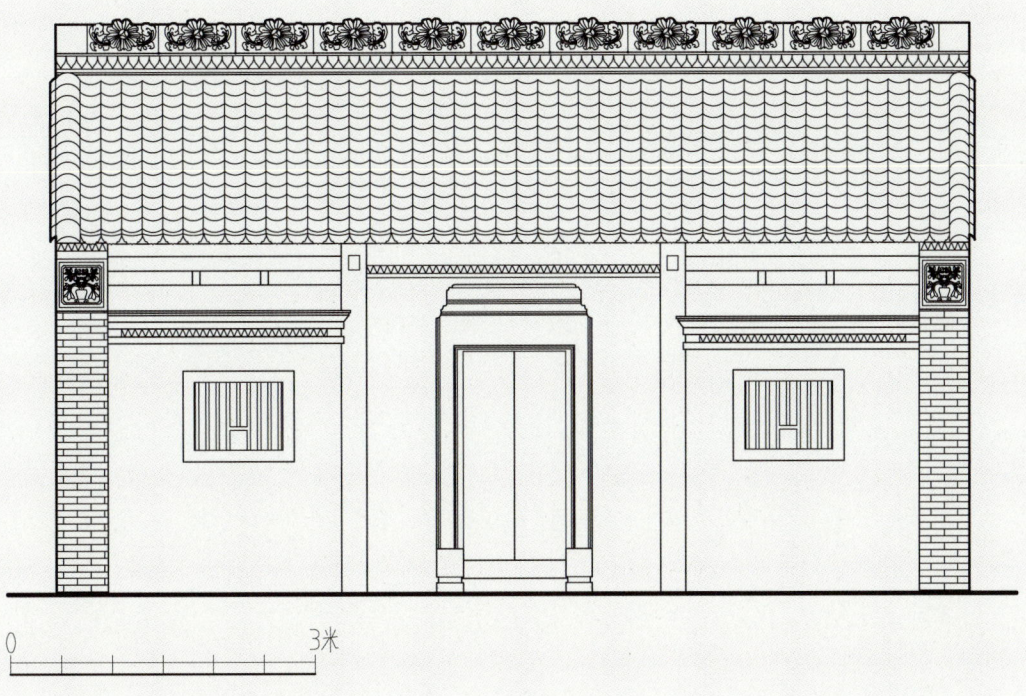

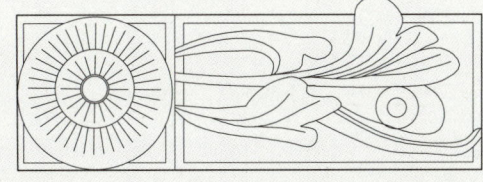

图 4　梁悦祠正殿立面图
图 5　梁悦祠雕花大样图
图 6　梁悦祠柁墩大样图
图 7　梁悦祠雕花大样图

陕西省民间宗祠测绘图典选集　　**093**

四、建筑装饰艺术

（1）宝瓶。宝瓶既作为吉祥八清净之一的净瓶，又是密宗修法时灌顶的法器，瓶中装净水，象征甘露，瓶口插有孔雀翎，象征吉祥清净，代表福智圆满。而且也是无量寿佛的手中持物，象征灵魂永生不死。

（2）菊花。菊花开于九月，被人称作是秋的象征。而且"菊"与"据"同音，"九"又与"久"同音，所以菊花也用来象征长寿和长久。

（3）唐草纹。唐草纹是中国传统纹样之一，因盛行于唐代故名唐草纹。取自忍冬、荷花、兰花、牡丹等花草，经处理后作"S"形波状曲线排列，构成二方连续图案，花草造型多曲卷圆润，又通称卷草纹。

| 8 | 9 | 11 |
| 10 | 12 | |

图8　梁悦祠剖面

图9　梁悦祠纹样细节

图10　梁悦祠"孝子梁悦祠"石碑

图11　梁悦祠祖像

图12　梁悦祠碑文

孙家祠堂

陕西省渭南市韩城市金城街道双楼村

一、建筑区位分析

孙家祠堂位于陕西省渭南市韩城市金城街道双楼村（该文物点经纬度为 35°43′N，110°44′E）。

韩城市位于陕西省关中平原东北隅，北靠延安市宜川县，西邻黄龙县，南接渭南市合阳县，东隔黄河与山西省临汾市乡宁县，运城市河津市、万荣县相望。金城街道，地处韩城市中部，东、北与新城街道接壤，南连芝川镇，西接板桥镇。

二、建筑空间结构

孙家祠堂，坐北朝南。正殿面阔三间 10.1 米，进深 7.5 米；拜厅为硬山顶建筑，面阔三间 10.1 米，进深 7.2 米；东西倒座面阔两间 5.4 米，进深 3.8 米。

三、建筑空间记忆

孙家祠堂，始建于清康熙三年（1664），在康熙八年（1669）全部建成。总祠被称为致严堂，下设年赛、清明两个专管机构，分别料理春节和清明的祭祀活动。在清同治丁卯年（1867）五月遇动乱具有，寝殿、献殿被烧毁，后积攒多年资金，于光绪丁丑年（1877）重修。

孙家祠堂历经新中国成立到 2015 年六十多年，目前献殿有少量地方需要修缮，而寝殿损毁最严重，有很多椽头与一些板椽已腐朽，很多前檐瓦已掉，门房上面的同瓦已有很多破损。总之，双楼村孙家祠堂，需要全面保护性维修。

1 | 3
2 |

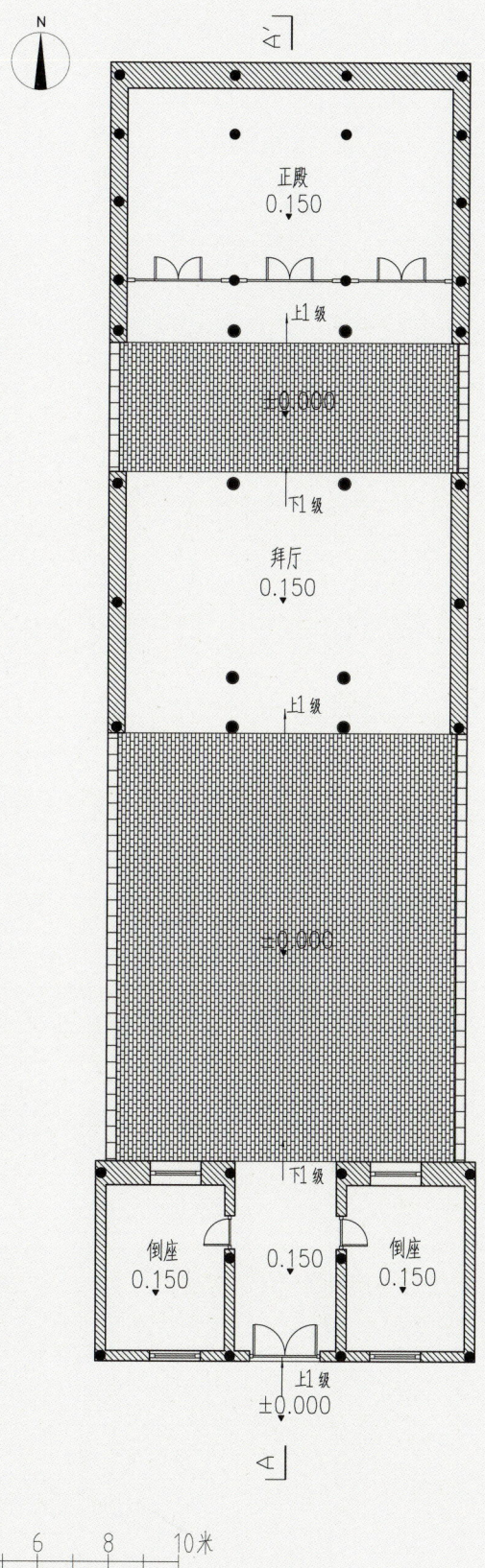

图 1　孙家祠堂正面

图 2　孙家祠堂山门

图 3　孙家祠堂总平面图

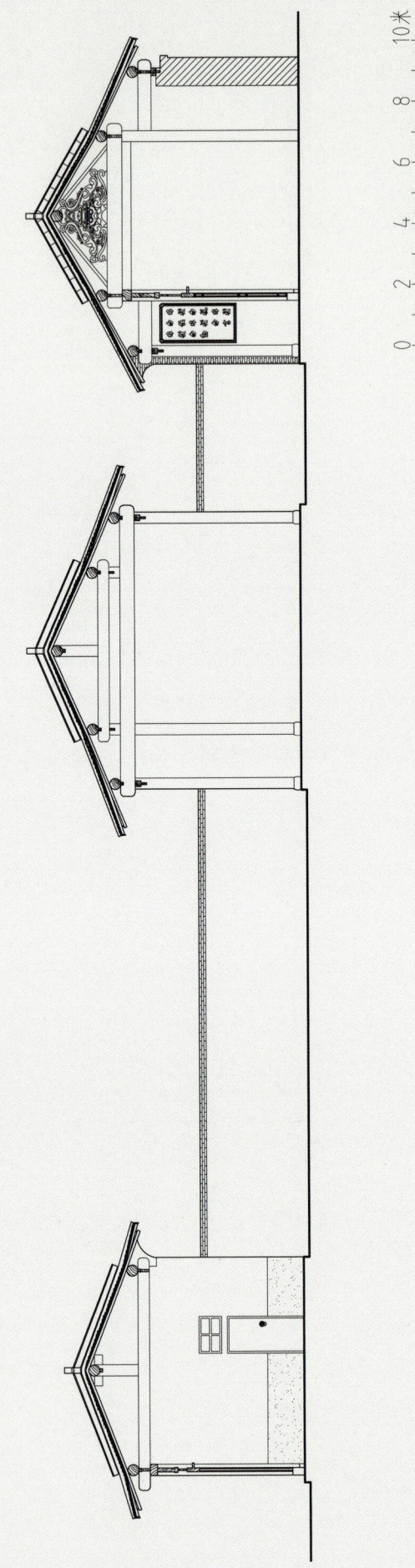

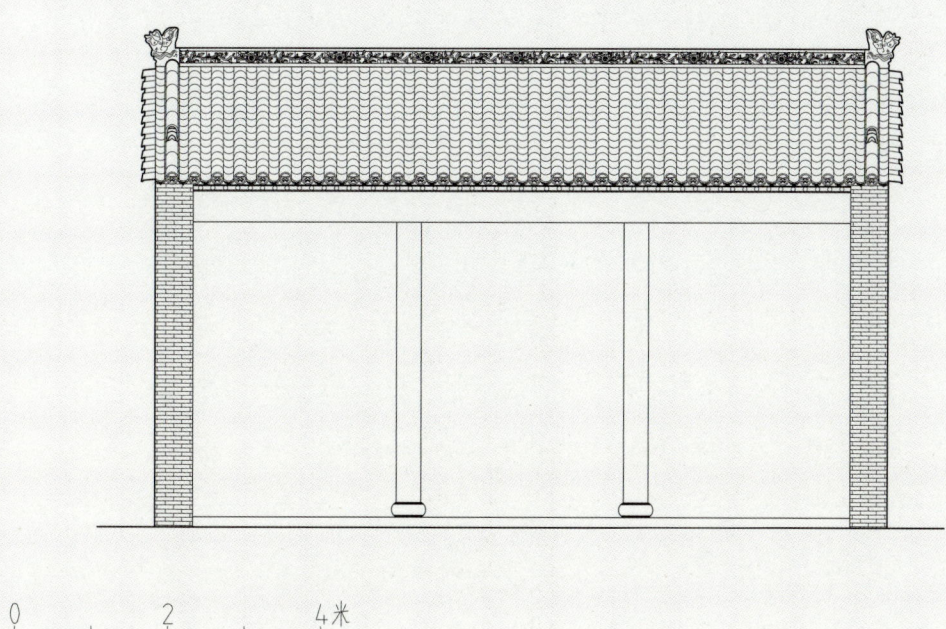

图 4　孙家祠堂 A-A' 剖立面图

图 5　孙家祠堂拜厅立面图

图 6　孙家祠堂柁墩大样图

(a)

(b)

(c)

| 7 | 8 | 11 |
| 9 | 10 | |

图7 孙家祠堂山墙砖雕（a）

图8 孙家祠堂墀头

图9 孙家祠堂山墙砖雕（b）

图10 孙家祠堂山墙砖雕（c）

图11 孙家祠堂柁墩雕花细节

四、建筑装饰艺术

（1）八宝。八宝为佛教法器，又称八瑞相、八吉祥，也是藏传佛教中八种表示吉庆祥瑞之物。寺院、法物、法器、佛塔、藏蒙民居、服装及绘画作品中，多以此八种图案为纹饰，以象征吉祥、幸福、圆满。

（2）卷草纹。最早在汉代图案中已有卷草纹。南北朝时期，卷草纹大量运用于碑刻边饰，风格简练朴实，节奏感强，在波状组织中以单片花叶、双片花叶或三片花叶对称排列在主干两侧，形成连续流畅的带状花纹。因盛行于唐代，一般现又称为唐草纹。

丁氏五合祠

陕西省渭南市韩城市新城街道丁家村

一、建筑区位分析

丁家村位于陕西省渭南市韩城市新城街道丁家村（该文物点经纬度为35°48′N，110°49′E）。

韩城地势西北高，东南低。位于关中盆地东北部，黄河西岸，澽水下游川道和黄河滩地，属暖温带大陆性季风气候，四季分明、气候温和、光照充足、雨量较多。

二、建筑空间结构

丁氏祠堂，坐北朝南。正殿为硬山顶建筑，面阔三间12.3米，进深7.2米；东西厢房面阔三间9.0米，进深4.2米。

三、建筑空间记忆

现存丁氏五合祠建于明天启八年（1628），由照壁、东西垂花门、过厅、东西厢房、正堂及东偏院组成。总体布局新颖，对称和谐，建筑精良，保存完好。东西门为坊式木结构，单檐悬山顶，华栱，下枋浮雕透雕相间，两边饰圆雕莲花柱垂。东门额刻"肃入"，西门额刻"恪入"，以示进入祠堂要虔诚，要恭敬。现存建筑为清代重修后祠堂。

丁氏一说源于姜太公之子伋，谥号为齐丁公，子孙以其谥号为氏，称为丁姓。

图1　丁氏五合祠厢房
图2　丁氏五合祠山门
图3　丁氏五合祠正殿
图4　丁氏五合祠柁橔

四、建筑装饰艺术

（1）兰花。兰花是中国传统十大名花之一，与梅、竹、菊并称为四君子。是高洁典雅的象征，用来形容人的品行高洁，有君子风范。

（2）鼓。古时人们把天上的轰鸣，大自然的响声都归于"鼓"这一概念中，认为是雷的象征，所以在古人的眼中，鼓具有非凡的神力。《说文解字》中记载："鼓，郭也。春分之音，万物郭皮甲而出，故曰鼓。"在古文中，郭与廓通假，有扩张、长大的意思，因此，鼓成了农耕人民精神力量的代表，鼓声激发了人们同大自然奋力抗争的勇气。

（3）菊花。古人认为食用菊花可以延年益寿，晋代饮菊花酒之风已盛行，所以产生了以松树与菊花配图，寓意长寿的吉祥词，在木雕与砖雕上也非常常见。

图13　丁氏五合祠雕花纹样细节

高氏祠堂

陕西省渭南市韩城市芝阳镇中寿寺村

一、建筑区位分析

高氏祠堂位于陕西省渭南市韩城市芝阳镇中寿寺村（该文物点经纬度为35°37′N，110°36′E）。

芝阳镇，地处韩城西南部，东邻芝川镇，南与龙亭镇毗连，西与合阳县同家庄镇连接，北靠巍东镇。

芝阳镇地处关中平原与陕北黄土高原的过渡地带，地势西高东低。境内东部为黄土台塬，西部为丘陵沟壑区。芝阳镇气候属暖温带大陆性季风气候。

二、建筑空间结构

高氏祠堂，坐北朝南。正殿面阔三间9.5米，进深4.5米；东西厢房面阔三间6.5米，进深2.8米；东西倒座面阔一间3.4米，进深3.6米。

三、建筑空间记忆

中寿寺村为寿寺村的一部分，寿寺村因村中有多处寺院而得名，其村居中而得中寿寺村名，另还有南北寿寺村。

中寿寺村中属高姓最多，何时高姓来此居住已不可考。但据传自秦汉以来，就屡有高姓名臣名将在长安活动；至唐代，出自渤海高氏的高卿任遂城令，其孙高伯祥官居左拾遗，迁居长安，成为西安高氏始祖。

图1 高氏祠堂正殿
图2 高氏祠堂厢房
图3 高氏祠堂总平面图

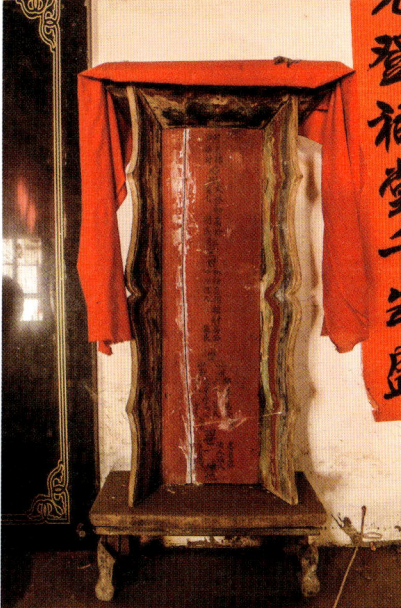

7	9
8	10
	11	12

图7　高氏祠堂柁墩大样图

图8　高氏祠堂墀头大样图

图9　高氏祠堂山门立面细节

图10　高氏祠堂柁墩雕花细节

图11　高氏祠堂墀头

图12　高氏祠堂祭祀用品

党氏南祠堂

陕西省渭南市合阳县坊镇灵泉村

一、建筑区位分析

党氏南祠堂位于陕西省渭南市合阳县坊镇灵泉村（该文物点经纬度为35°25′N，109°82′E）。

坊镇位于合阳县城以东10公里处，明朝时因商贾云集，手工作坊林立而成集市，故称坊镇。古往今来，夏阳渡和朝韩大道必经此地，因此，历史上素有"合阳首镇"之说。坊镇属暖温带大陆性季风气候，水资源丰富，属东雷抽黄、红旗水库和申都供水灌区。

二、建筑空间结构

党氏南祠堂，坐北朝南。后殿面阔三间7.0米，进深5.68米；过厅面阔三间7.0米，进深5.5米；东西厢房面阔二间5.0米，进深1.9米。

三、建筑空间记忆

灵泉党氏由明初山西洪洞大槐树党氏氏族大迁徙而来，后南下经商带动灵泉村不断发展壮大，清朝末年受到破坏，党氏族群逐渐式微。

党氏南祠堂始建于明清时期，现被村委会改为民俗馆使用。

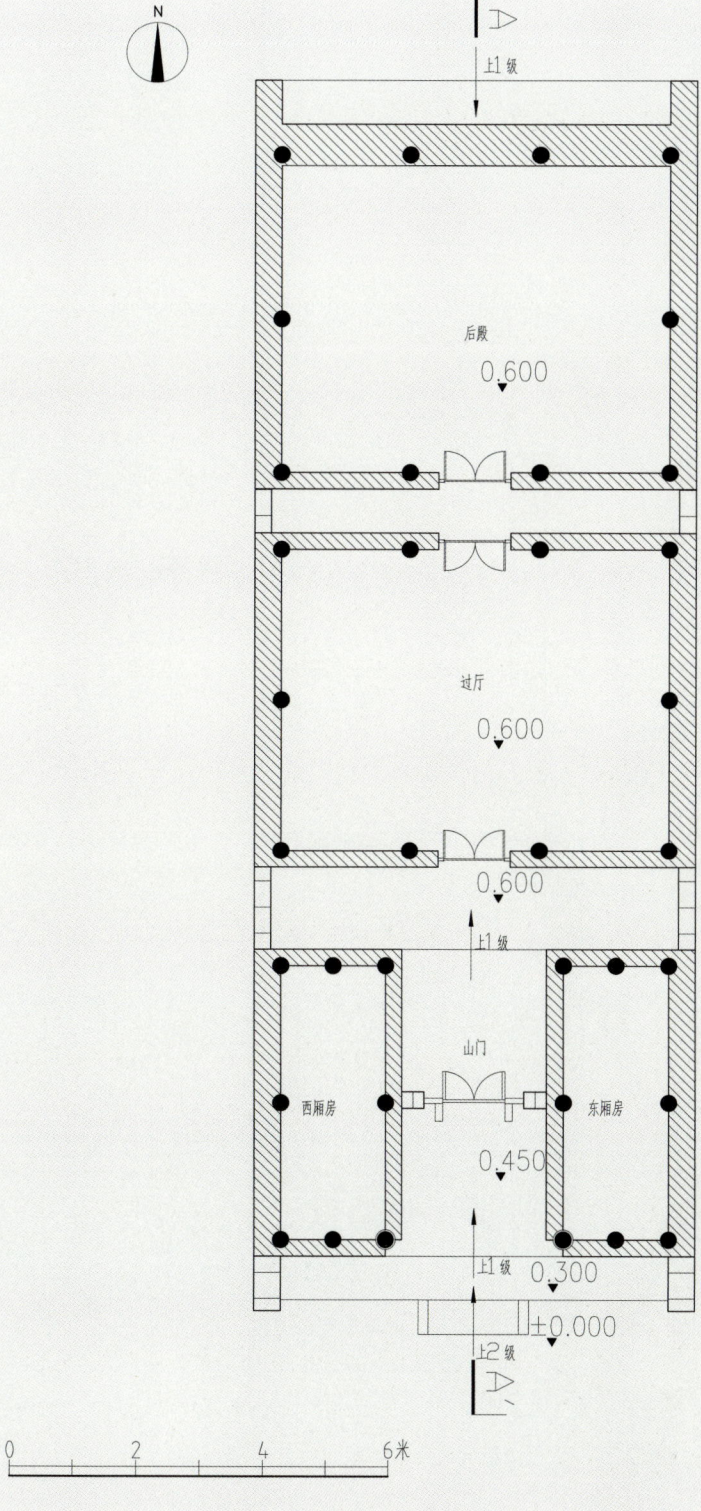

图1 党氏南祠堂山门
图2 党氏南祠堂总平面图

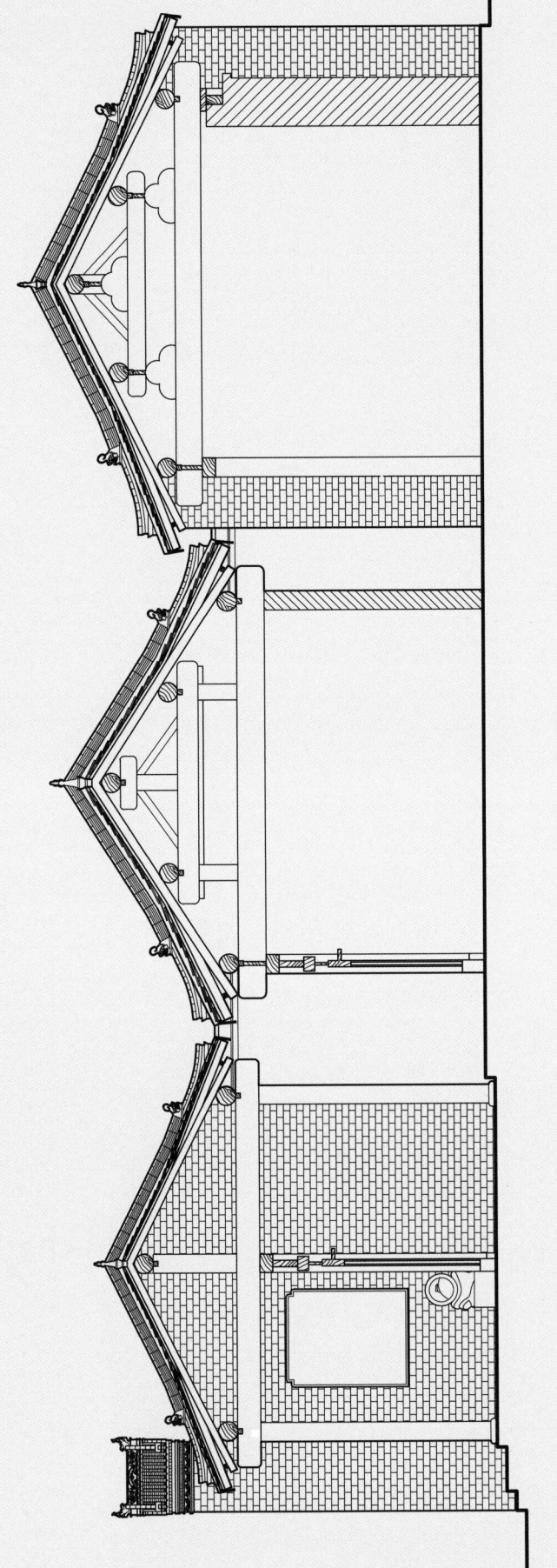

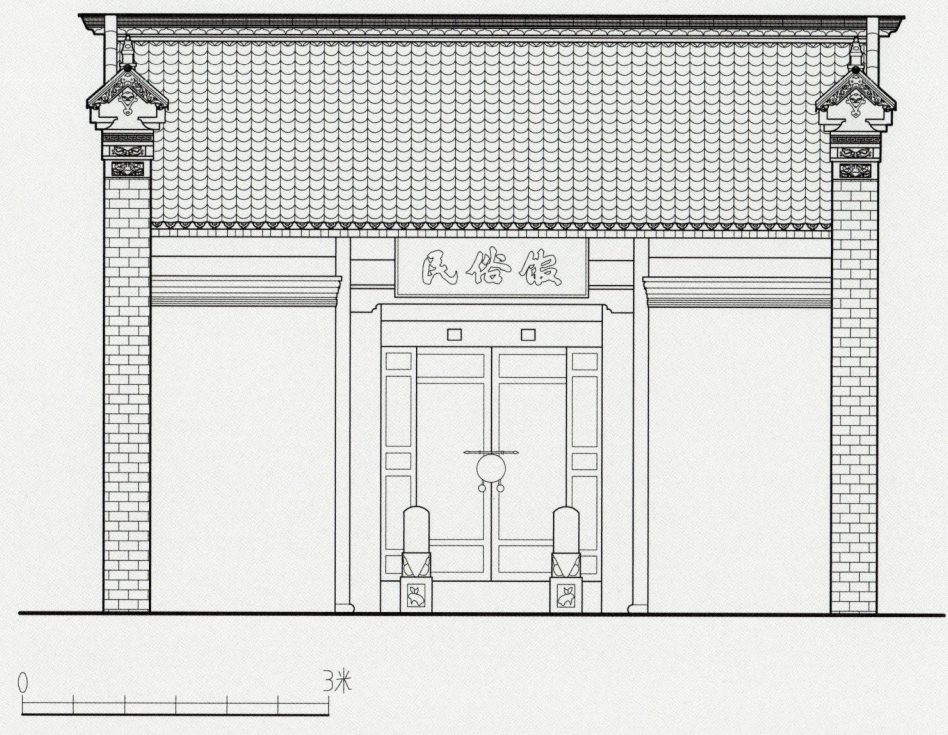

图 3 党氏南祠堂 A-A' 剖立面图
图 4 党氏南祠堂山门立面图

四、建筑装饰艺术

麒麟是民间常用的吉祥题材,是和龙凤一样的吉祥瑞兽。"麟"字在《诗经·麟趾》中就有出现,说明周朝人已将麒麟作为瑞兽崇拜了。在传说中,孔圣人是感麟而生,所以古人认为只要祭拜麒麟,它就会送来聪慧的子孙,因而延伸出了"麒麟送子"的吉祥说法。

图 5　党氏南祠堂侧立面
图 6　党氏南祠堂抱鼓石
图 7　党氏南祠堂山门

北党始祖祠

陕西省渭南市合阳县路井镇北党村

一、建筑区位分析

北党始祖祠位于陕西省渭南市合阳县路井镇北党村（该文物点经纬度为35°05′N，110°06′E）。

路井镇，隶属于陕西省渭南市合阳县。东与黑池镇隔沟相望，西北部与和家庄镇相连，南靠大荔县高明镇，西南与澄城县寺前镇相接，素有合阳"南大门"之称。

二、建筑空间结构

北党始祖祠，坐北朝南。后殿面阔三间12.1米，进深8.8米；东西厢房面阔五间14.9米，进深3.9米；东西倒座面阔一间4.3米，进深4.4米。

三、建筑空间记忆

北党始祖祠建于明代，具体年份不详。清代光绪元年（1875）重修时，在大殿内西墙南侧墙壁曾镶嵌始祖祠宇碑一通，中华人民共和国成立后曾为村委会，大殿为群众（社员）大会会场。由于年代久远失修，拆毁于2012年，始祖祠宇碑也随垃圾被清理而遗失。2021年被党氏后裔党宜西找回，镶嵌于新后巷巷头文明碑中。

根据碑中所记，北党村党氏始祖为伏波将军咸阳令党猛，横野将军员外司马为党猛之父党惠,党氏父子官高位显,在东汉时期曾为国家统一做出过贡献,以此"平蜀有功,诏赏六级,垂诸贞珉,以示后世",是北党氏家族的荣耀和骄傲。

图1 北党始祖祠牌匾
图2 北党始祖院景

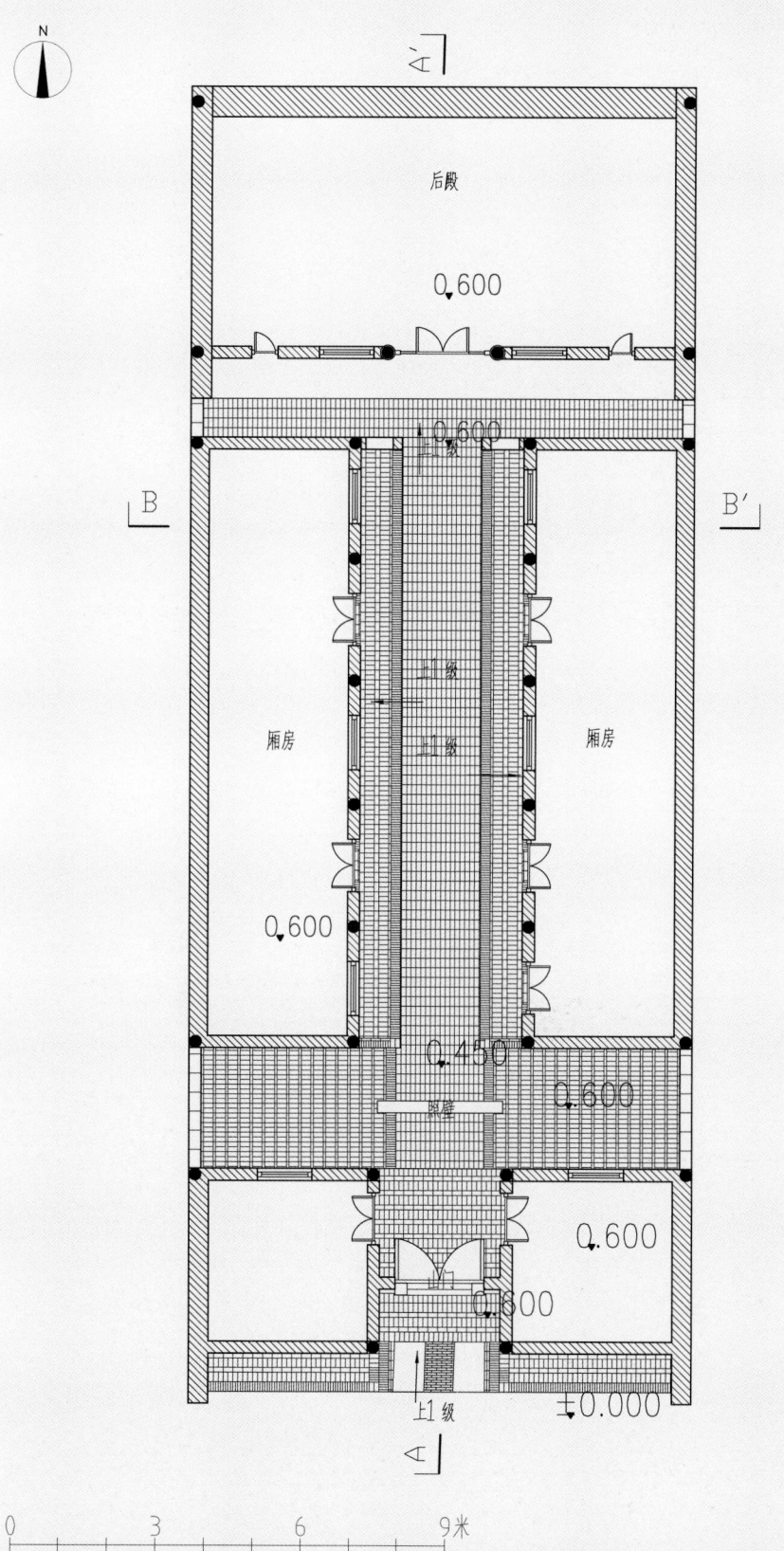

图 3 北党始祖祠总平面图

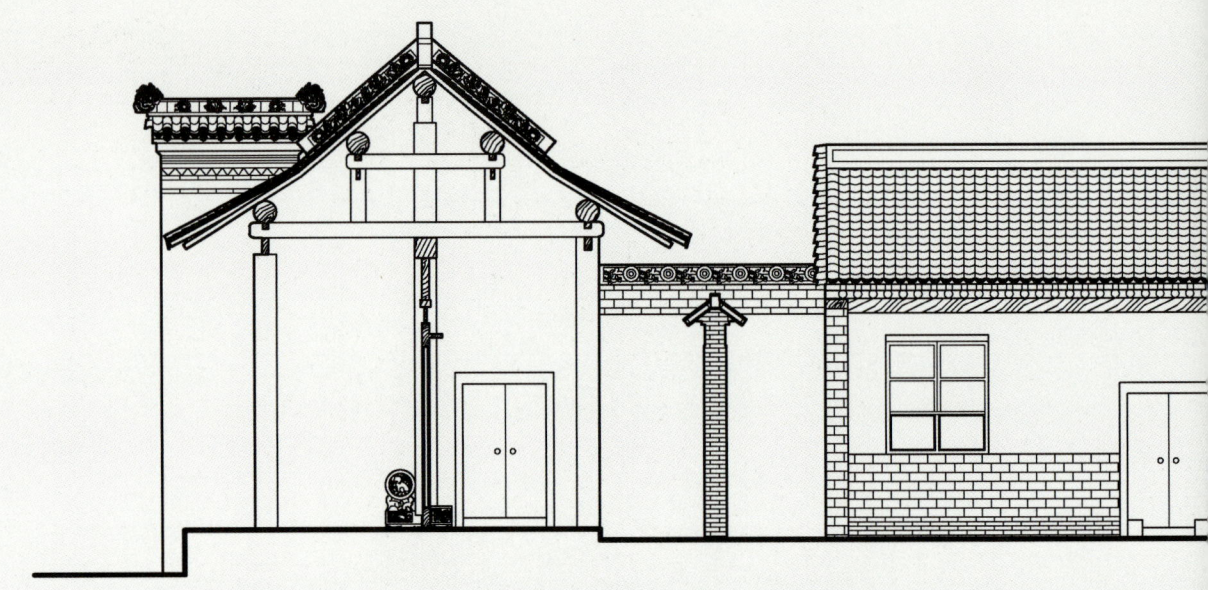

图4 北党始祖祠 A-A' 剖立面图

图5 北党始祖祠山门立面图

图6 北党始祖祠照壁立面图

图7 北党始祖祠 B-B' 剖立面图

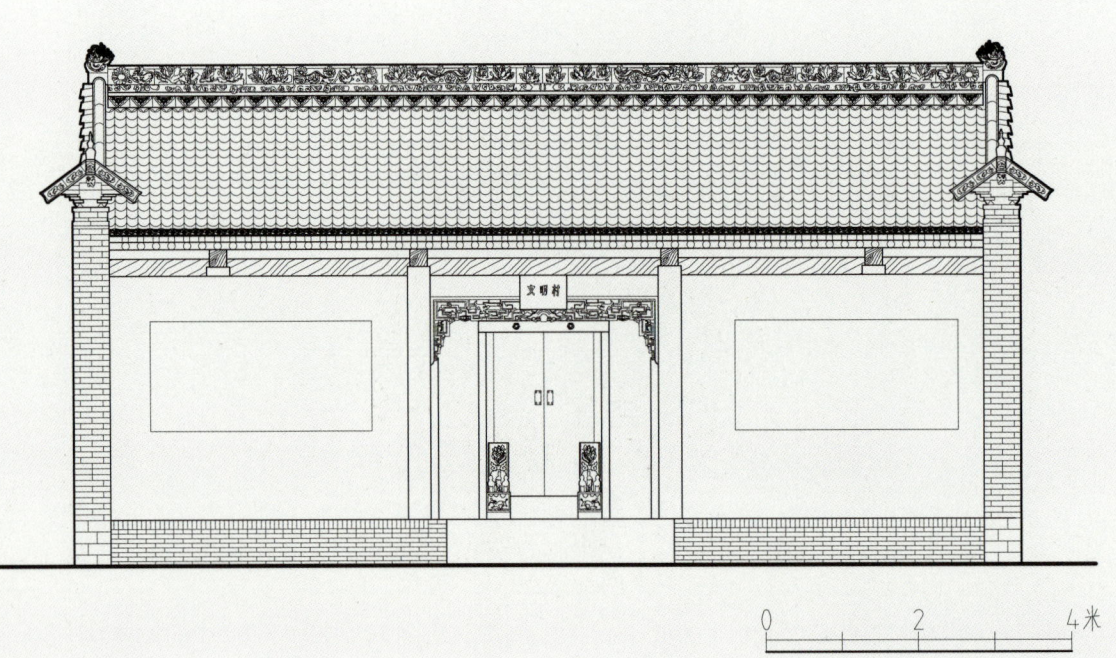

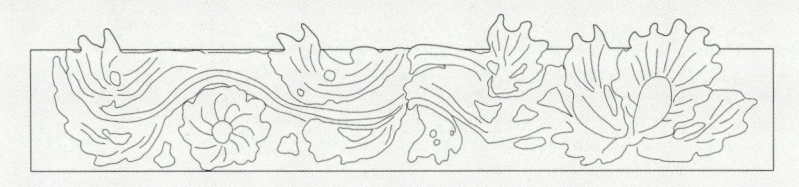

图8 北岩始祖祠抱鼓石大样图
图9 北岩始祖祠门墩大样图
图10 北岩始祖祠瓦当大样图
图11 北岩始祖祠雕花大样图

四、建筑装饰艺术

（1）花开富贵。中国传统吉祥图案之一，代表了人们对美满幸福生活、富有和高贵的向往。花开富贵图里有时会看到蝙蝠，因为蝙蝠的"蝠"和"富"谐音。这里的花一般指牡丹，清代赵世学在《牡丹富贵说》中提到："牡丹有王者之号，冠万花之首，驰四海之名，终且以富贵称之。夫既称呼富贵，拟以清洁之莲，而未合也；律以隐逸之菊，而未宜也。甚矣，富贵之所以独牡丹也。"

（2）牡丹。它是中国的传统花卉，色彩、香气皆让人着迷。在《爱莲说》中，"牡丹，花之富贵者也"。"百花之王""富贵花"已经成为赞美牡丹的别名。

唐朝人更喜欢牡丹，曾在牡丹花开季节举行牡丹盛会，长安人倾城而出，如醉似狂。宫中亦爱牡丹，诗人李正封赞它为"国色""天香"，唐皇极为赞赏。"国色天香"亦从此成了牡丹的又一雅号。牡丹以它特有的富丽、华贵和丰茂，在中国传统文化中被视为繁荣昌盛、幸福和平的象征。

（3）麒麟。我国古代传说中的神奇动物，它全身鳞甲，牛尾、狼蹄、龙头、独角。它武而不为害，不践生灵，不折生草，是人们心目中极为喜爱的祥瑞之物。因此在神话和民间传说中，它总是仁慈和吉祥的象征。古人传有"麒麟送子"之说，相信麒麟送来的童子长大后必然是贤良之臣，能辅助治国。

（4）狮子。有威严的外貌，在我国古代被视为法的拥护者。在佛教中它又是寺院这些建筑的守护者，是释迦左胁侍文殊菩萨乘坐的神兽。狮子的形象在民间应用也很广。有右前足踏鞠（俗称绣球）的雄狮子，左前足踏小狮子的雌狮子，还有雌雄狮子相戏绣球，叫双狮滚绣球。节庆时流行狮子舞等，它亦被视为喜庆的象征。

图12　北党始祖祠墀头

图13　北党始祖祠吻兽

图14　北党始祖祠抱鼓石

图15　北党始祖祠山门

黄祖祠

陕西省渭南市韩城市新城街道相里堡村

一、建筑区位分析

黄祖祠位于陕西省渭南市韩城市新城街道相里堡村（该文物点经纬度为 35°44′N，110°46′E）。

韩城市位于陕西省东部黄河西岸，关中盆地北隅，是晋陕豫"黄河金三角"的重要组成部分。韩城地势西北高，东南低，在西部深山多为梁状山岭。

韩城处于暖温带半干旱区域，属大陆性季风气候，四季分明，气候温和，光照充足，雨量较多，有利于发展农业生产，春夏季易发生干旱，夏季阵雨多、强度大。

二、建筑空间结构

黄氏祠堂，坐北朝南。正殿为卷棚顶建筑，面阔三间 12.2 米，进深 7.6 米；东西厢房面阔三间 10.2 米，进深 4.8 米。

三、建筑空间记忆

黄祖祠建于明朝后期，具体时间不详，祠中所存现族谱《黄氏三门家谱》中记载"始祖迁移于相里堡，旧家谱并未明言由于何地、何时，在何朝、何年，今无从考证，姑且从略"，根据黄氏后人推测，黄氏始祖出生于明永乐至正统年间（1403—1449），距今大约 580 年，并从山西省洪洞县或周边一带迁居于此。

图1 黄祖祠山门正面
图2 黄祖祠山门背面
图3 黄祖祠正殿

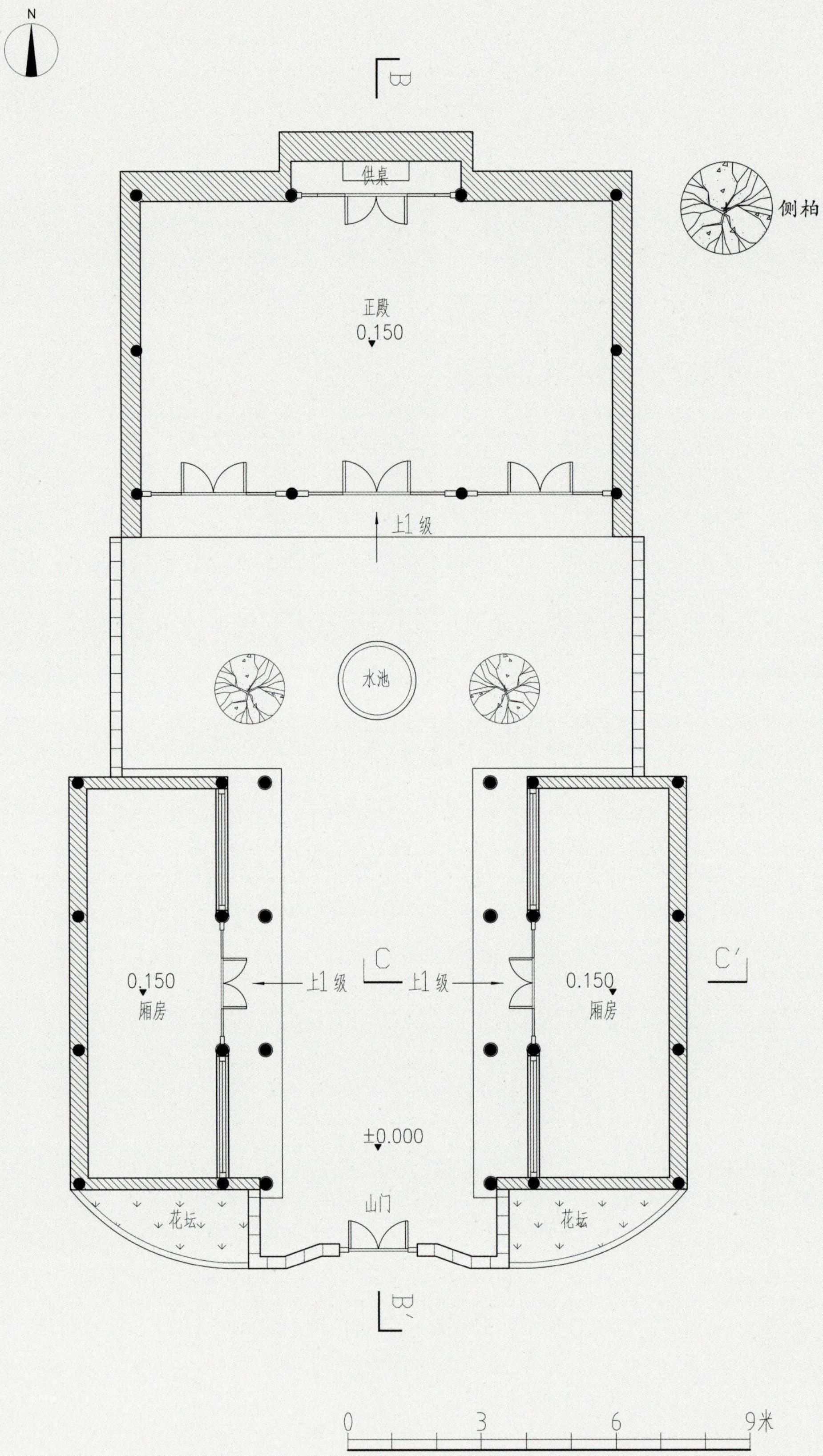

图 4　黄祖祠总平面图
图 5　黄祖祠山门立面图

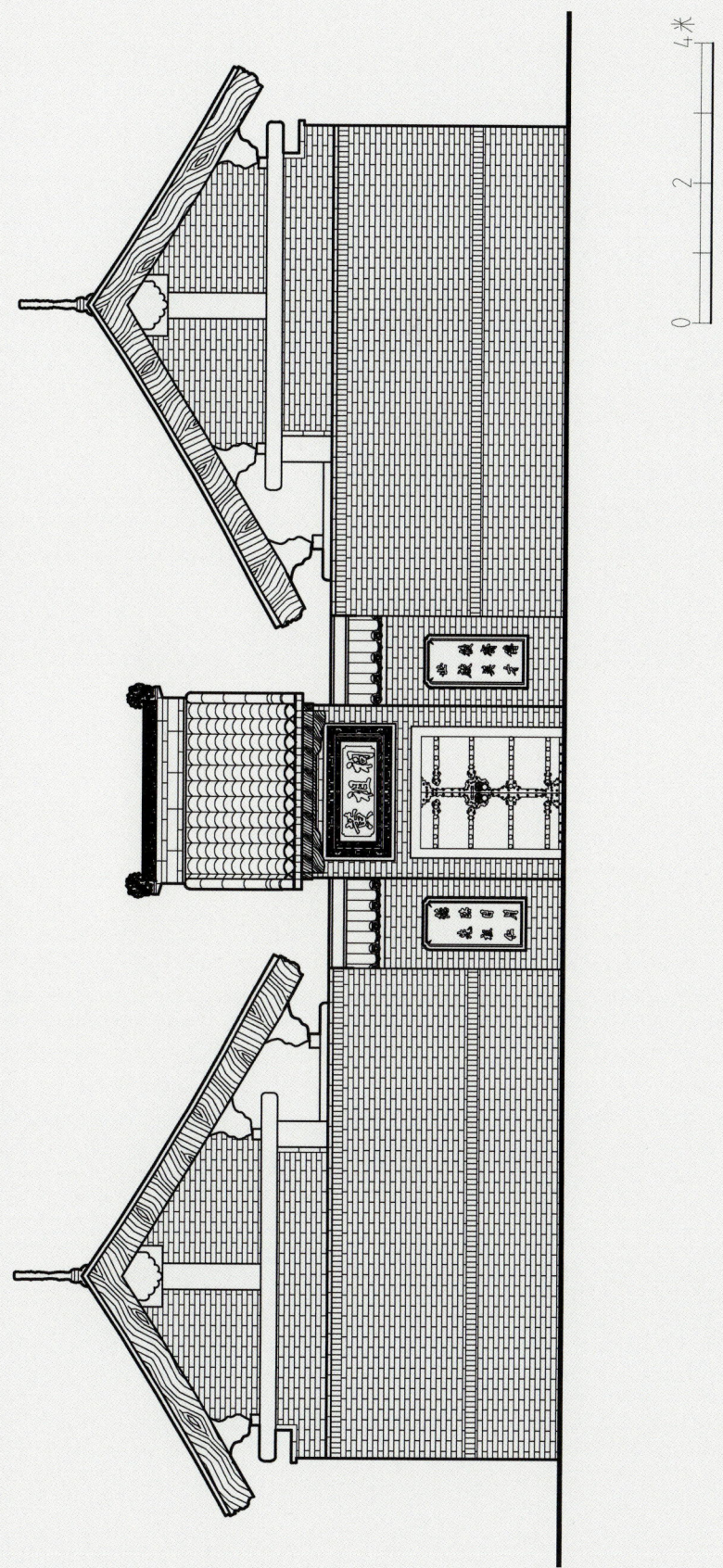

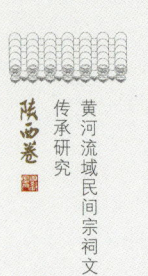

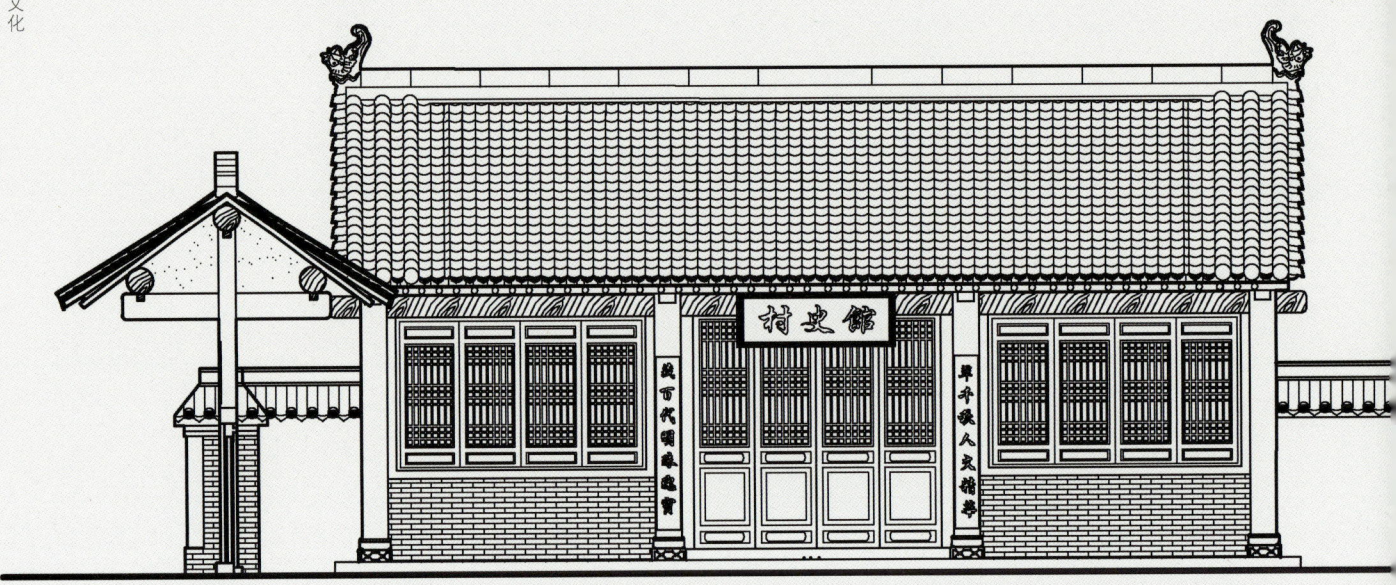

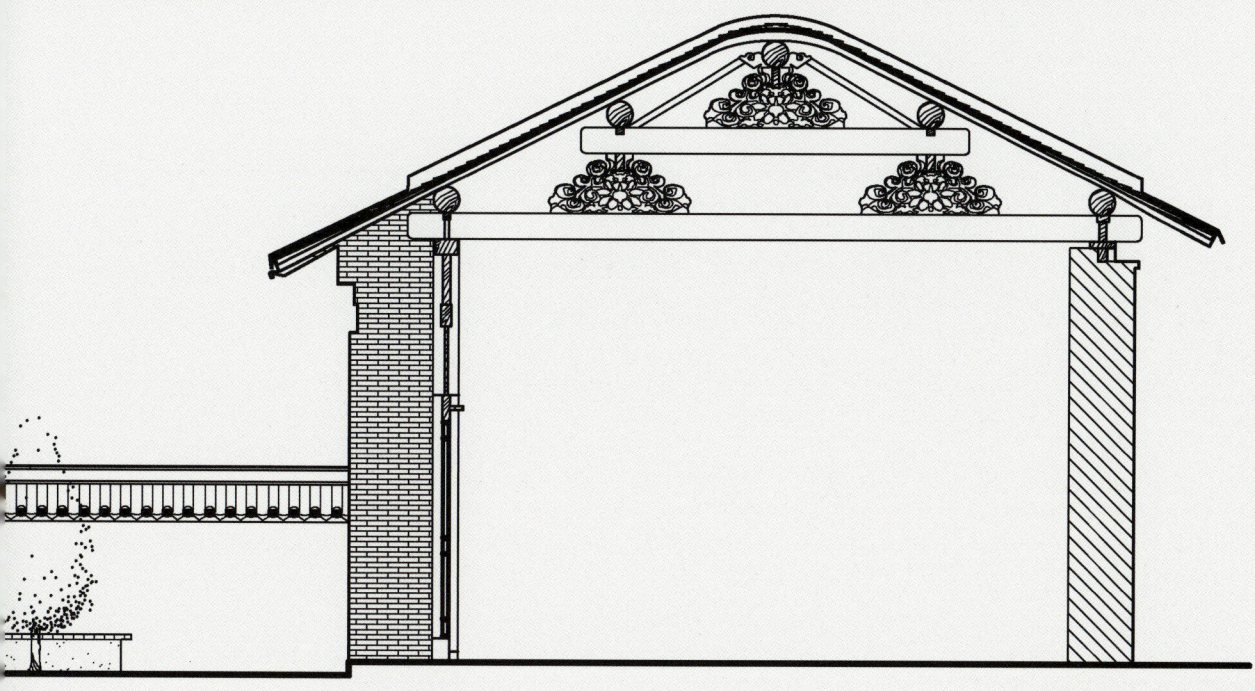

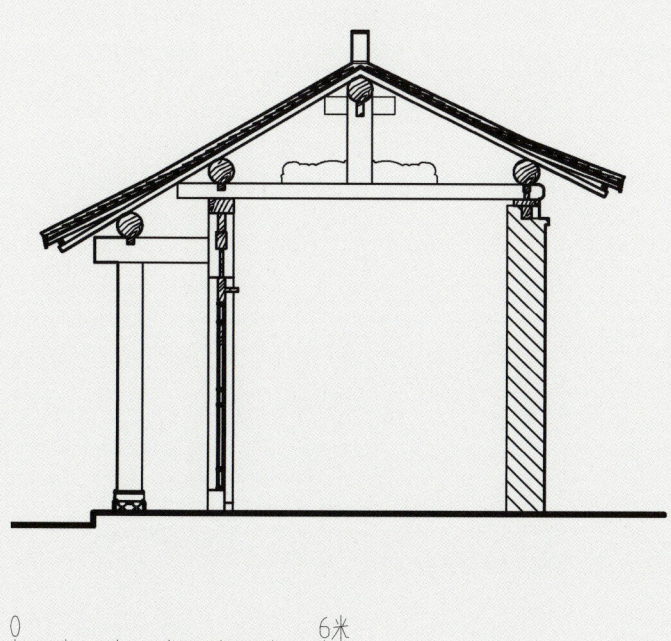

图 6　黄祖祠正殿立面图

图 7　黄祖祠 B-B' 剖立面图

图 8　黄祖祠 C-C' 剖面图

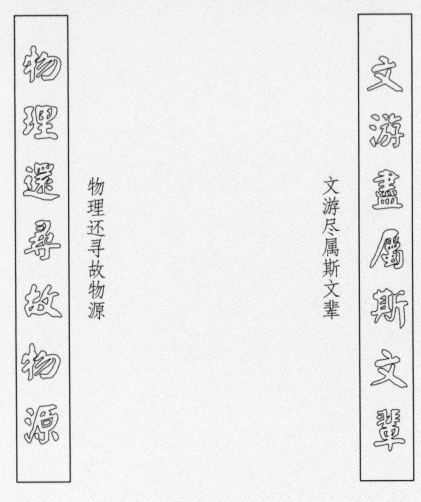

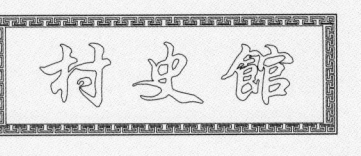

四、建筑装饰艺术

（1）莲花。亦称荷花。在佛教上被认为是西方净土的象征，是孕育灵魂之处。佛身多置于莲花之上，所以佛座亦称莲座。历代诗人赞美莲花"出淤泥而不染,濯清涟而不妖,中通外直"，把莲花喻为君子，赋予其圣洁的形象。一茎双花的并蒂莲，是人寿年丰的预兆和纯真爱情的象征。在百花中它是唯一能花、果（藕）、种子（莲子）并存的。

（2）鸱吻。龙九子之一，原型是印度的"摩羯鱼"，可以喷水降雨，所以成了古代人们为家宅灭火消灾的需要，后演变成龙形吞脊兽，安放于屋脊两侧。

图 9　黄祖祠村史馆楹联大样图
图 10　黄祖祠民俗博物馆楹联大样图
图 11　黄祖祠墀头及正脊雕花大样图
图 12　黄祖祠柁墩大样图

图 11　党氏祠堂柁墩纹样细节（d）　　图 15　党氏祠堂侧门（a）
图 12　党氏祠堂柁墩纹样细节（e）　　图 16　党氏祠堂侧门（b）
图 13　党氏祠堂柁墩纹样细节（f）　　图 17　党氏祠堂室内现状
图 14　党氏祠堂室内构架

尚书村祠堂

陕西省渭南市富平县曹村镇尚书村

一、建筑区位分析

尚书村祠堂位于陕西省渭南市富平县曹村镇尚书村（该文物点经纬度为 34°93′N，109°23′E）。

曹村镇位于陕西省渭南市富平县中北部，地势北高南低，北部为丘陵地带，南部为平原，气候属暖温带大陆性季风气候。

二、建筑空间结构

尚书村祠堂，坐北朝南。正殿面阔三间 9.7 米，进深 6.3 米。现存正殿且损毁严重。

三、建筑空间记忆

尚书村得名于五代后汉名将李彦温。李彦温官至"指挥第二都头兼都虞候、银青光禄大夫、检校刑部尚书兼御史大夫上柱国"。尚书村祠堂也是为祭祀李彦温而修建的。

尚书村祠堂始建于清朝，家族迁徙史不详，建筑重建年代不详，现今保存状态一般，现存正殿为硬山顶建筑。

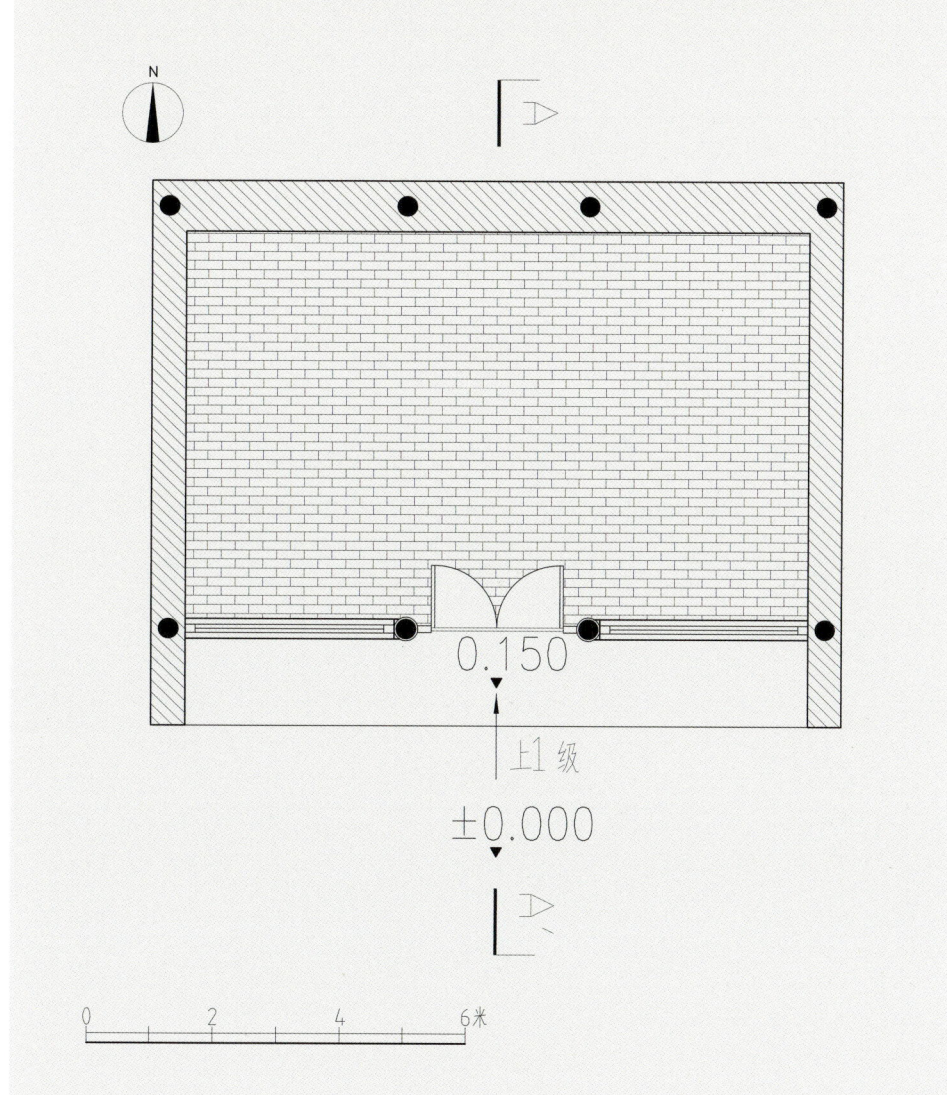

图1 尚书村祠堂正面

图2 尚书村祠堂总平面图

陕西省民间宗祠测绘图典选集　143

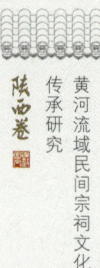

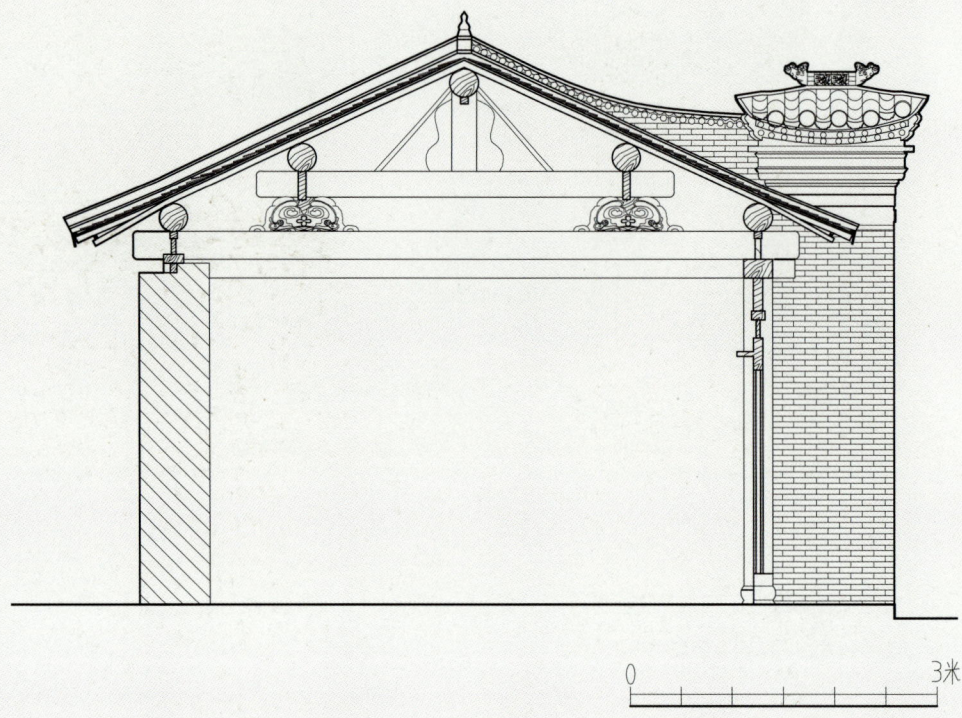

0　　　　3米

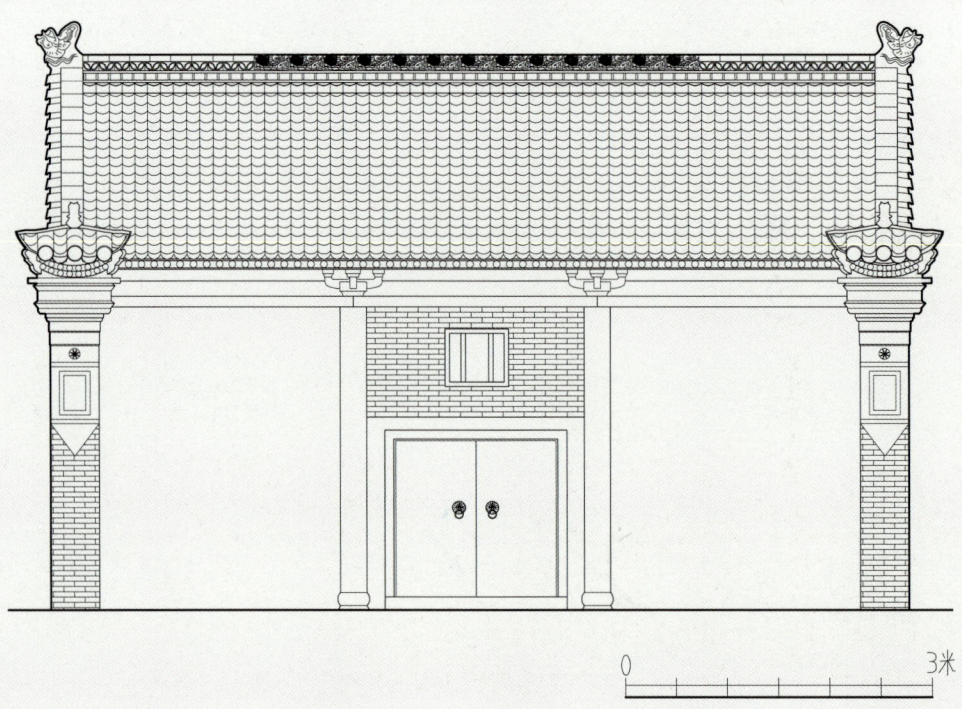

0　　　　3米

	5	8
3		
4	6	
	7	

图3　尚书村祠堂 A-A' 剖面图

图4　尚书村祠堂正殿立面图

图5　尚书村祠堂墀头

图6　尚书村祠堂屋脊雕花细节

图7　尚书村祠堂鸱吻

图8　尚书村祠堂现状

陕西省民间宗祠测绘图典选集

梁氏祠堂

陕西省渭南市韩城市龙门镇上白矾村

一、建筑区位分析

梁氏祠堂位于陕西省渭南市韩城市龙门镇上白矾村（该文物点经纬度为35°61′N，110°53′E）。

龙门镇位于陕西省渭南市韩城市北原，属暖温带大陆性季风气候，地处关中平原与陕北黄土高原的过渡地带，东临黄河，西依梁山，地势西高东低。境内北部是黄河峡谷，南部是沟壑分割的台塬。

二、建筑空间结构

梁氏祠堂，坐东朝西。正殿面阔三间13.1米，进深7.1米；南北厢房面阔三间8.6米，进深3.8米。院内有一座四层塔楼。

二、建筑空间记忆

武德将军梁惠是南宋人，镇守韩城一带战功卓越，后战死沙场葬于梁带村，其后代在韩城境内繁衍生息。先后有部分后代迁至韩城市下峪口、盘龙、西庄等地，形成了梁氏聚集的上白矾村、下峪口等三十多个村庄。

梁氏祠堂修建于清代，具体年代不详，重建年代不详。

图1 梁氏祠堂厢房

图2 梁氏祠堂正殿

图3 梁氏祠堂塔楼

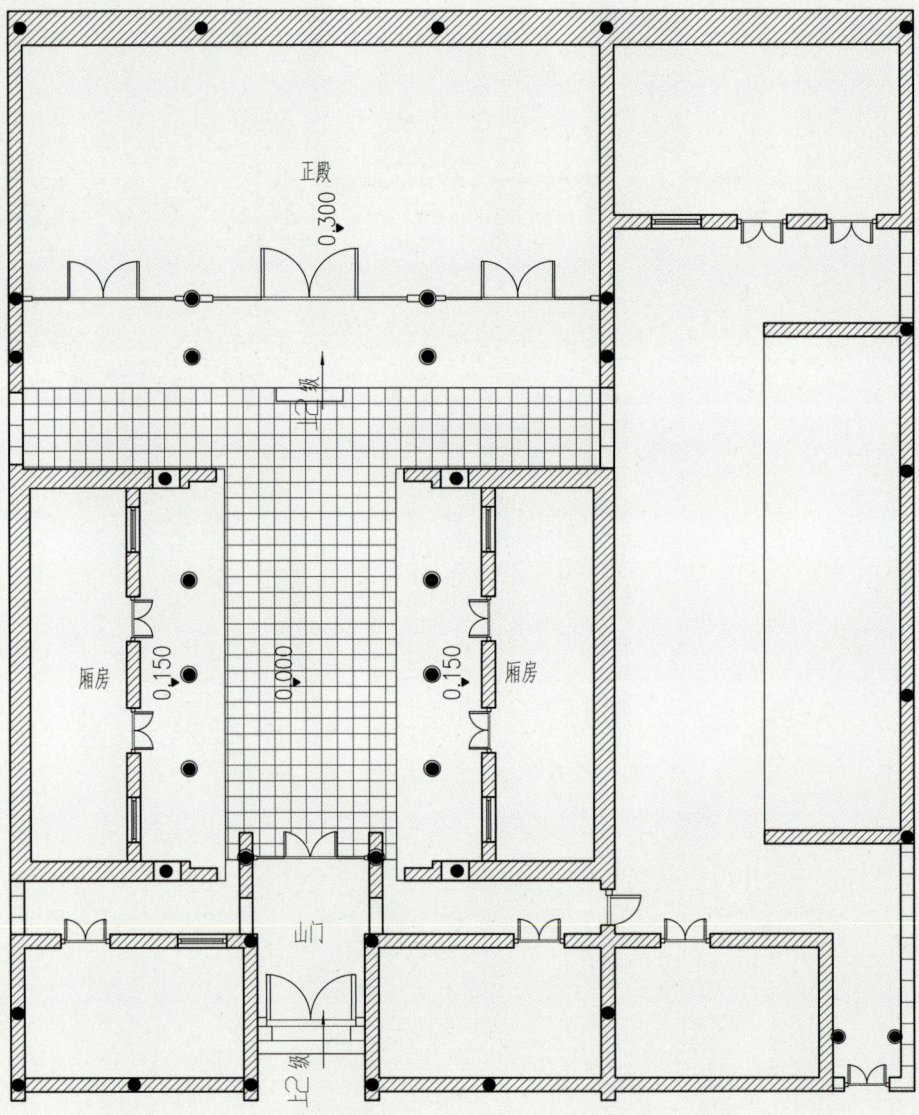

图 4　梁氏祠堂总平面图

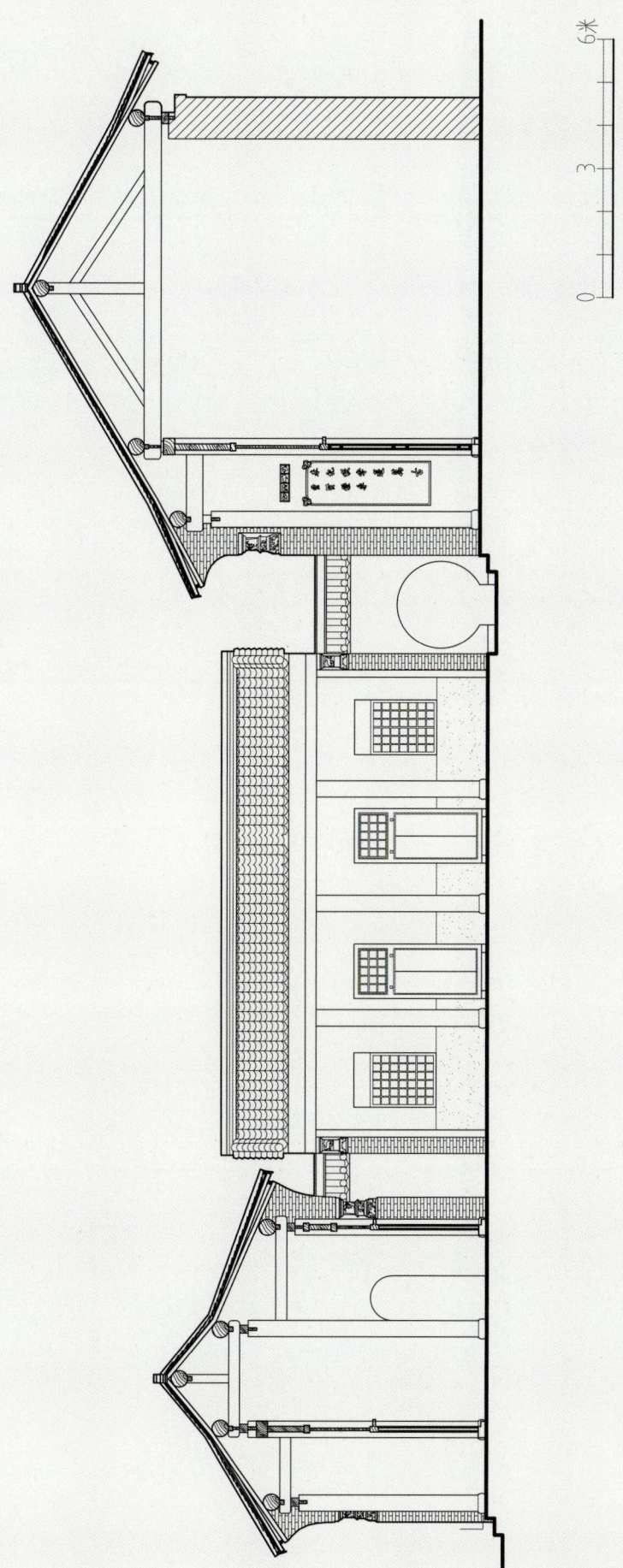

图 5 梁氏祠堂 A-A' 剖立面图

6 8
7 9

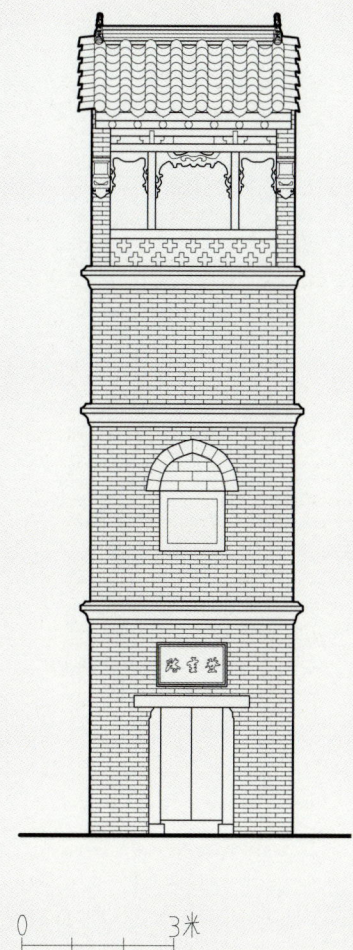

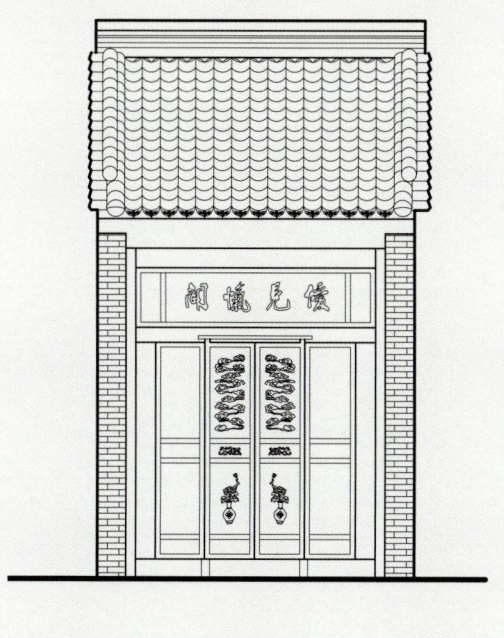

图6 梁氏祠堂正殿立面图

图7 梁氏祠堂山门立面图

图8 梁氏祠堂塔楼立面图

图9 梁氏祠堂山门背立面图

图10　梁氏祠堂山门雕花大样图

图11　梁氏祠堂牌匾大样图

图12　梁氏祠堂石狮子大样图

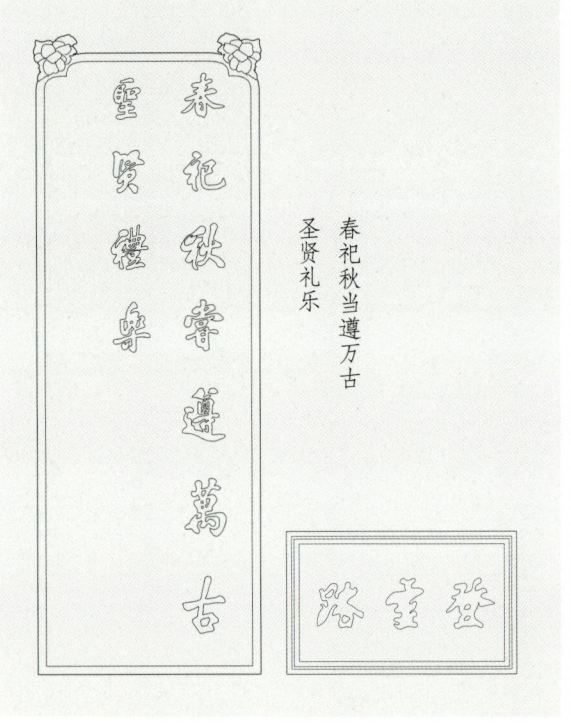

四、建筑装饰艺术

（1）二龙戏珠。有二龙戏珠也有群龙戏珠，还有云龙捧寿，都是表示吉祥安泰和祝颂平安长寿。

（2）石狮。石狮是以石材为原材料，雕塑成狮子的具有艺术价值和观赏价值的雕塑品。大门外一般都有一对石狮或铜狮，一般用来与建筑物搭配作为辟邪或装饰用。现存最早的石狮是东汉时高颐墓前的石狮。

(a)　　　　　　　　(b)　　　　　　　　(c)

图13　梁氏祠堂山门
图14　梁氏祠堂墀头（a）
图15　梁氏祠堂墀头（b）
图16　梁氏祠堂墀头（c）
图17　梁氏祠堂山墙楹联
图18　梁氏祠堂山门背面

杜氏祠堂

陕西省渭南市韩城市芝川镇姚家庄村

一、建筑区位分析

杜氏祠堂位于陕西省渭南市韩城市芝川镇姚家庄村（该文物点经纬度为 35°33′N，110°41′E）。

芝川镇位于陕西省渭南市韩城市南部，东隔黄河与山西相望。地处关中平原与陕北黄土高原的过渡地带的黄土台塬区，地势西高东低。芝川镇气候属暖温带大陆性季风气候，其特点是四季分明，气候温和，光照充足。

二、建筑空间结构

杜氏祠堂，坐北朝南。正殿为硬山顶建筑，面阔三间8.5米，进深5.9米；东西厢房面阔三间4.8米，进深2.7米。

图1　杜氏祠堂山门背面

三、建筑空间记忆

姚家庄杜姓发源于西安长安区,长安区杜原曾为古杜国遗址所在地,也是杜姓始祖之一刘累的封地,后人因封地而姓杜,也是全国杜姓的发源地,现杜姓主要分布在四川和华北地区。

杜氏祠堂修建于清代,具体年代不详,重建年代不详。

图2　杜氏祠堂正殿侧面
图3　杜氏祠堂山门

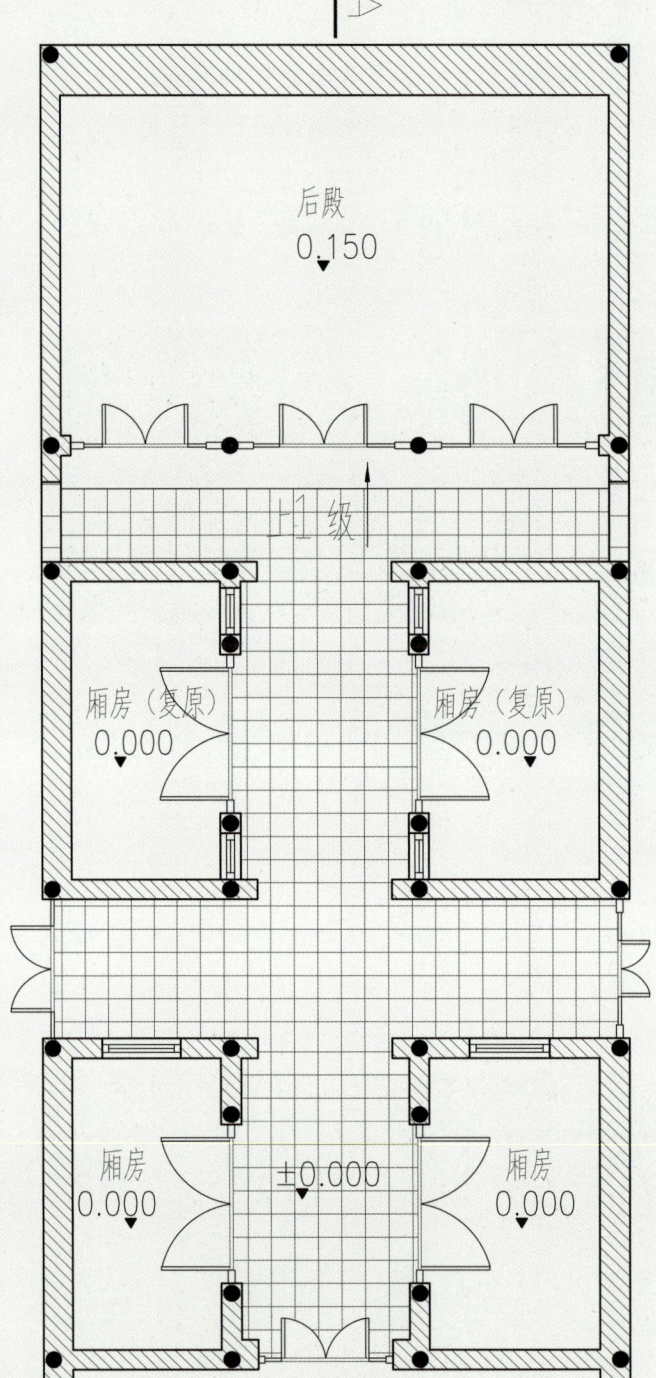

图4 杜氏祠堂总平面图

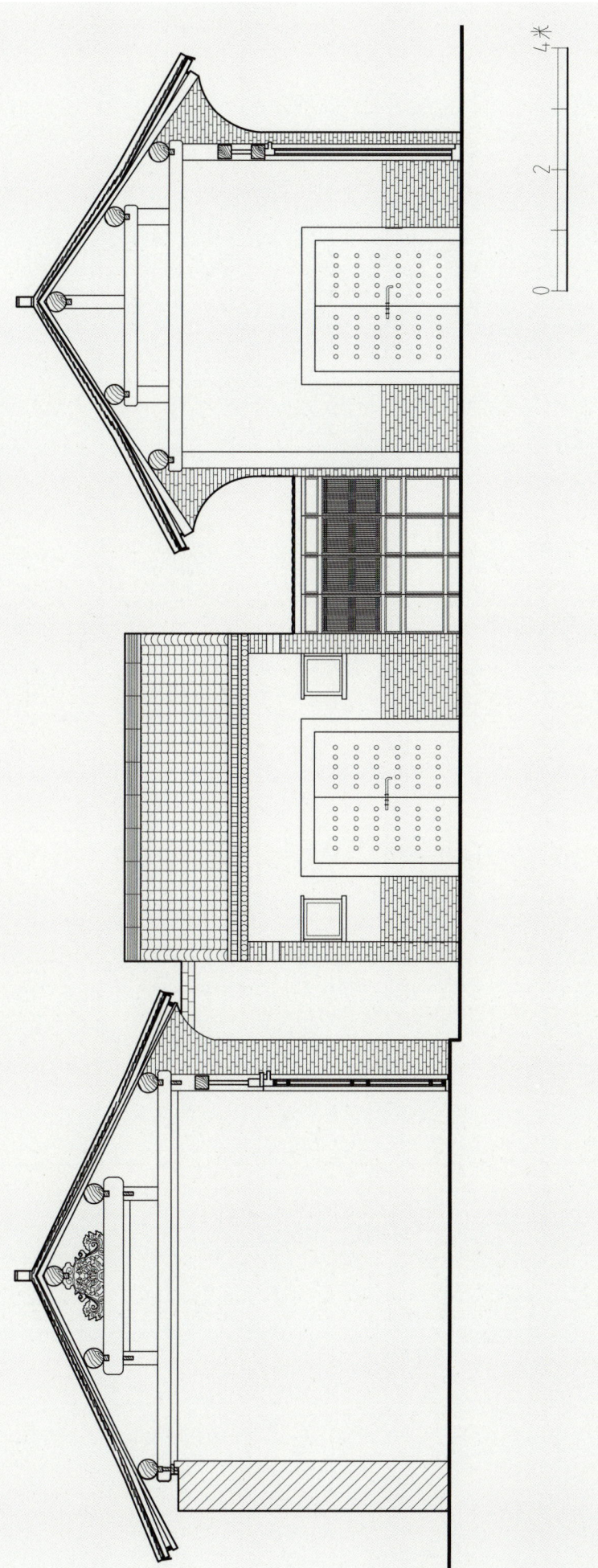

图 5　杜氏祠堂 A-A' 剖立面图

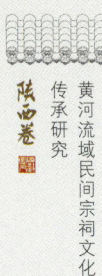

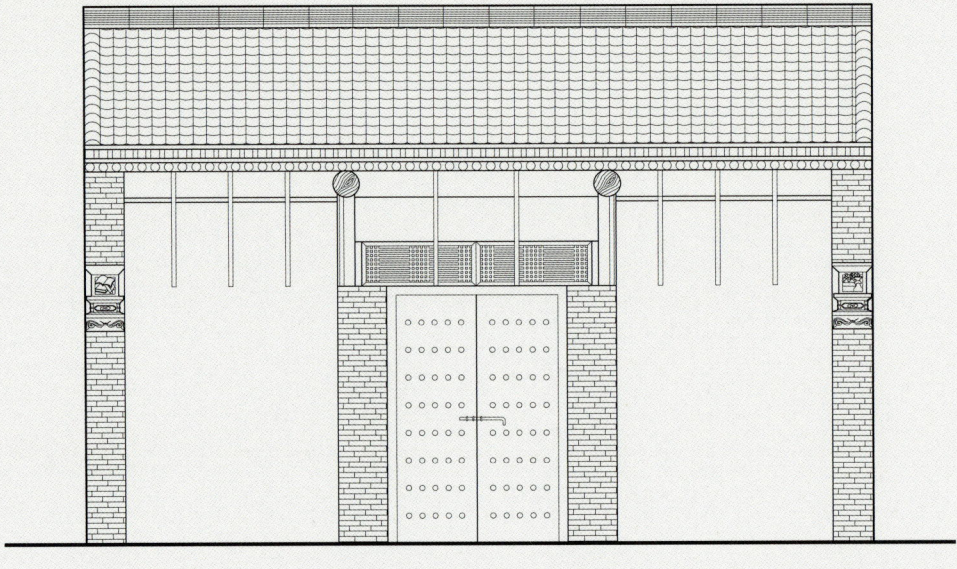

0 —— 3米

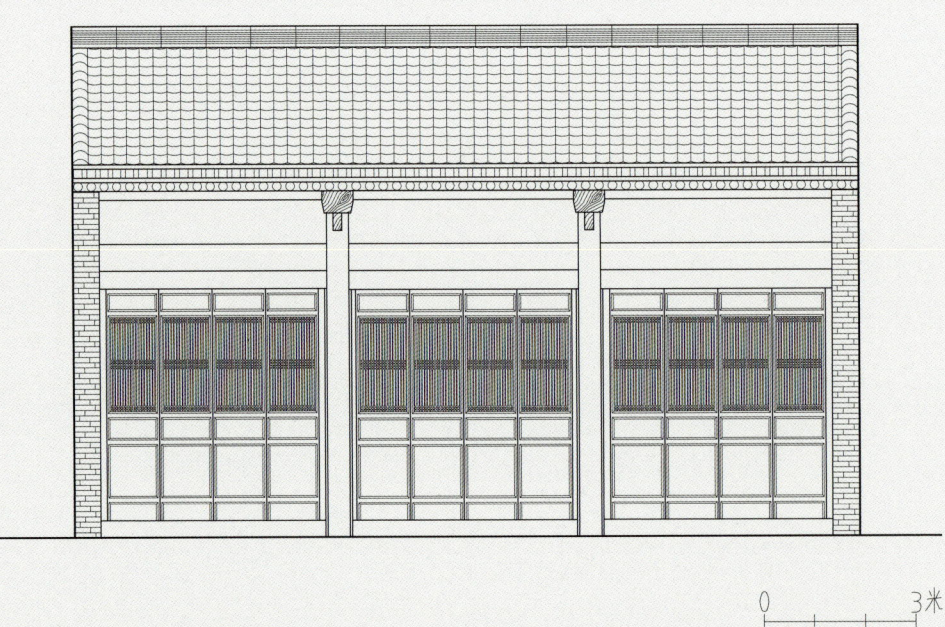

0 —— 3米

（4）本固枝荣。中国人传统观念中，很在意根本。本固枝荣指丛生的莲。本，草木的根或茎，如草本、木本之谓。也指事物的根源、根基。转义为重要的部分，如本部、本体。这里用莲花的根叶繁茂寓意事业根基牢固，兴旺发达。根是家族基业或祖先，枝就是祖业兴旺发展或子孙繁衍；根是处世的准则，枝就是处世的言行。根基粗壮牢固，才能枝繁叶茂，因而本固枝荣成为修身齐家的最好祝福。

图10　杜氏祠堂墀头（a）
图11　杜氏祠堂墀头（b）
图12　杜氏祠堂厢房立面
图13　杜氏祠堂山门侧面
图14　杜氏祠堂墀头（c）
图15　杜氏祠堂柁墩雕花细节（a）
图16　杜氏祠堂柁墩雕花细节（b）
图17　杜氏祠堂柁墩雕花细节（c）

张氏祠堂

陕西省渭南市蒲城县荆姚镇东街

一、建筑区位分析

张氏祠堂位于陕西省渭南市蒲城县荆姚镇东街（该文物点经纬度为34°85′N，109°45′E）。

荆姚镇位于陕西省渭南市蒲城县西南部，荆姚镇地处渭河平原，地势西北高、东南低，属暖温带大陆性季风气候。境内北靠九龙塬，南临卤阳湖。最高点海拔430米，最低点海拔380米。

二、建筑空间结构

张氏祠堂，坐北朝南。正殿为硬山顶建筑，面阔三间12米，进深7.5米；前殿面阔三间11.8米，进深6.8米。

图1　张氏祠堂正殿
图2　张氏祠堂雕花细节
图3　张氏祠堂总平面图

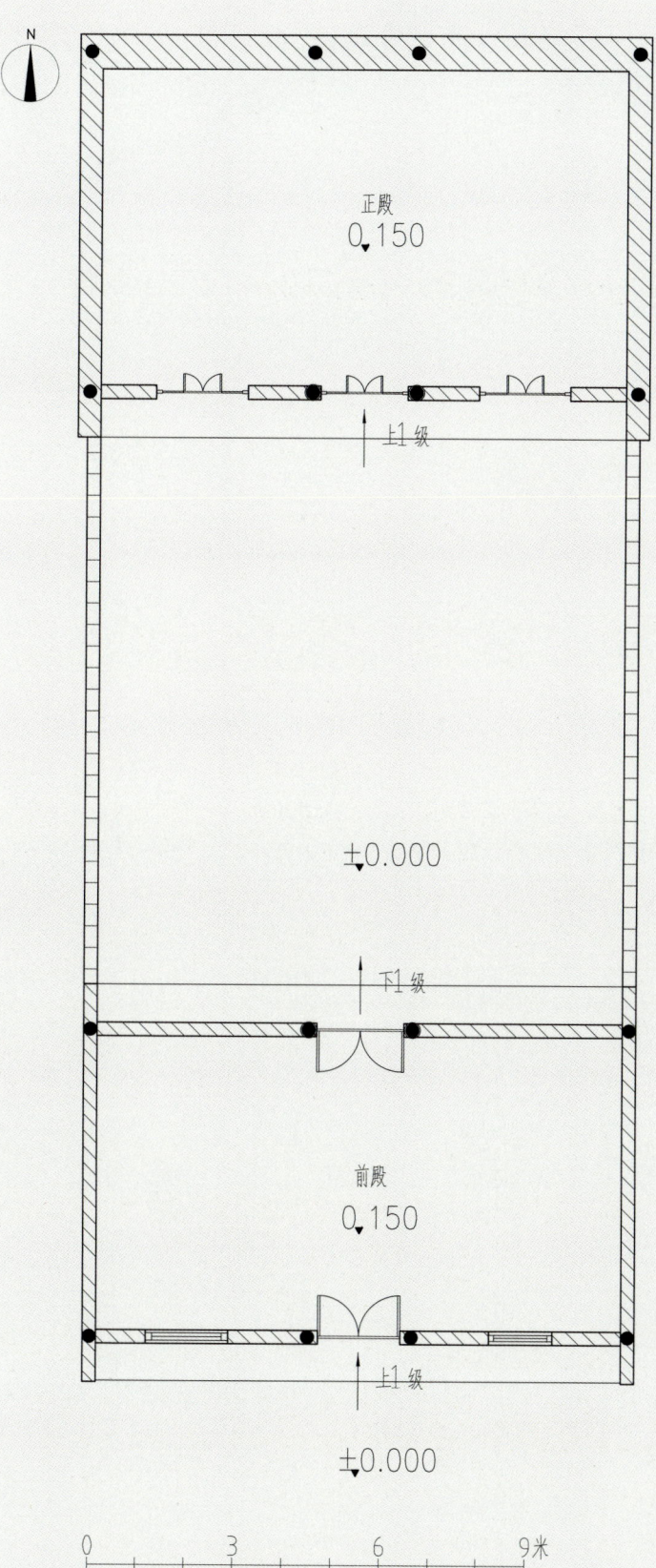

三、建筑空间记忆

张氏是荆姚镇大氏族,尤其在清同治、光绪两朝,张氏家族涌现出来的进士、举人、贡生、廪生有数十人之多,数代文魁连绵不绝,父子兄弟争相入朝,造就了张瀛(道光进士、刑部郎中、布政使)、张霖澍(庆阳知府)、张铎(同治举人、川东道台)、张霖润(清员外郎)、张少溪、张拜云等栋梁之材。

张氏祠堂修建于清代,具体年代不详,重建年代不详。

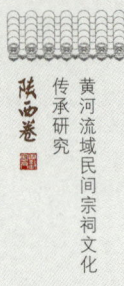

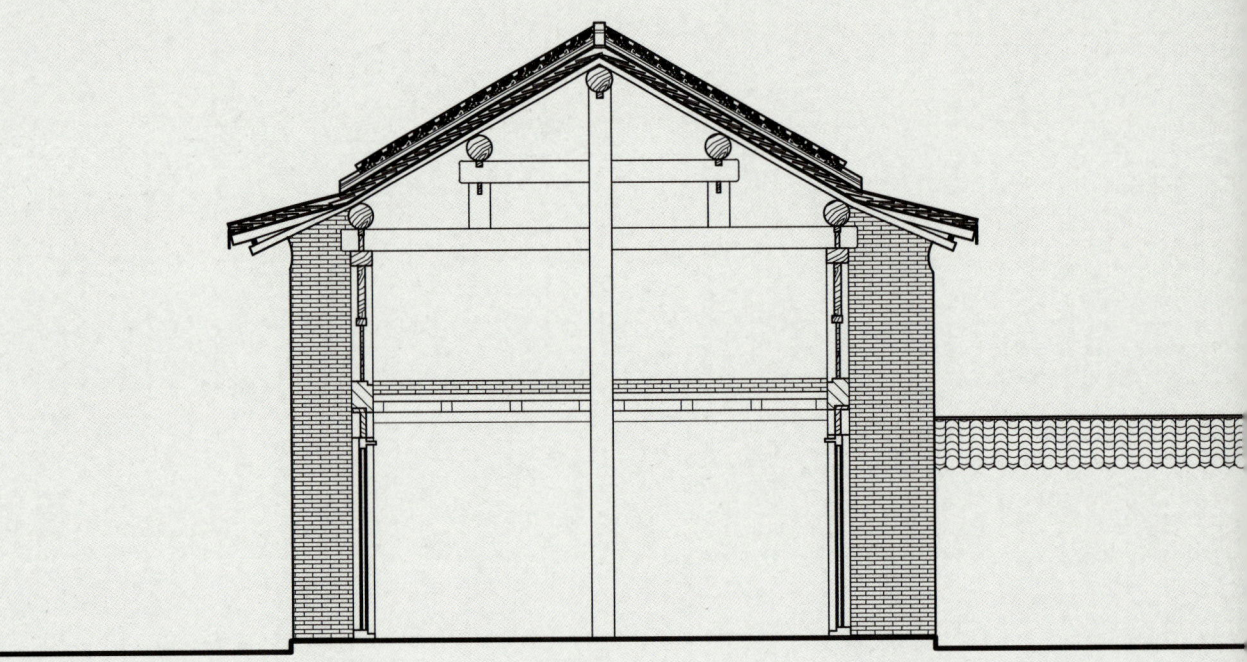

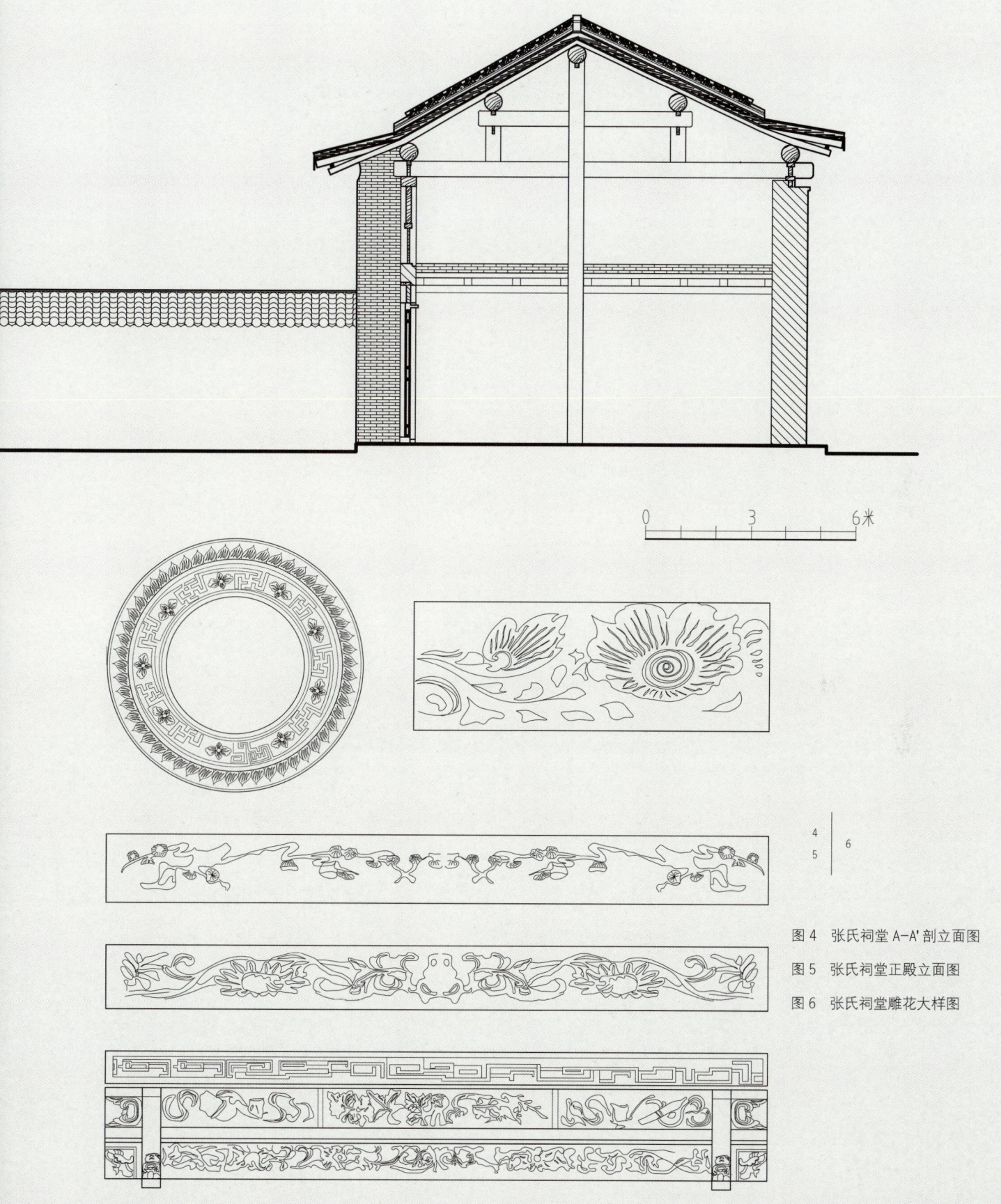

图 4　张氏祠堂 A-A' 剖立面图

图 5　张氏祠堂正殿立面图

图 6　张氏祠堂雕花大样图

7 8
9 10
11 12

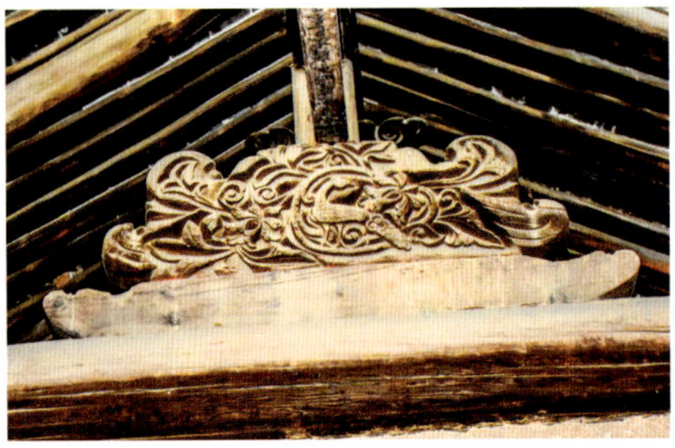

（a）

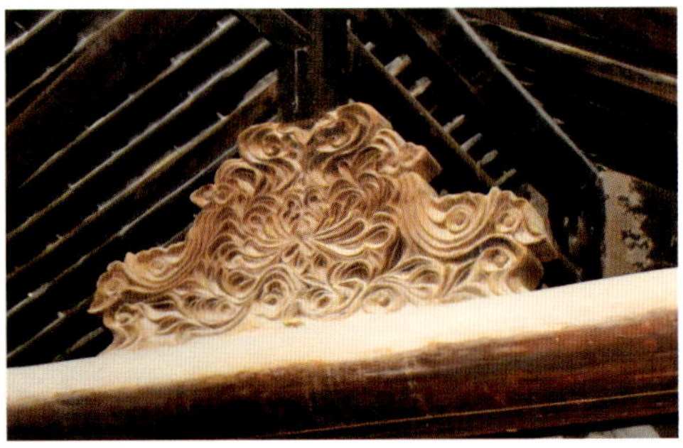

（b）

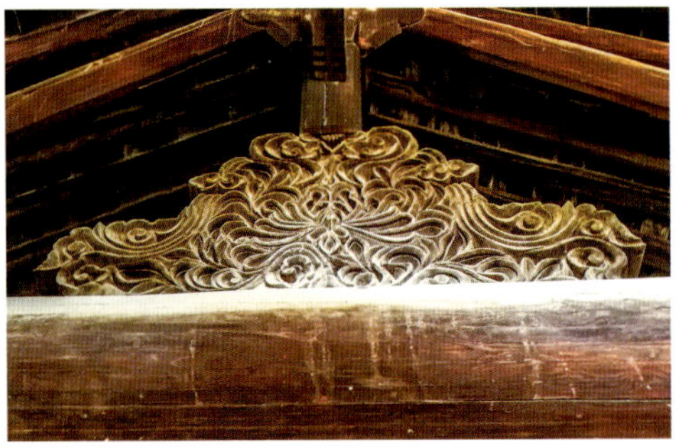

（c）

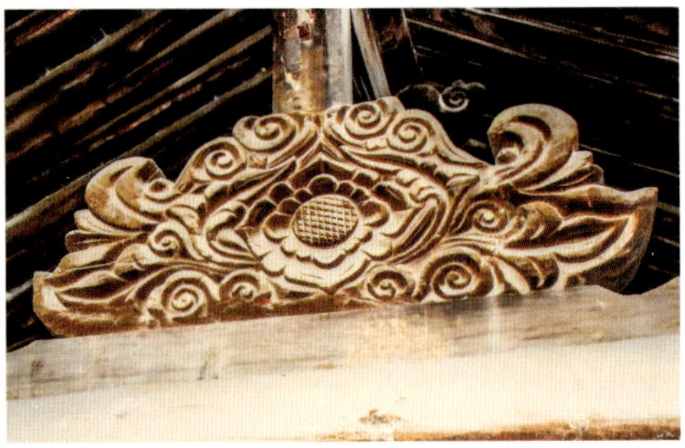

（d）

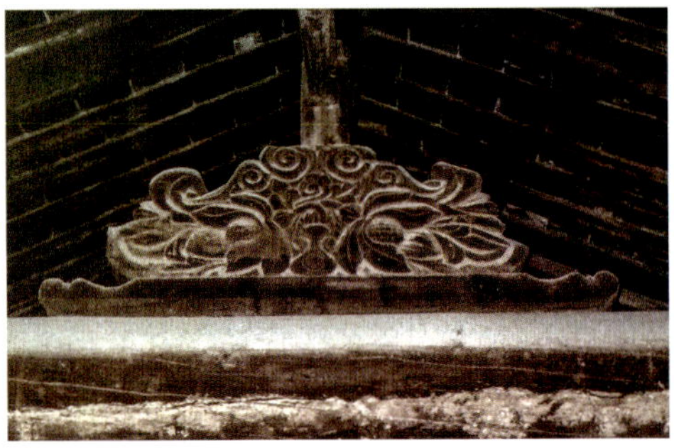

（e）

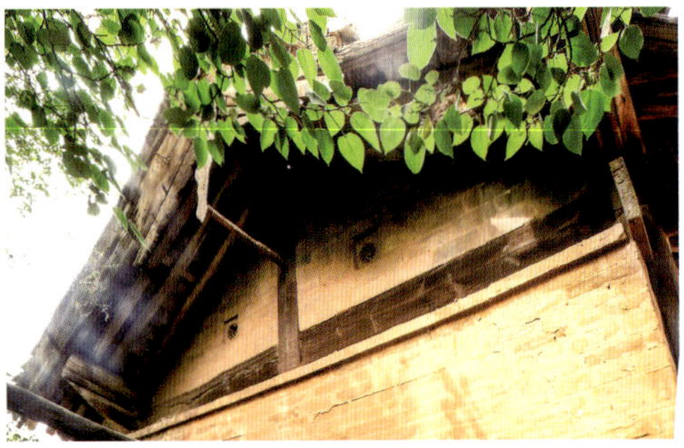

（f）

图 7　张氏祠堂柁墩雕花图细节（a）
图 8　张氏祠堂柁墩雕花图细节（b）
图 9　张氏祠堂柁墩雕花图细节（c）
图 10　张氏祠堂柁墩雕花图细节（d）
图 11　张氏祠堂柁墩雕花图细节（e）
图 12　张氏祠堂侧面图细节（f）

四、建筑装饰艺术

（1）万字纹。即“卍”字形纹饰。用“卍”字四端向外延伸，又可演化成各种锦纹，这种连锁花纹常用来寓意绵长不断和万福万寿不断头之意，也叫万寿锦。

（2）八宝。八宝为佛教法器，又称八瑞相、八吉祥，此八种图案为纹饰，象征吉祥、幸福、圆满。

张氏祠堂

陕西省渭南市澄城县安里乡张卓村

一、建筑区位分析

张氏祠堂位于陕西省渭南市澄城县安里乡张卓村（该文物点经纬度为 35°21′N，109°79′E）。

安里镇位于陕西省渭南市澄城县中部，邻近县城和矿区。安里镇地处渭北二级黄土台塬区，地势较为平坦，略呈北高南低，气候属暖温带大陆性季风气候，境内地形以沟塬相间，以塬为主。

二、建筑空间结构

张氏祠堂，坐北朝南。正殿面阔三间 11.0 米，进深 6.4 米；东西厢房面阔四间 12.8 米，进深 3.2 米。

图1　张氏祠堂山门

图2　张氏祠堂院门

图3　张氏祠堂

图4　张氏祠堂总平面图

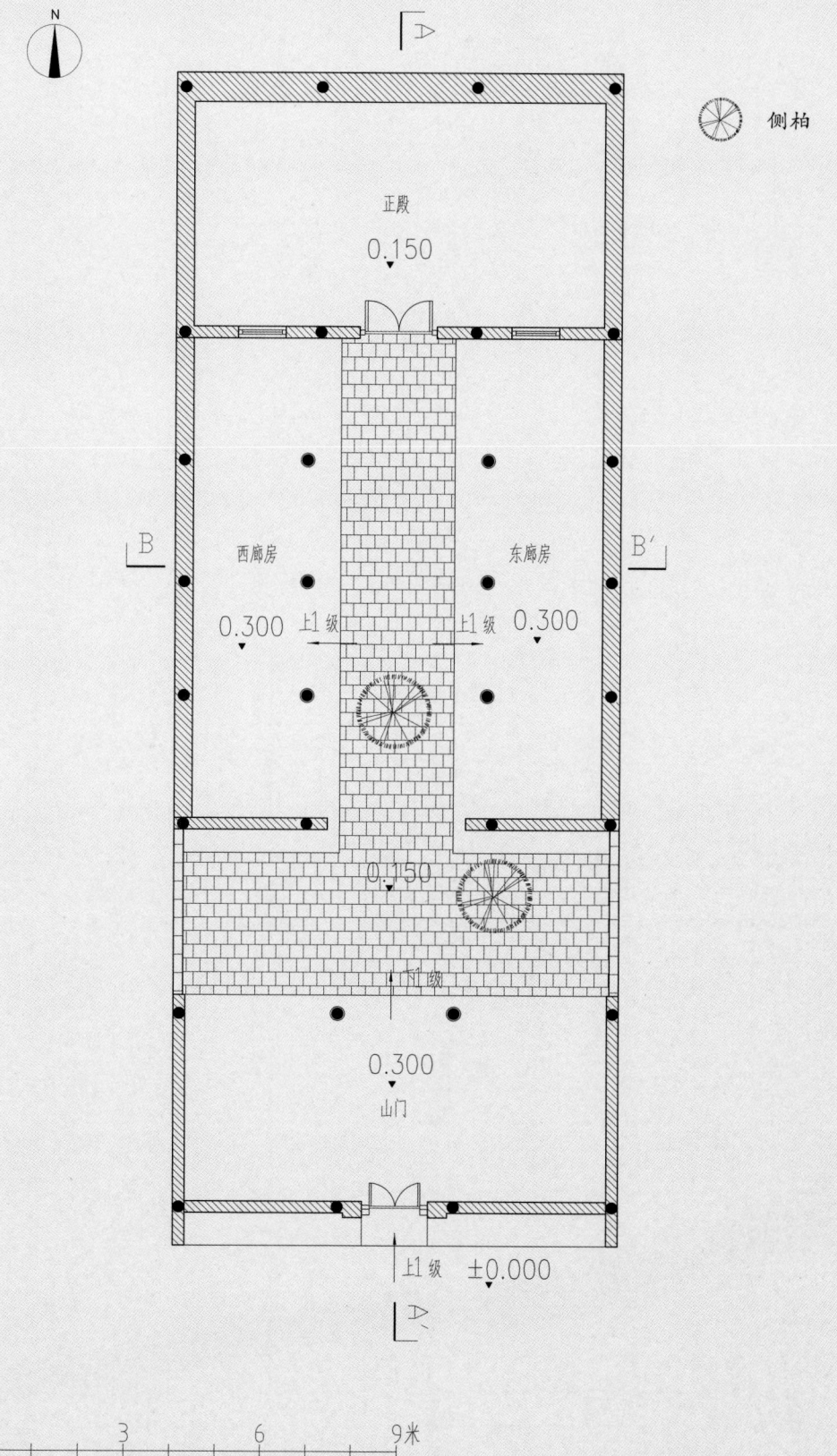

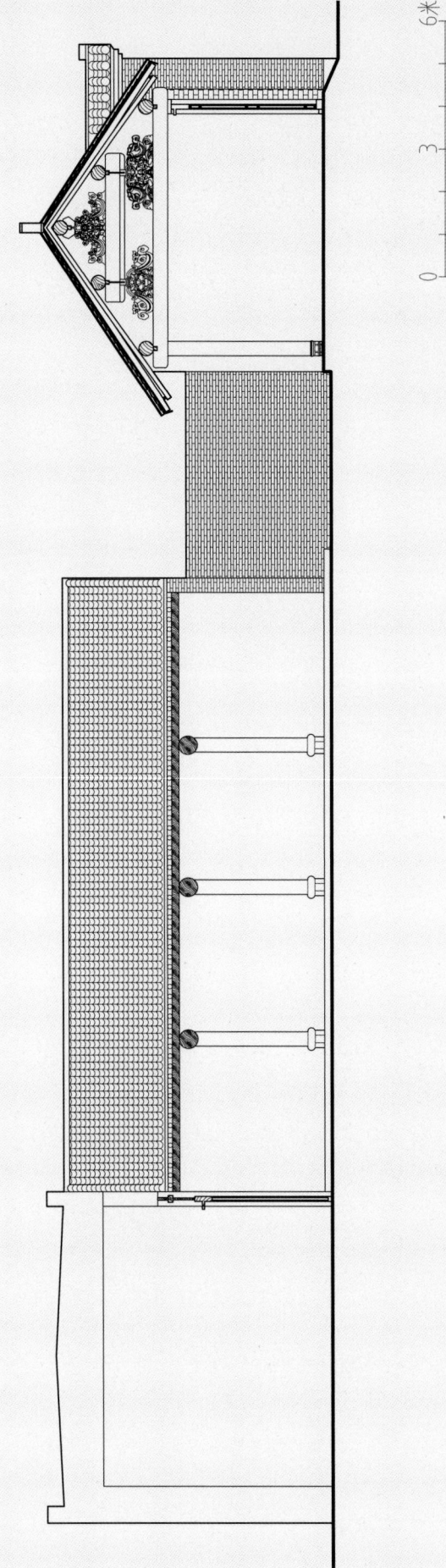

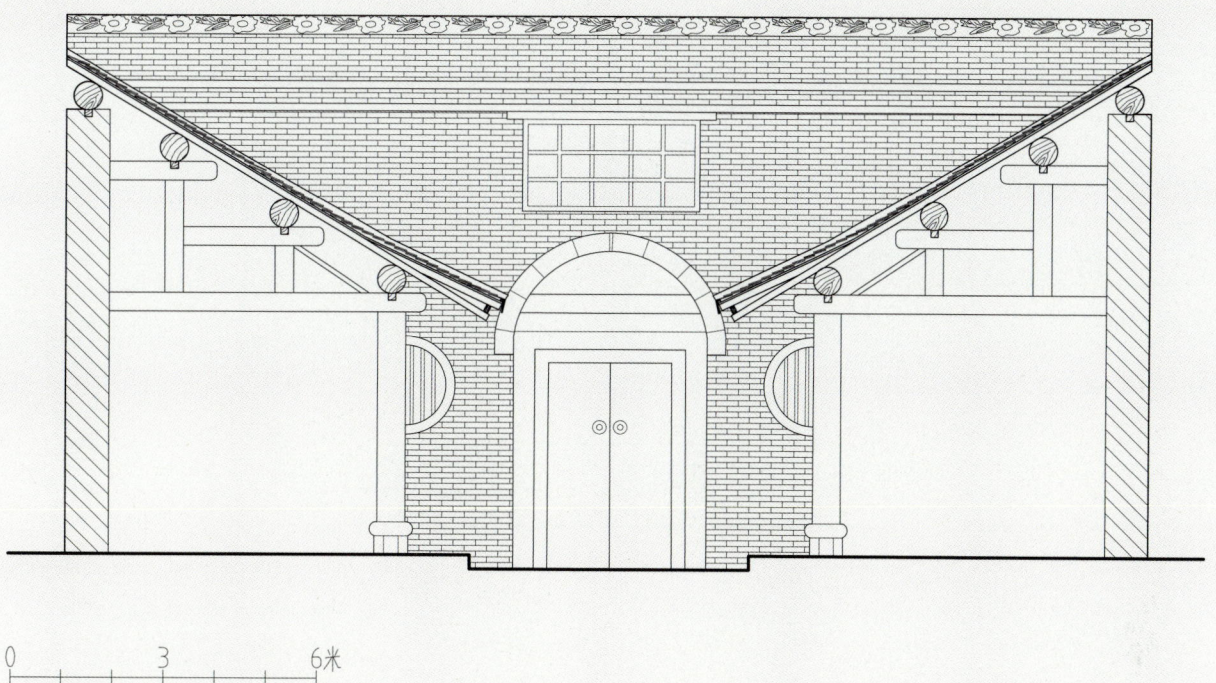

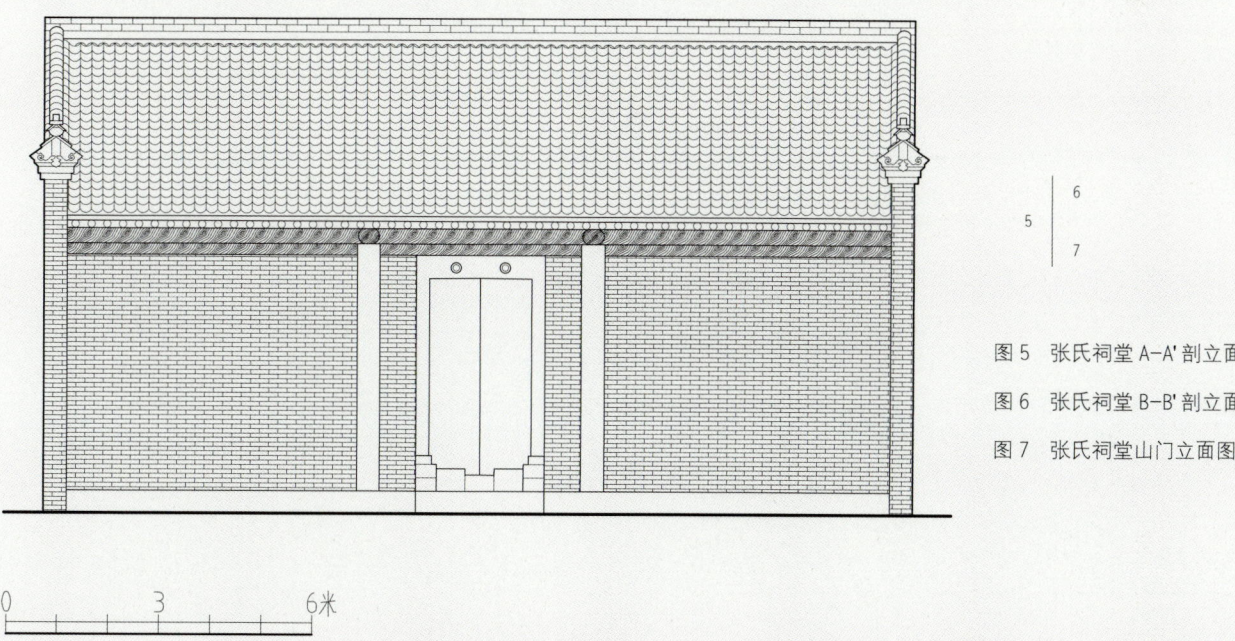

图 5　张氏祠堂 A-A' 剖立面图

图 6　张氏祠堂 B-B' 剖立面图

图 7　张氏祠堂山门立面图

陕西省民间宗祠测绘图典选集　　171

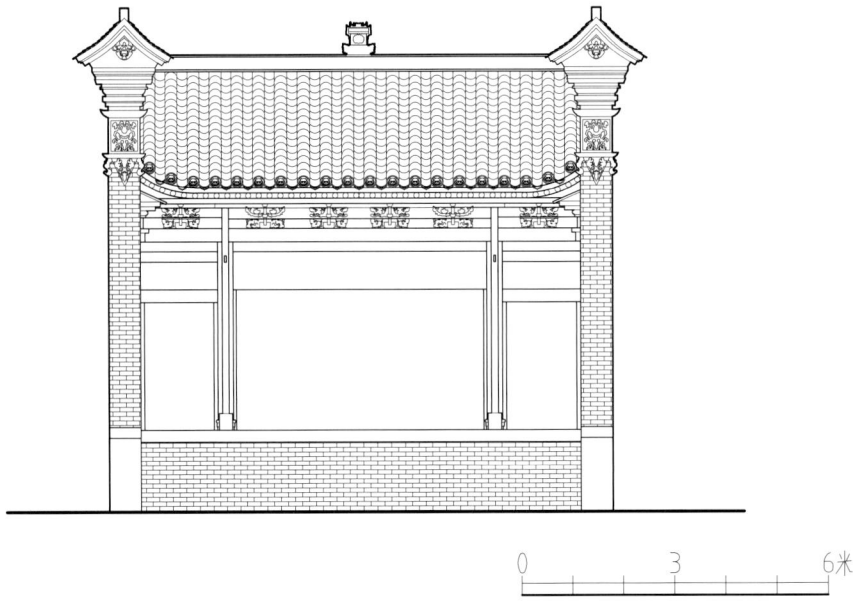

图 8　张氏祠堂古戏楼立面图
图 9　张氏祠堂砖雕立面大样图
图 10　张氏祠堂柁墩大样图

三、建筑空间记忆

据家族史料记载张卓在明洪武建村前,张姓人就已入住村中,并有了一定的人口数量。张氏家族在这块土地上从15世纪末到18世纪进入了一个兴旺的时期,也就是张卓村的张氏十世到十九世先祖期间,这一时期涵盖了明朝中叶到清乾隆、康熙、嘉庆、道光年间,在近三百多年的时间里,在极其艰苦的条件下,先祖们与战乱匪患、天灾人祸相搏,到清康乾朝到达鼎盛时期,老百姓也过上了较为稳定的日子。存有明末清初时期相继修建的秀峰塔、戏台、庙宇、张氏祠堂等。

据族谱记载,张氏祠堂建于明朝末年,后在"文革"中遭损毁,祠堂中保存的族产和祭祀的器皿物品及祖先牌位、影轴都毁于大火之中。祠堂后被改为供销合作社,重建年代不详。

四、建筑装饰艺术

(1)麒麟与凤凰。"麒麟凰"是麒麟与凤凰合为一体的至尊神兽,头尾似龙,体如麋鹿,蹄似凤爪,翅取凤凰,是中国古代神话里的宠物,寓意龙图骏发、飞黄腾达、财丁两旺,富贵双全。"麒麟凰"源自一个古老传说,相传古时曾有一只麒麟和一只凤凰飞过一片美丽的地域而被吸引,于是共同降临该地久久不愿离去,两神兽长久盘踞出现共生之象,不知过了多少年,麒麟生翅与凤凰共生,麒麟凤凰合为一体化作上风上水之清泉与地脉绝美融合,继续福佑着这片旺贵宝地。

(2)鲤鱼跃龙门。鲤鱼跃龙门出自中国古代传统神话,现常用来比喻中举、升官等飞黄腾达之事,也比喻逆流前进,奋发向上。学校招生出榜,姓名上点红做法就来源于此。

图11 张氏祠堂古戏楼正面
图12 张氏祠堂侧门

13	14
15	16
17	18

图13　张氏祠堂古戏楼雕花　　图16　张氏祠堂柁墩雕花（b）

图14　张氏祠堂柁墩雕花（a）　图17　张氏祠堂山墙

图15　张氏祠堂柱墩　　　　　图18　张氏祠堂室内构架

（a）

（b）

段氏祠堂

陕西省渭南市韩城市芝阳镇桥头村

一、建筑区位分析

段氏祠堂位于陕西省渭南市韩城市芝阳镇桥头村（该文物点经纬度为 35°38′N，110°34′E）。

芝阳镇气候属暖温带大陆性季风气候。地势西高东低，境内东部为黄土台塬，西部为丘陵沟壑区。

二、建筑空间结构

段氏祠堂，坐北朝南。正殿面阔三间 10.6 米，进深 4.4 米；东西倒座面阔一间 3.6 米，进深 3.8 米。

三、建筑空间记忆

传说段姓为古时专门从事锻铸的工匠和管理人员。韩城段氏多为唐代来此入仕的一支，后也有在明代从山西大槐树迁徙而来的一支。

段氏祠堂始修建于清代，具体年代不详，重建年代不详。

四、建筑装饰艺术

（1）莲花。佛教中莲花被喻为西方净土的象征，佛座亦称莲台。

（2）宝瓶。宝瓶作为吉祥八清净之一，又称净瓶。

图1　段氏祠堂侧面

图2　段氏祠堂山门

图3　段氏祠堂总平面图

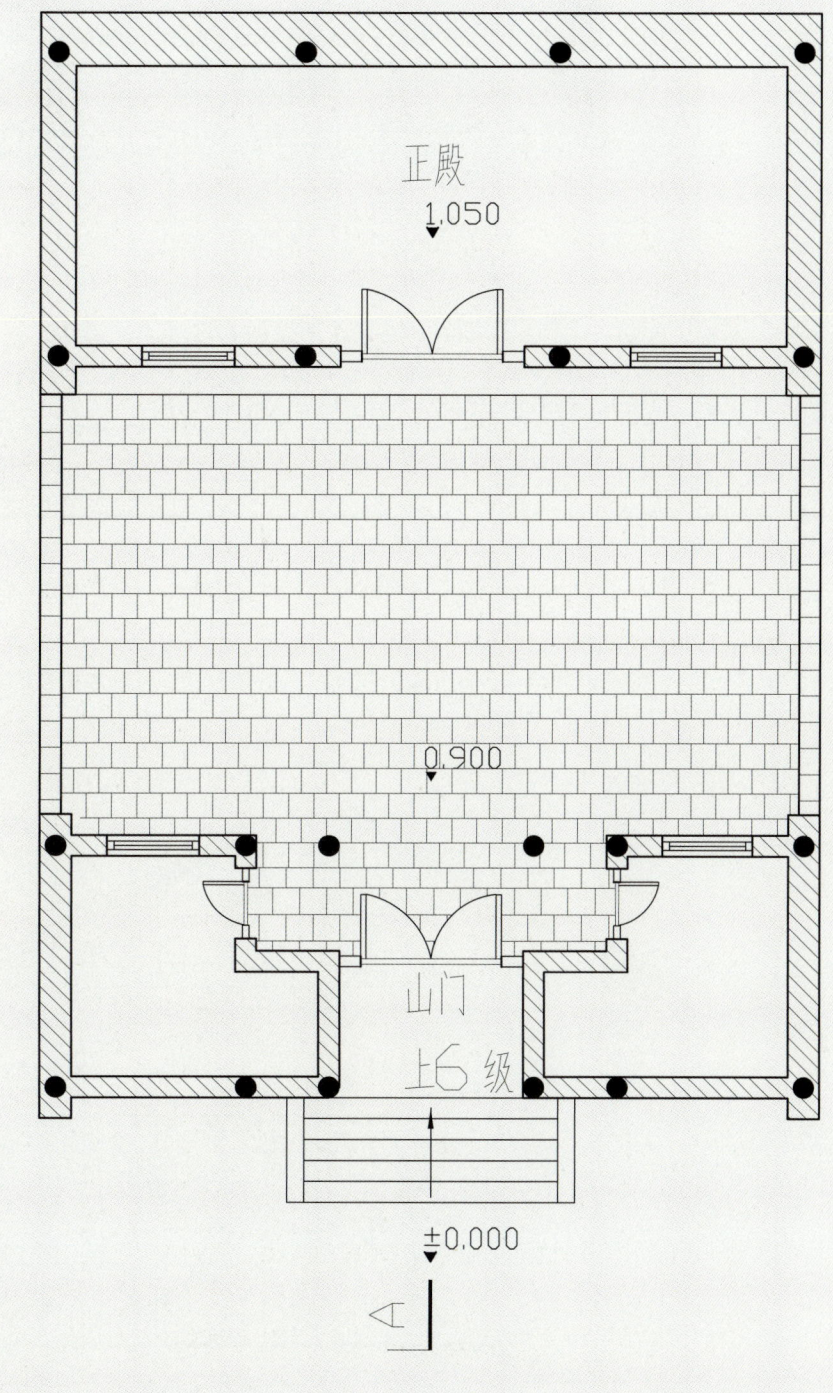

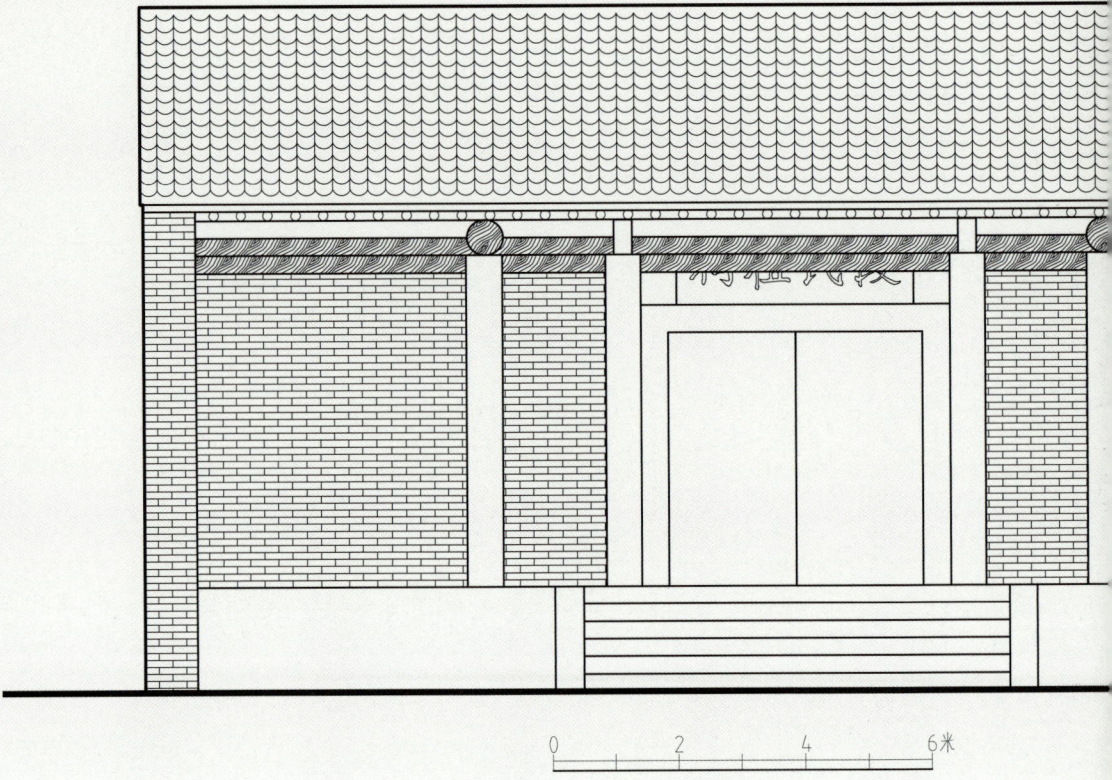
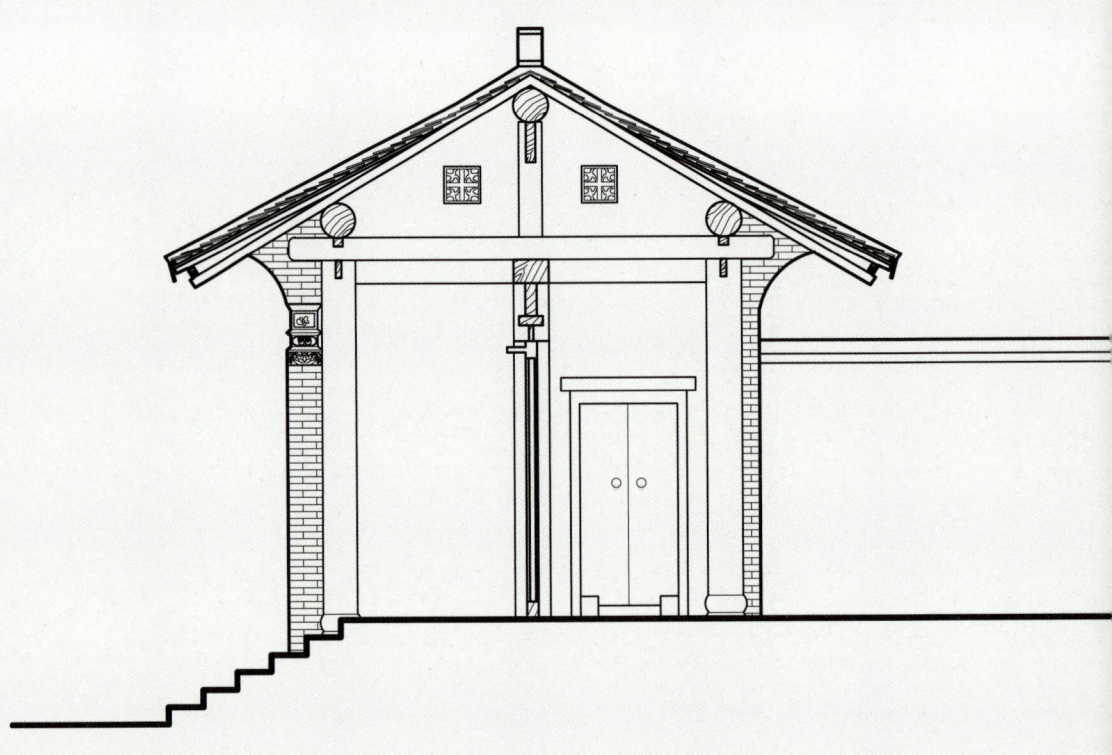

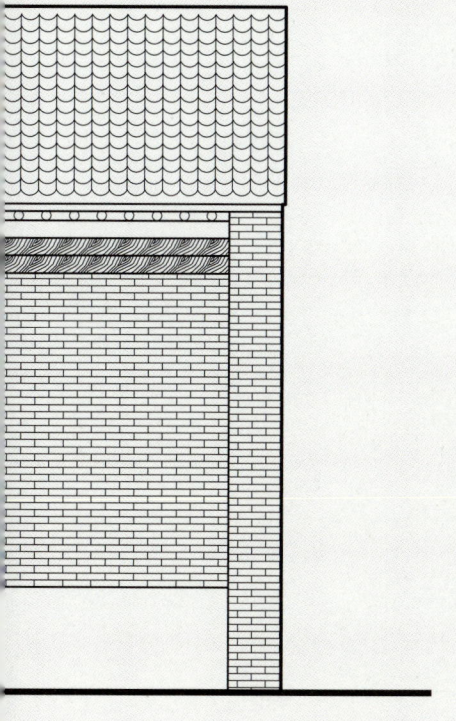

图 4 段氏祠堂正殿立面图

图 5 段氏祠堂 A-A' 剖立面图

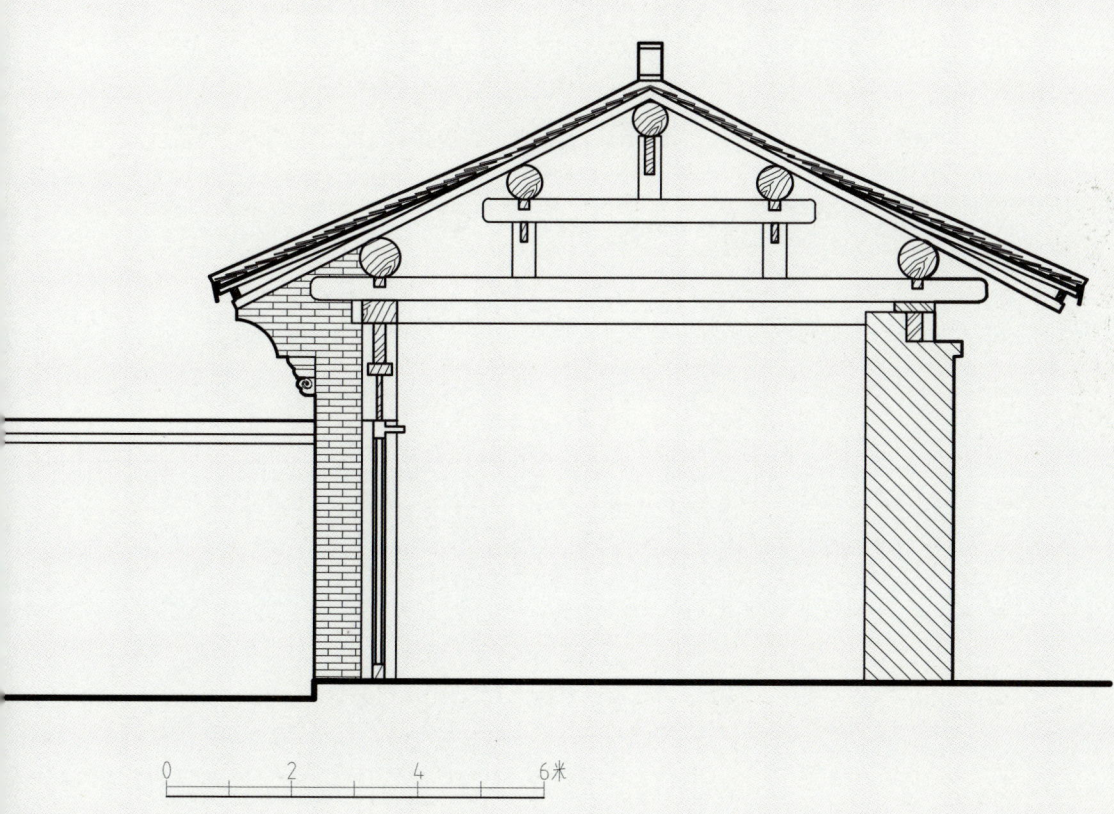

陕西省民间宗祠测绘图典选集

图6 段氏祠堂墀头（a）
图7 段氏祠堂墀头（b）
图8 段氏祠堂牌匾
图9 段氏祠堂山墙

（a）

（b）

乔氏家庙

陕西省渭南市合阳县同家庄镇南龙亭村

一、建筑区位分析

乔氏家庙位于陕西省渭南市合阳县同家庄镇南龙亭村（该文物点经纬度为 35°34′N，110°26′E）。

同家庄镇，地处合阳县东北部。东接百良镇，西连甘井镇，南靠坊镇，北依韩城市芝川镇。地处渭北旱塬东部，地势较为平坦。其地形以沟壑、平原为主。气候属暖温带大陆性季风气候，其特点是光热资源丰富，降水偏少，干湿季分明，四季分明。

二、建筑空间结构

乔氏家庙，坐北朝南。正殿面阔五间12.9米，进深5.9米；过厅面阔五间12.9米，进深5.1米；东西厢房面阔四间13.3米，进深4.2米。

三、建筑空间记忆

族谱《乔氏图界》记载："合族始祖有五个儿子，长分在前社，二分在东社，三分在西社，四分迁居于柏树咀，五分迁居于营帖村。"又据本村（龙亭）民国廿四年（1935）《乔氏族谱》记载："乔氏迁龙亭首辈先人乔凯（万年之五分）其子名聚，聚又生五子，即乔宏、乔富、乔禹、乔玄、乔宣。"现乔家所有子孙，即大分和二分，分布于南龙亭前巷队、洞芝咀村、柏瑞村圪台上。从乔凯至今，乔氏一门已繁衍十三辈人百多户，一千四百多人。

乔氏家庙修建于清代，具体修建年代不详，重建年代不详。

图1　乔氏家庙砖墙立面

图2　乔氏家庙院内景

图3　乔氏家庙中殿

图4　乔氏家庙山门木雕

图5　乔氏家庙石雕

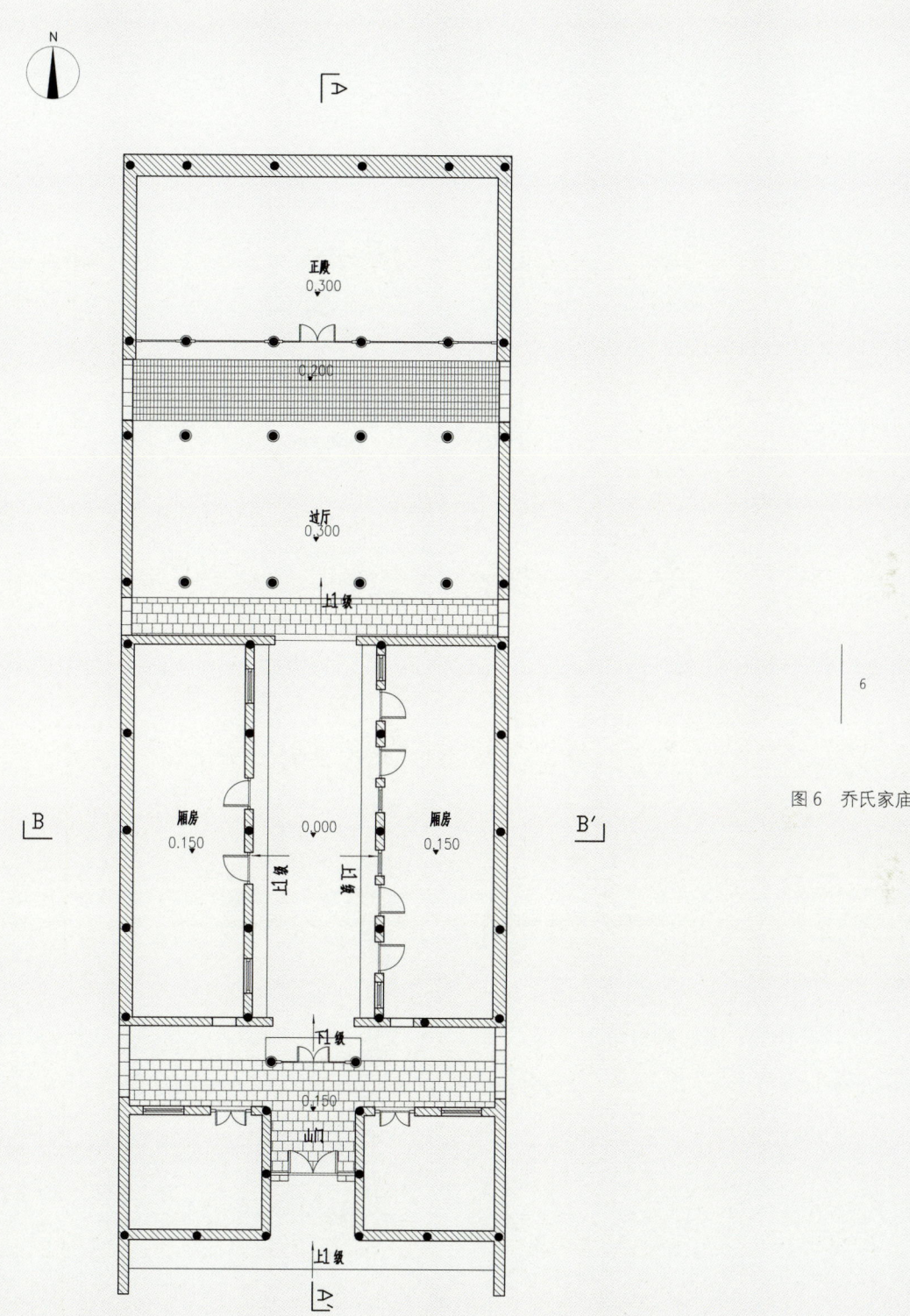

图6 乔氏家庙总平面图

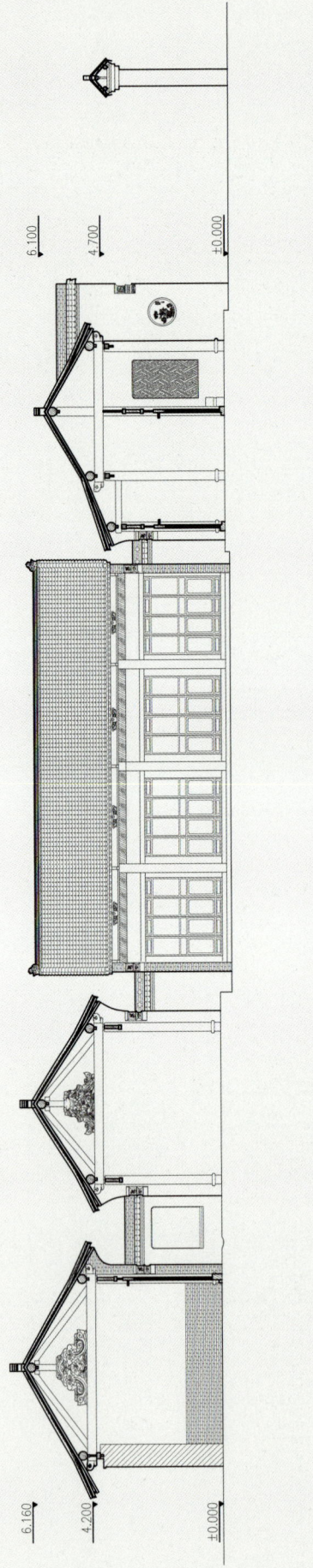

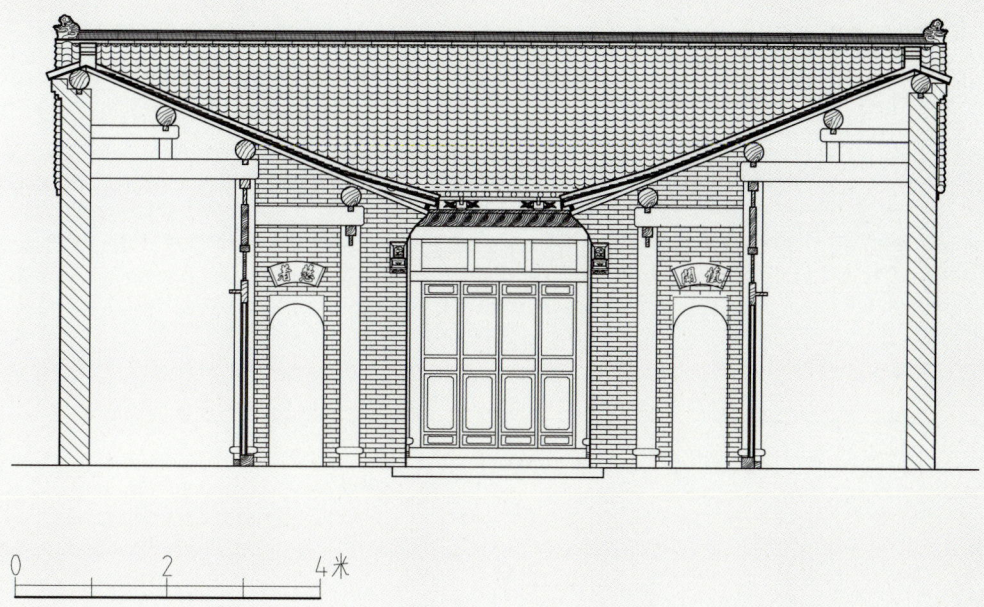

图 7　乔氏家庙 A-A' 剖立面图

图 8　乔氏家庙 B-B' 剖立面图

图 9　乔氏家庙正殿立面图

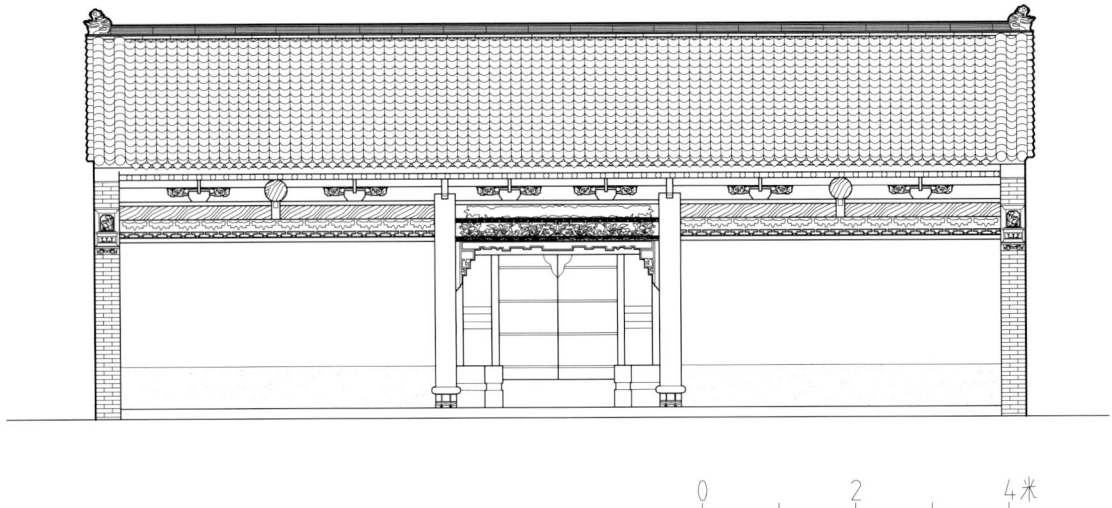

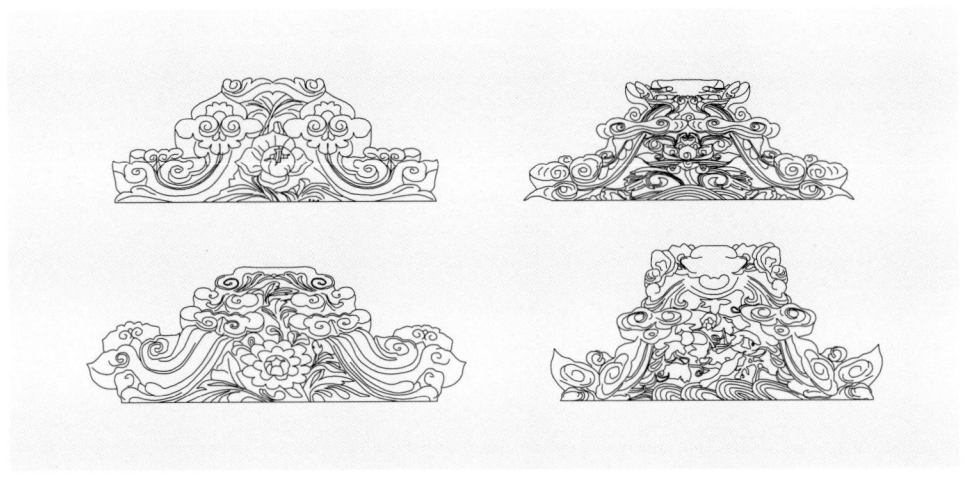

图 10　乔氏家庙山门立面图
图 11　乔氏家庙柁墩大样图
图 12　乔氏家庙墀头大样图
图 13　乔氏家庙雕花大样图

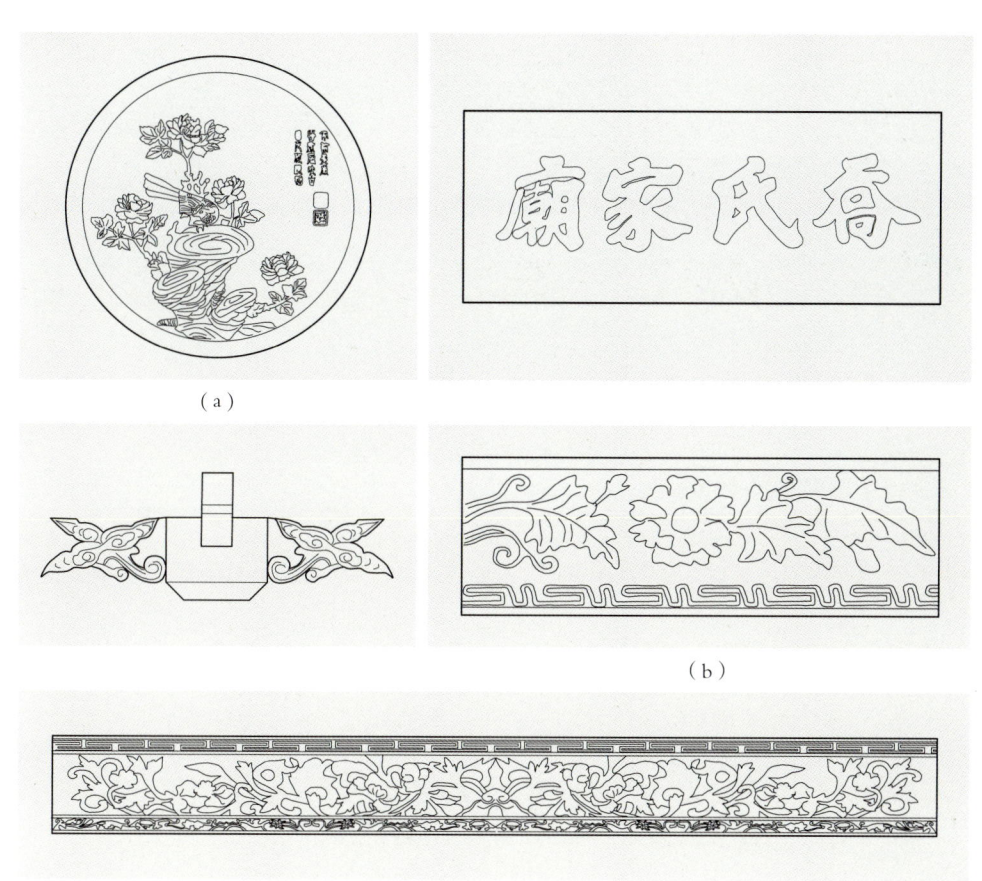

图 14 乔氏家庙雕花大样图（a）
图 15 乔氏家庙牌匾大样图
图 16 乔氏家庙斗拱大样图
图 17 乔氏家庙雕花大样图（b）
图 18 乔氏家庙雕花大样图（c）

四、建筑装饰艺术

（1）平平安安。古时方桌称"案"，"瓶"与"平"，"案"与"安"谐音，意为平平安安。

（2）云纹。"云"与"运"读音相近，代表幸运运气。云纹和蝙蝠纹组成的图案叫做福运，如果此图是在大门上则被称作福运临门、福运天来。

（3）万字纹，即"卍"字形纹饰，是古代一种符咒。

（4）宝瓶。或说花瓶，寓意平安。翠绿的树叶代表勃勃生机，寓意生命之树长青。

(a) (b)

(a)

图 19　乔氏家庙牌匾

图 20　乔氏家庙柁墩

图 21　乔氏家庙堞头（a）

图 22　乔氏家庙堞头（b）

图 23　乔氏家庙墙雕（a）

图 24　乔氏家庙雕花

图 25　乔氏家庙墙雕（b）

图 26　乔氏家庙墙雕（c）

图 27　乔氏家庙墙雕（d）

(b)　　　(c)　　　(d)

党氏二门祠堂

陕西省渭南市韩城市西庄镇党家村

一、建筑区位分析

党氏二门祠堂位于陕西省渭南市韩城市西庄镇党家村（该文物点经纬度为 35°53′N，110°48′E）。

党家村位于陕西省韩城市东北方向，是泌水河谷地之阳高岸上形似"葫芦"的风水宝地，地处关中平原东北隅，地势西北高，东南低。西部深山多为梁状山岭。

二、建筑空间结构

党氏二门祠堂，坐北朝南。西祠正殿面阔三间9.7米，进深5.4米；西厢房面阔三间6.5米，进深4.2米；东厢房面阔三间6.5米，进深2.7米。东祠正殿面阔三间9.7米，进深5.4米；西厢房面阔三间6.5米，进深2.7米；东厢房面阔三间6.5米，进深2.7米。

三、建筑空间记忆

据记载，党家村始祖于元至顺二年（1331）只身从关中朝邑（今属陕西省渭南市大荔县）来到韩城东阳湾，靠种庙田糊口。经过多年苦心经营，站稳了脚跟。其孙考中举人，从此党家人丁兴旺、家道昌盛，此地遂被命名为党家村。

后来党贾两姓联姻，共同生活在这里，两大家族甘苦共济、共谋发展，逐渐形成了具有"世界民居瑰宝"美誉的党家村。

党氏二门祠堂始建于明清时期，是现在保存较好的明清祠堂之一。

图1　党氏二门西祠堂正殿

图2　党氏二门西祠堂山门

图3　党氏二门东西祠堂总平面图

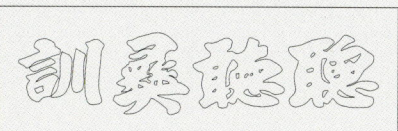
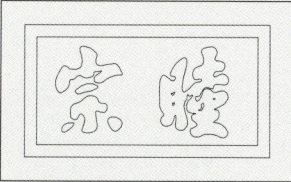

		图6 党氏二门东西祠堂山门立面图	图9 党氏二门东西祠堂牌匾大样图
6	8	图7 党氏二门东西祠堂楹联大样图	图10 党氏二门东西祠堂雕花大样图
7	9 10 11	图8 党氏二门西祠堂墀头大样图	图11 党氏二门西祠堂柁墩大样图

(a)

(a)

(b)

(b)

(a)

(b)

(c)

图 12　党氏二门西祠堂侧门（a）　　图 17　党氏二门西祠堂侧门（b）
图 13　党氏二门西祠堂厢房　　　　图 18　党氏二门西祠堂墀头（a）
图 14　党氏二门西祠堂窗（a）　　　图 19　党氏二门西祠堂墀头（b）
图 15　党氏二门西祠堂窗（b）　　　图 20　党氏二门西祠堂墀头（c）
图 16　党氏二门西祠堂房门

四、建筑装饰艺术

喜鹊。在中国,喜鹊是自古以来深受人们喜爱的鸟类,是好运与福气的象征,象征喜事临头。因为古人认为,喜鹊一年到头,不管是鸣还是唱,不管是喜还是悲,不管是在地上还是在枝头,不管是年幼还是衰朽,不管是临死还是新生,发出的声音始终都是一个调、一种音。喜鹊的叫声也有着美好的寓意,喜鹊的叫声为"喳喳喳喳,喳喳喳喳",意为"喜事到家,喜事到家",所以喜鹊在中国民间是吉祥的象征。而碑刻中的"鹊登高枝",喻示一个人节节向上、出人头地。

| 21 | 22 | 23 |
| 24 | 25 |

图 21　党氏二门西祠堂雕花（a）
图 22　党氏二门西祠堂室内构架
图 23　党氏二门西祠堂院
图 24　党氏二门西祠堂室内图
图 25　党氏二门西祠堂雕花（b）

（a）

（b）

张氏祠堂

陕西省渭南市韩城市芝阳镇张家庄村

一、建筑区位分析

张氏祠堂位于陕西省渭南市韩城市芝阳镇张家庄村（该文物点经纬度为 35°36′N，110°33′E）。

芝阳镇因地处芝水之北而得名，芝阳镇气候属暖温带大陆性季风气候，地势西高东低。其东部为黄土台塬，西部为丘陵沟壑区。

二、建筑空间结构

张氏祠堂，坐北朝南。正殿为硬山顶建筑，面阔三间10.8米，进深6.6米；东西厢房为硬山顶建筑，面阔三间6.9米，进深4.0米。

三、建筑空间记忆

张家庄地处芝阳镇西南 1 公里处，相传四百多年前，张氏家族从山西老槐树底搬迁至崀东小西庄村，百年以后，张氏弟兄 4 人随母迁至现今的张家庄村安家乐居。

张氏祠堂修建于明清两代，具体修建年代不详，重建年代不详。

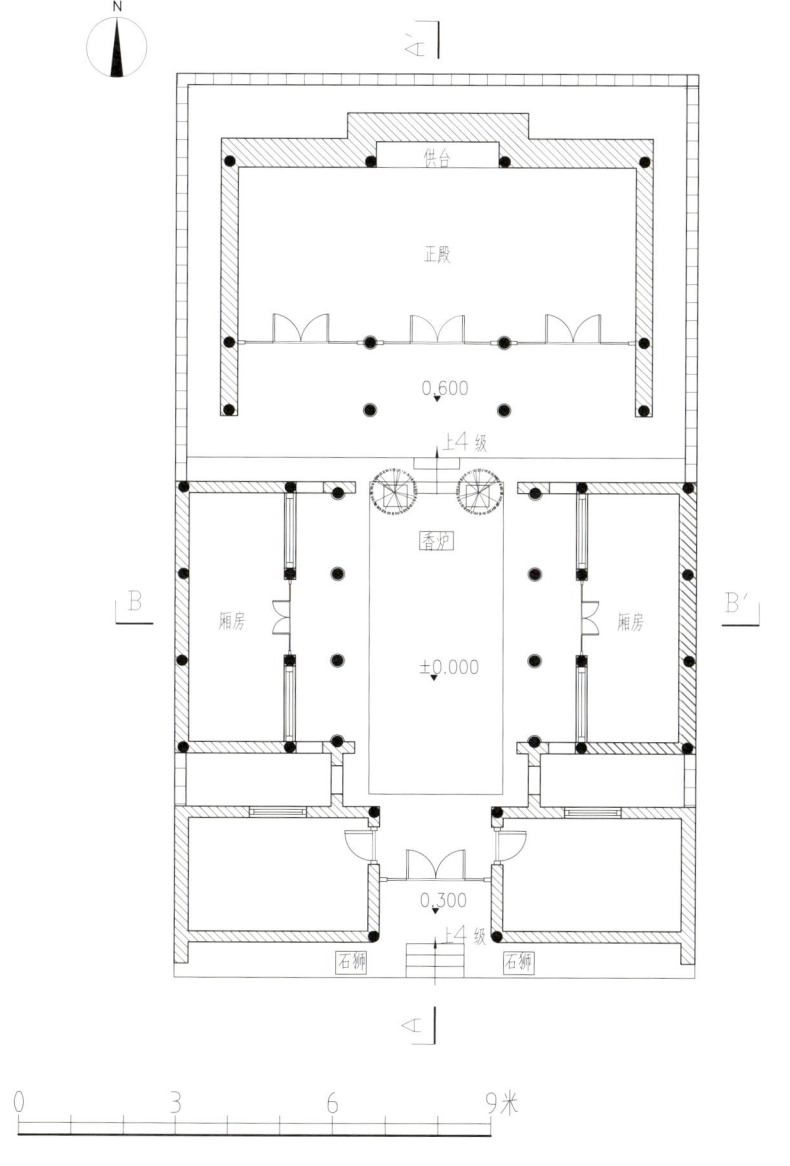

1	2	3
		4

图 1　张氏祠堂屋顶结构

图 2　张氏祠堂祭祀用品

图 3　张氏祠堂正殿

图 4　张氏祠堂总平面图

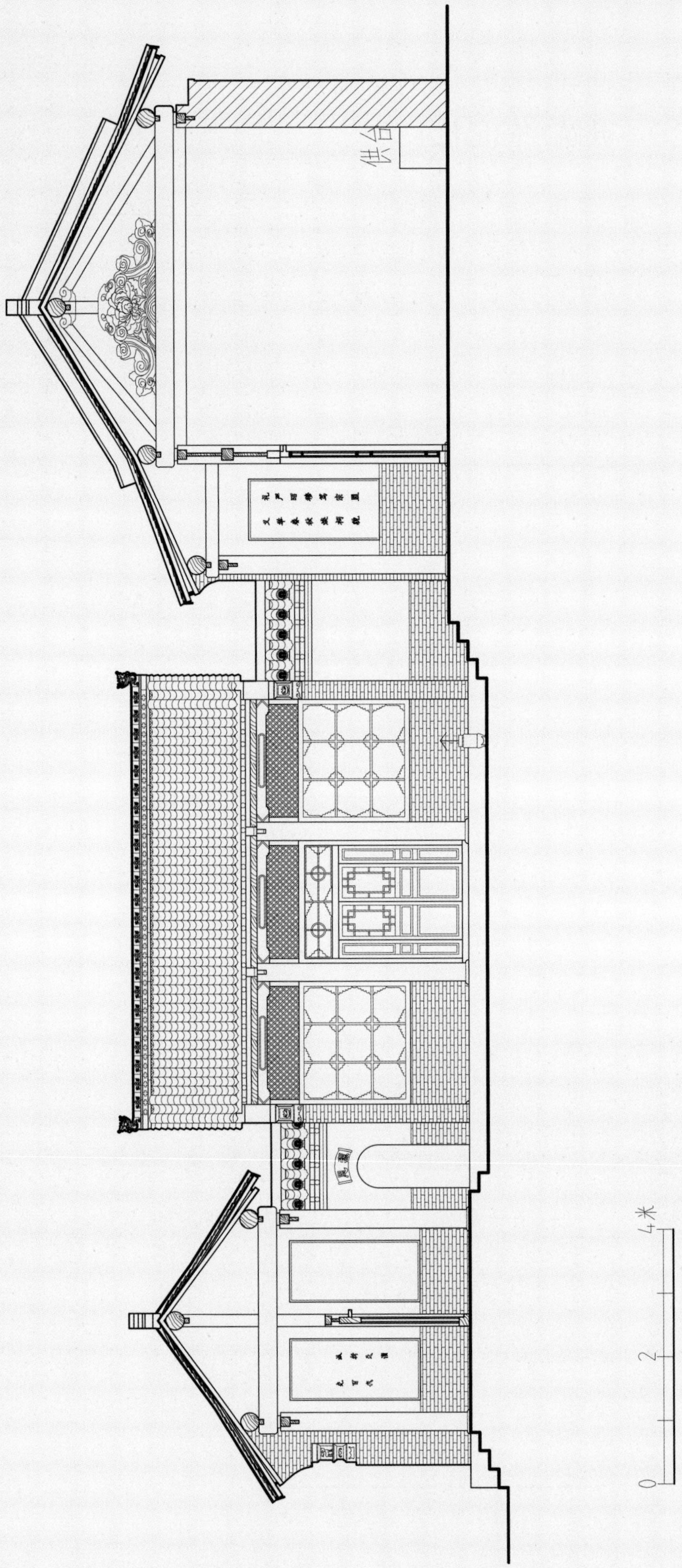

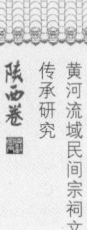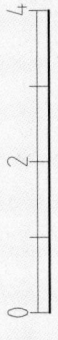

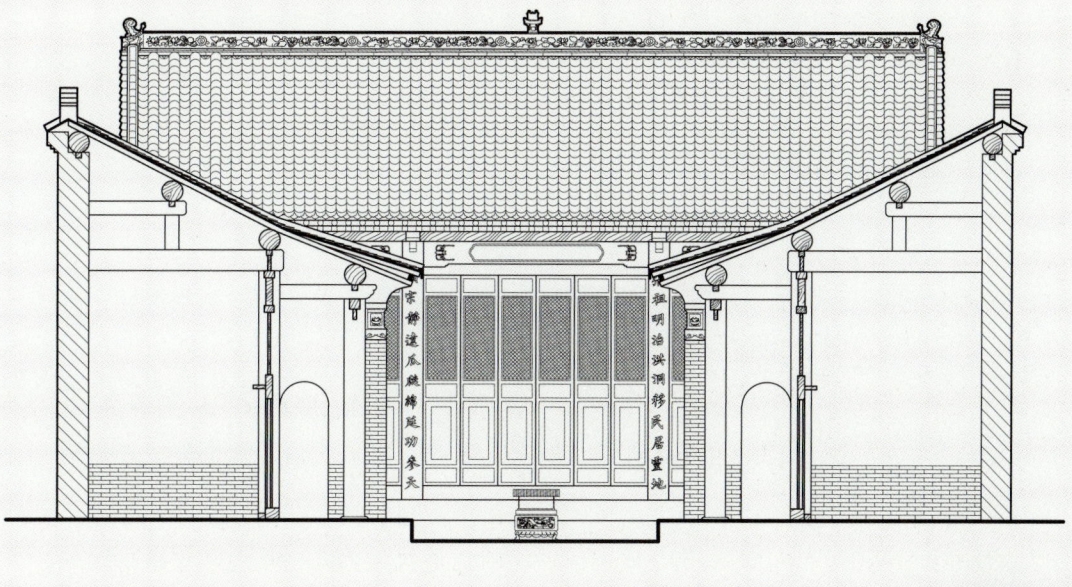

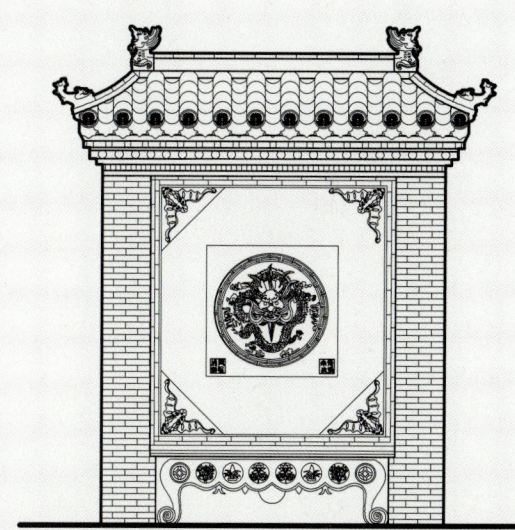

图 5　张氏祠堂 A-A' 剖立面图
图 6　张氏祠堂 B-B' 剖立面图
图 7　张氏祠堂照壁立面图
图 8　张氏祠堂山门立面图

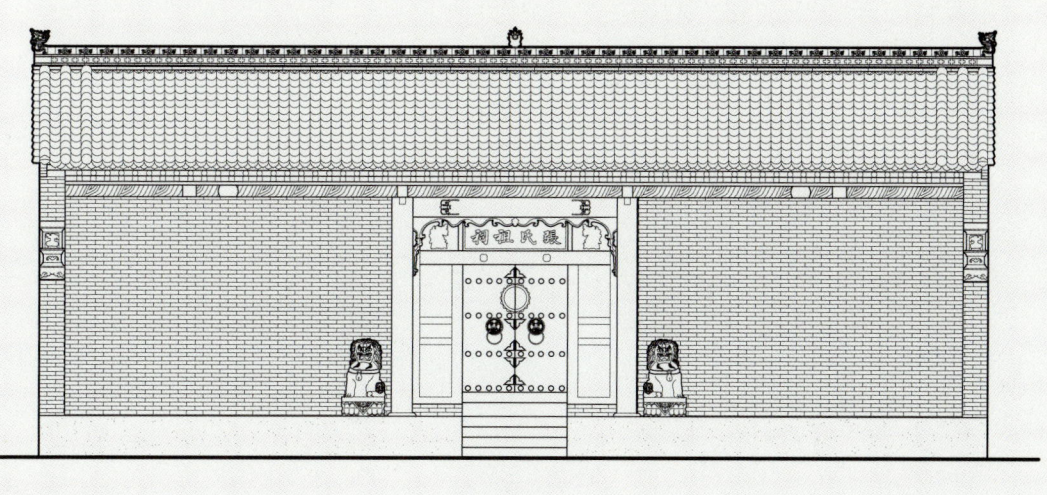

四、建筑装饰艺术

（1）狮子。相貌凶猛，勇不可当，威震四方，是百兽之王。中国古人认为狮子不但可以辟邪，而且还可以带来祥瑞之气。吉祥图案中的双狮戏绣球，寓意生生不息，家族繁盛，社会繁荣。

（2）鸳鸯。红毛翠鬣，巧丽艳美，其雌雄偶居不离，雍雍相鸣，肃肃其羽，素有"匹鸟"之称。自古以来人们就以亲昵无间、出双入对的鸳鸯象征夫妻的相亲相爱。

（3）莲花。莲花即青莲，青莲与"清廉"谐音，因此荷花也被用以比喻为官清正，不与人同流合污，这主要是指在仕途中。它纵使是在污浊的环境中也能洁身自好，保持自己高尚的品德，这也是一种君子行为的象征。民间有许多由莲花衍生出来的意象，例如由青莲和白鹭组成的图案，被称为"一路清廉"。

（4）龙。在中国古代龙是九五之尊，四灵之首，作为历代皇家的象征，也是天子的代表，象征着权势和尊贵，龙还与汉字"隆"谐音，寓意佩戴者生意兴隆，富贵吉祥。

（5）鹿。因为"鹿"和"禄"的发音一样，长久以来人们还把它跟"爵禄"

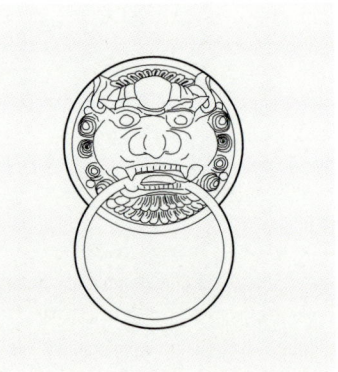

图9　张氏祠堂照壁大样图

图10　张氏祠堂门环大样图

联系在一起，成为一种非常吉祥的动物，并且在许多神话故事中都有鹿的身影。尤其是梅花鹿，梅花鹿长长的鹿角营造出一种很有趣的神话意味。无论是鹿的角还是身上漂亮的斑点花纹，还是其健壮而又修长的四肢，尤其是鹿天生的善良、内敛、优美的气质，都是值得人们赞扬的。鹿除了神话传说之外，还和政治方面有着十分密切的关系，鹿死谁手和逐鹿中原，表示一种争夺天下的意思，这种在政治上的重要代表意义，跟古人认为鹿身上具有神奇的力量有着很大的关系。

11
12 13 14

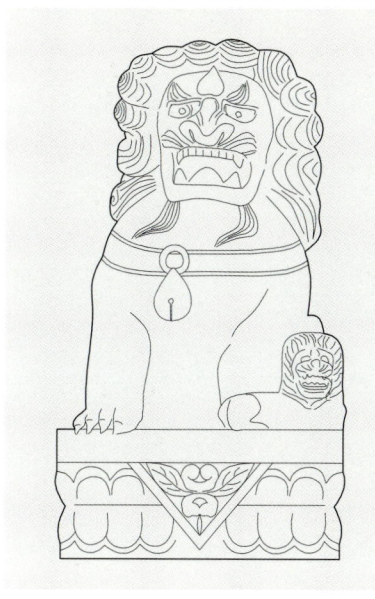

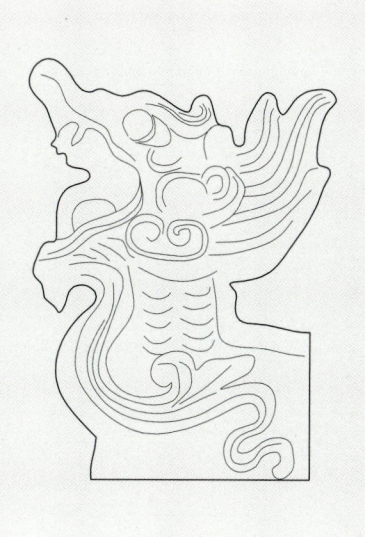

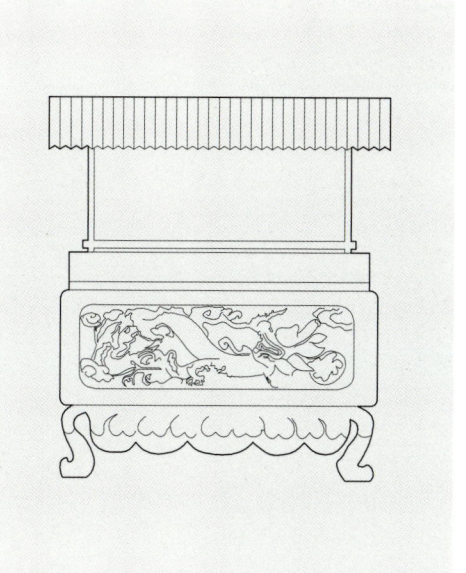

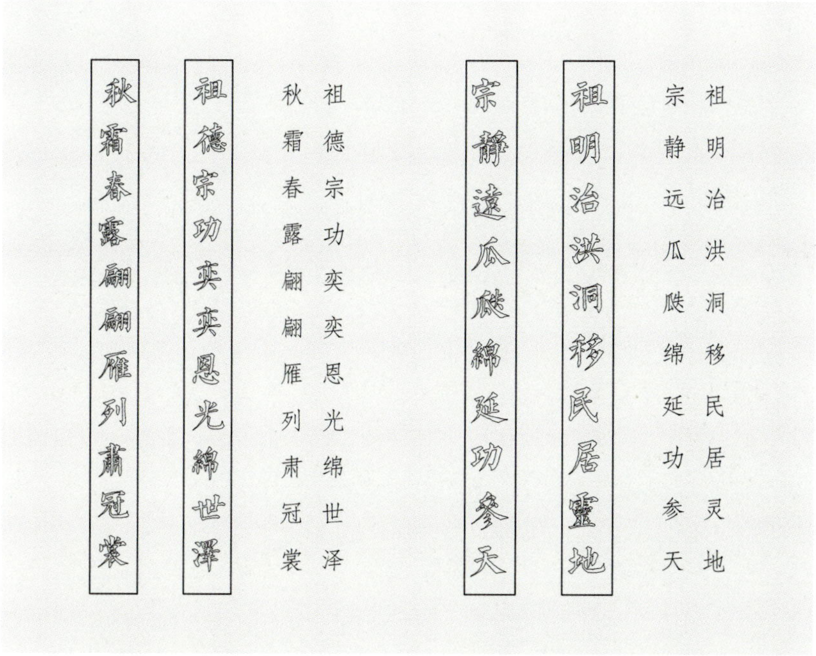

图 11　张氏祠堂楹联大样图

图 12　张氏祠堂石狮子大样图

图 13　张氏祠堂鸱吻大样图

图 14　张氏祠堂香炉大样图

图15　张氏祠堂石狮子　　图19　张氏祠堂院景
图16　张氏祠堂墀头（a）　图20　张氏祠堂照壁
图17　张氏祠堂墀头（b）　图21　张氏祠堂石刻（a）
图18　张氏祠堂牌匾　　　图22　张氏祠堂石刻（b）

（a）

（b）

（a）

（b）

胡家祠堂

陕西省渭南市韩城市金城街道东彭村

图1　胡家祠堂外檐构件

一、建筑区位分析

胡家祠堂位于陕西省渭南市韩城市金城街道东彭村（该文物点经纬度为 35°44′N，110°40′E）。

金城街道，地处韩城市中部，东、北与新城街道相连，南连芝川镇，西接板桥镇，下辖7个社区、17个建制村。金城街道交通便利，108国道、西韩铁路横贯南北。

二、建筑空间结构

胡家祠堂，坐北朝南。正殿为硬山顶建筑，面阔三间10.9米，进深8.6米。现存建筑损毁严重。

三、建筑空间记忆

东彭村胡家发达于金元时期。高祖洛阳人，任祯州刺史，娶东彭胡氏女为妻，至仕后落籍东彭。后裔胡铭华，在宜君经商，咸知"若要富，须经商"之理。后辈子孙胡敬宜、胡增祥等，抛弃田庄，整日骑马外出，寻找商机。后发现黄龙白马滩一带是经商的好地方，当地山高树茂、土地阴湿肥沃，适宜杂粮花麻种植，且外地逃荒人多集于此，有富余劳力。胡增祥就在此地兴办了"通顺号"粮店，雇用胡敬堂等人在此经营，并大量购买土地，又组织骡马帮专门运送粮、麻到外地经销，从而获利无算。经过几年运营，使耕田面积达方圆四十多里，有九沟十八叉之称，佃户数以万计，楼阁万椽，富甲一方。

胡家祠堂修建于明清两代，具体修建年代不详，重建年代不详。

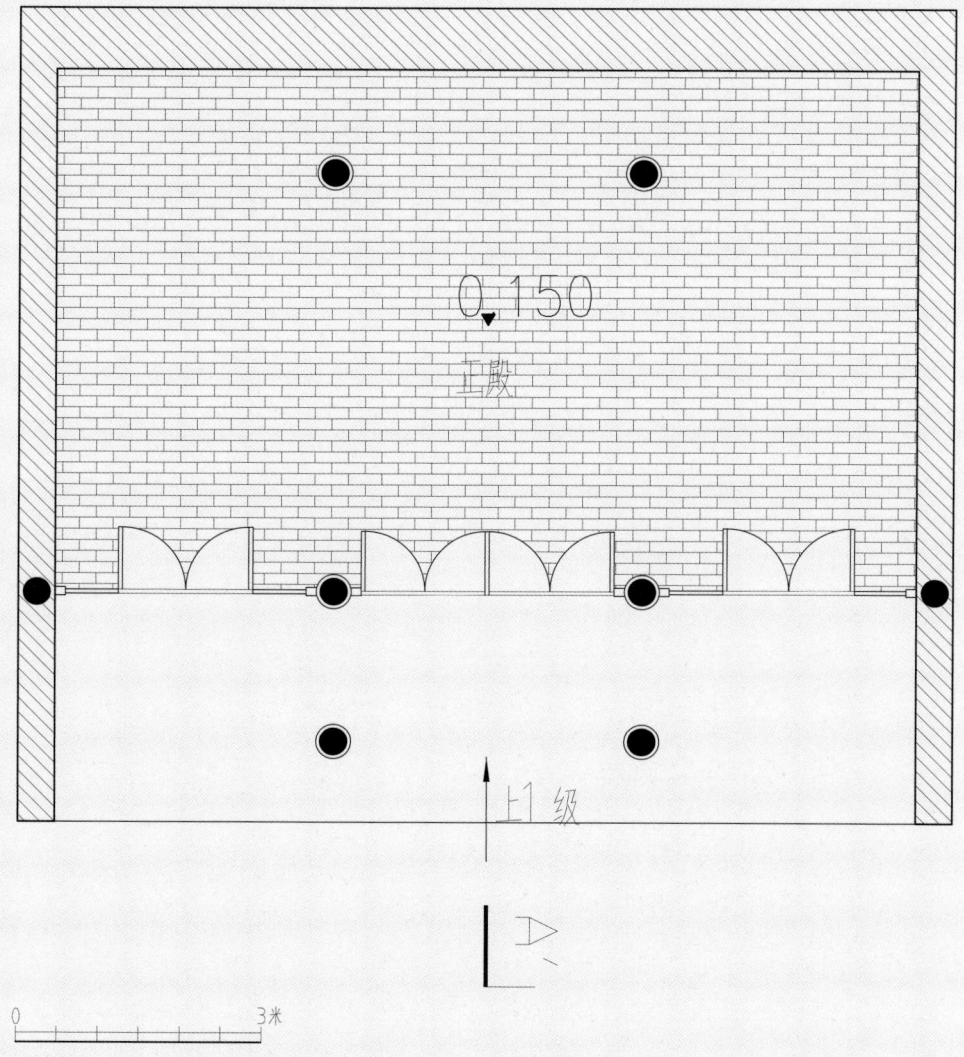

图 2 胡家祠堂正殿内部

图 3 胡家祠堂正殿

图 4 胡家祠堂总平面图

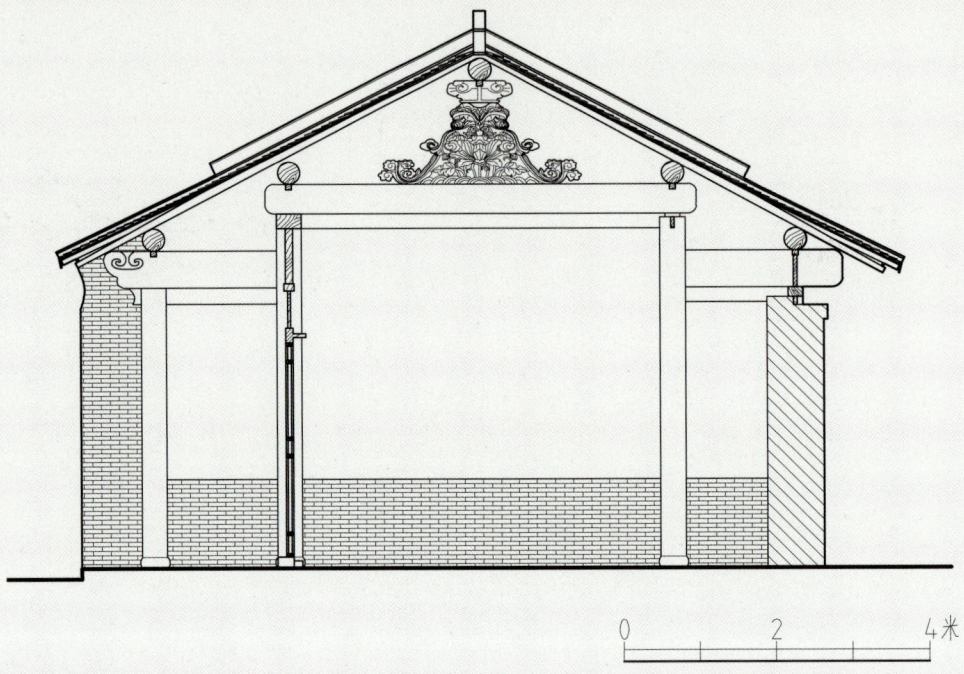

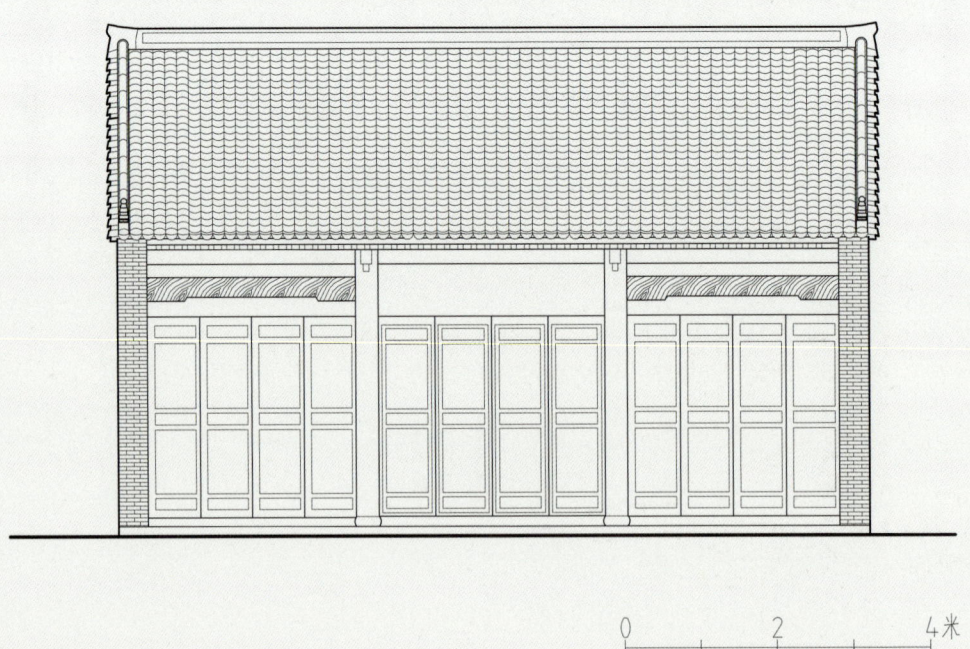

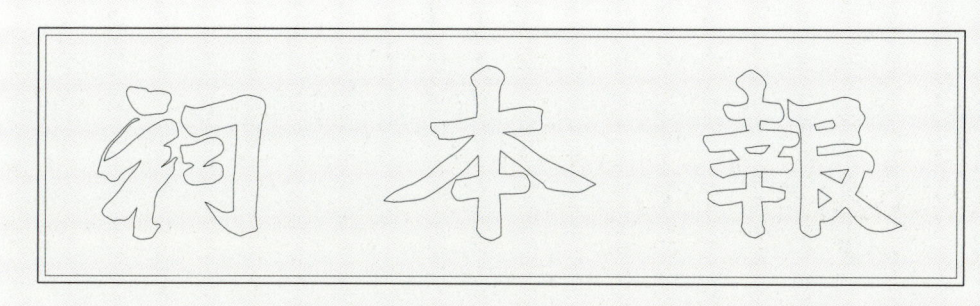
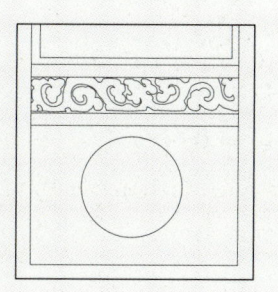

5	7
6	8

图 5　胡家祠堂正殿剖面图

图 6　胡家祠堂正殿立面图

图 7　胡家祠堂牌匾大样图

图 8　胡家祠堂柁墩大样图

四、建筑装饰艺术

"寿"字变体。在中国古代传统文化中，人们认为"福禄寿喜财"为生活的最好追求，而五福中只有寿有上限，反映了古代人们渴望长寿、珍爱生活的理想追求。

(a)

(b)

图9 胡家祠堂屋顶结构图
图10 胡家祠堂牌匾
图11 胡家祠堂柁墩雕花细节（a）
图12 胡家祠堂柁墩雕花细节（b）

雷家祠堂

陕西省渭南市韩城市西庄镇雷许庄村

一、建筑区位分析

雷家祠堂位于陕西省渭南市韩城市西庄镇雷许庄村（该文物点经纬度为110°17′，35°44′）。

西庄镇位于陕西省渭南市韩城市北部，西庄镇地处关中平原与陕北黄土高原的过渡地带，地势西高东低，气候属暖温带大陆性季风气候。境内东部为黄土台塬区，西部为丘陵沟壑与黄龙山地深山林缘。

二、建筑空间结构

雷家祠堂，坐北朝南。正殿为硬山顶建筑，面阔三间9.6米，进深8.8米。现存建筑损毁严重。

三、建筑空间记忆

雷氏现存家谱为清光绪十一年（1885）重录，上有上庠生雷绰之《附记》。《附记》云："旧簿有明万历元年年号与康熙元年字迹。"雷许庄因宋元时期雷氏久居于此而得名，雷氏世代

图1 雷家祠堂正殿

为官，家谱尚存。其序曰："吾族，本金牙令公之苗裔也。"公讳德骧，出仕宋太祖朝，位为上公，重孙雷简夫荐三苏与欧阳公，公再荐之于皇帝，三苏声名日隆，雷氏功不可没。

雷氏祠堂修建于明清两代，具体修建年代不详，重建年代不详。

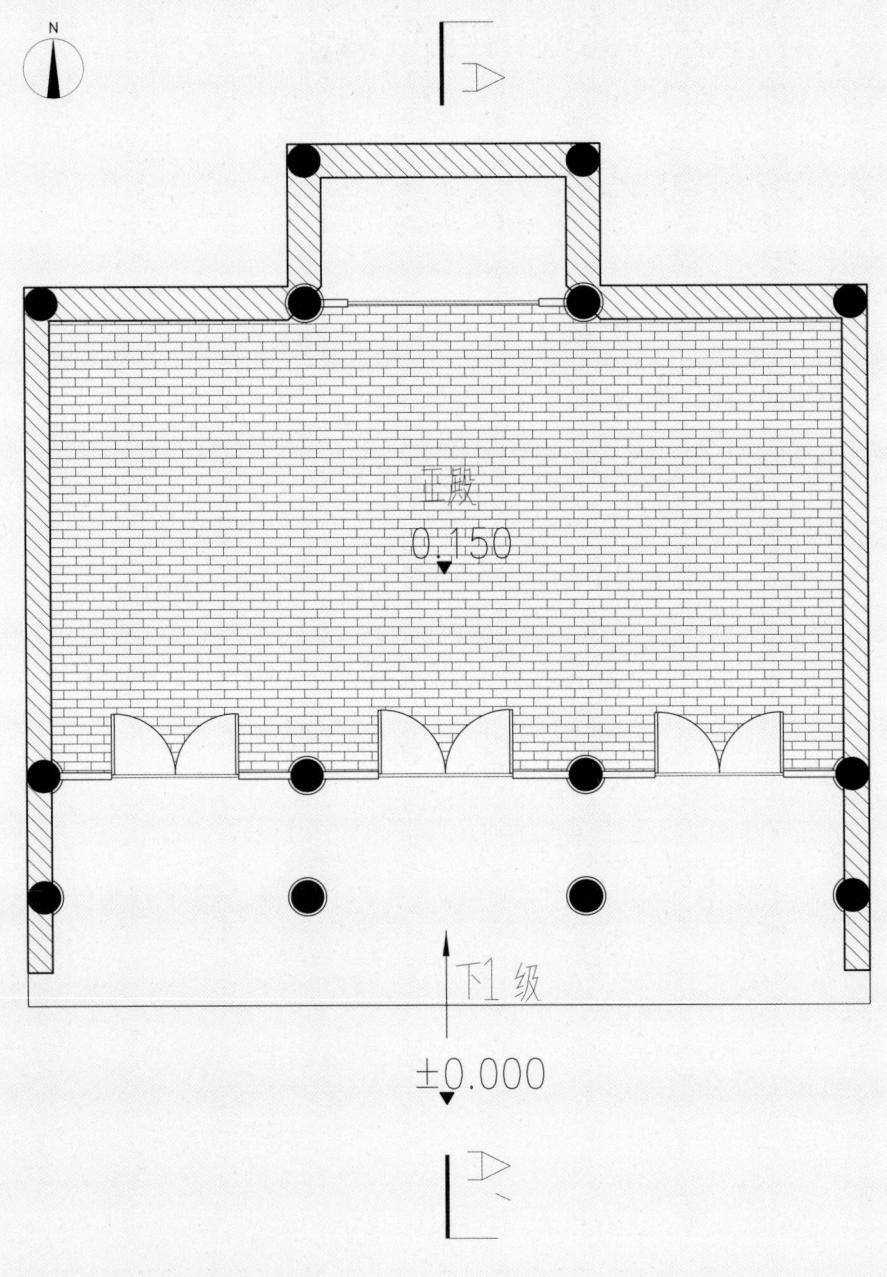

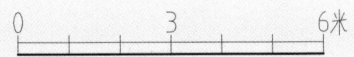

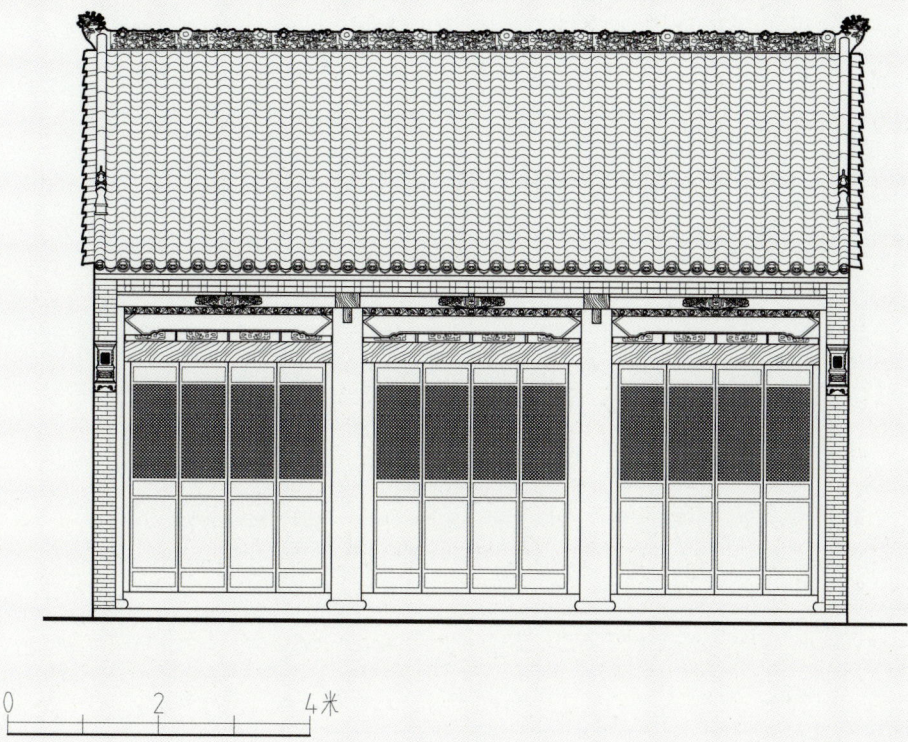

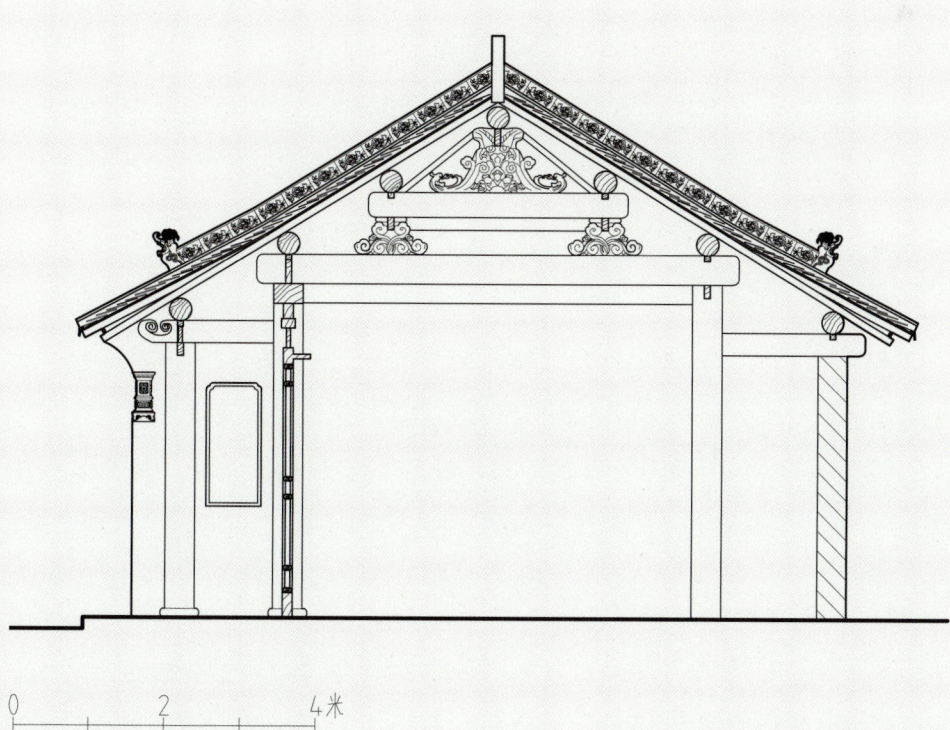

图2 雷家祠堂总平面图

图3 雷家祠堂正殿立面图

图4 雷家祠堂正殿剖面图

图5 雷家祠堂墀头大样图

图6 雷家祠堂柁墩大样图

图7 雷家祠堂雕花大样图

四、建筑装饰艺术

（1）望日莲。又称太阳花，转枝莲或盘莲，永清霸州叫作望枝莲，是太阳神的象征，它能给人带来美好的希望，象征生活快乐幸福。

（2）莲花。一品清廉。一品，古代最高官阶名称。《国语·周语》："外官不过九品。"皇帝以下文武百官共分九级，是为九品；一品指最高一级。莲，荷花也。《尔雅·释草》："荷，芙渠……其实莲。"莲与荷常混用。古来赞美荷花之诗文甚多。宋周敦颐《爱莲说》之句："出淤泥而不染，濯清涟而不妖。"至今脍炙人口。"莲"与"廉"同音，寓意居高位而不贪，公正廉洁，这是旧时老百姓对清官的赞颂之词。

图8　雷家祠堂柁墩雕刻细节
图9　雷家祠堂内景
图10　雷家祠堂墀头细节
图11　雷家祠堂鸱吻细节

张氏祠堂

陕西省渭南市韩城市新城街道周原村

一、建筑区位分析

张氏祠堂位于陕西省渭南市韩城市新城街道周原村（该文物点经纬度为35°48′N，110°48′E）。

新城街道，地处韩城市新城区，因此而得名。东临黄河与山西省万荣县高村镇相望，南接金城街道，西依象山，与板桥镇相邻，北与昝村镇和西庄镇毗连。新城街道交通便利，108国道纵贯境内。西安至侯马铁路与108国道并行，在境内设有二等站韩城站。

二、建筑空间结构

张氏祠堂，坐北朝南。后殿面阔三间11.2米，进深5.3米；中堂面阔三间11.9米，进深9.1米；过厅面阔三间11.9米，进深4.3米；左右厢房面阔三间7.9米，进深2.8米。现存为二进院。

三、建筑空间记忆

韩城张家据说是汉代留侯张良后裔。自汉唐以来，张家分为十门（支）大户。居芝川一支以经营龙门、夏阳两个渡口而兴起，拥有船筏数百艘，主要靠贩运木材、煤炭而致富。后移居金城西街，人称张家巷，经营木器、京货、杂货、瓷器等，在明代就有十多个门面商号。

到清代雍正年间，居周原村张家一支，继续经营木材生意。后裔张学昌，在河南唐河县创办木材加工厂，起名"合和号"。到道光年间，达到鼎盛，成为唐河县首屈一指的富豪。张氏发家后，在河南购买了大量土地、房产，在韩城家乡也购置了大量田地、房院。之后又大兴土木，修建房院，建造祖祠，周原村张氏祖祠就是这时修建的。后张家又在城里创立"义和亨""和顺成"两大字号，各字号下又有多家店面。到韩城解放时"合和号"除拥有大批资产外，在韩城周原一带有土地九百八十余亩、房舍34院，在河南有土地3216亩、房屋一千二百多间。

张氏祠堂修建于清道光年间，重建年代不详。

图1 张氏祠堂院景

图2 张氏祠堂正殿

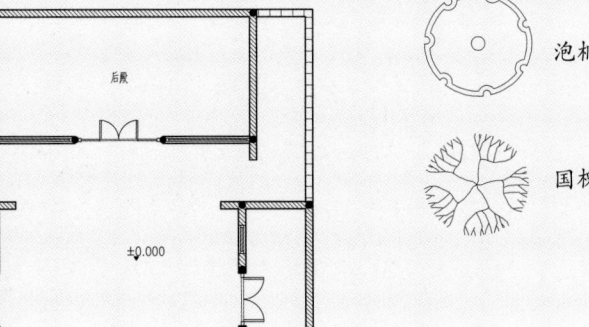

图 3　张氏祠堂总平面图

图 4　张氏祠堂 A-A' 剖立面图

图 5　张氏祠堂 B-B' 剖立面图

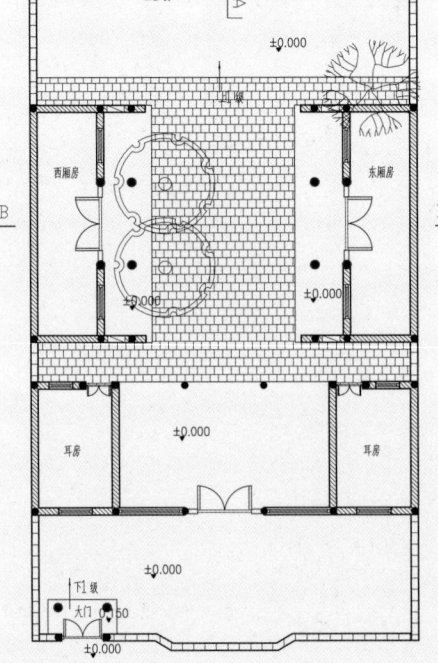

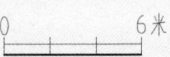

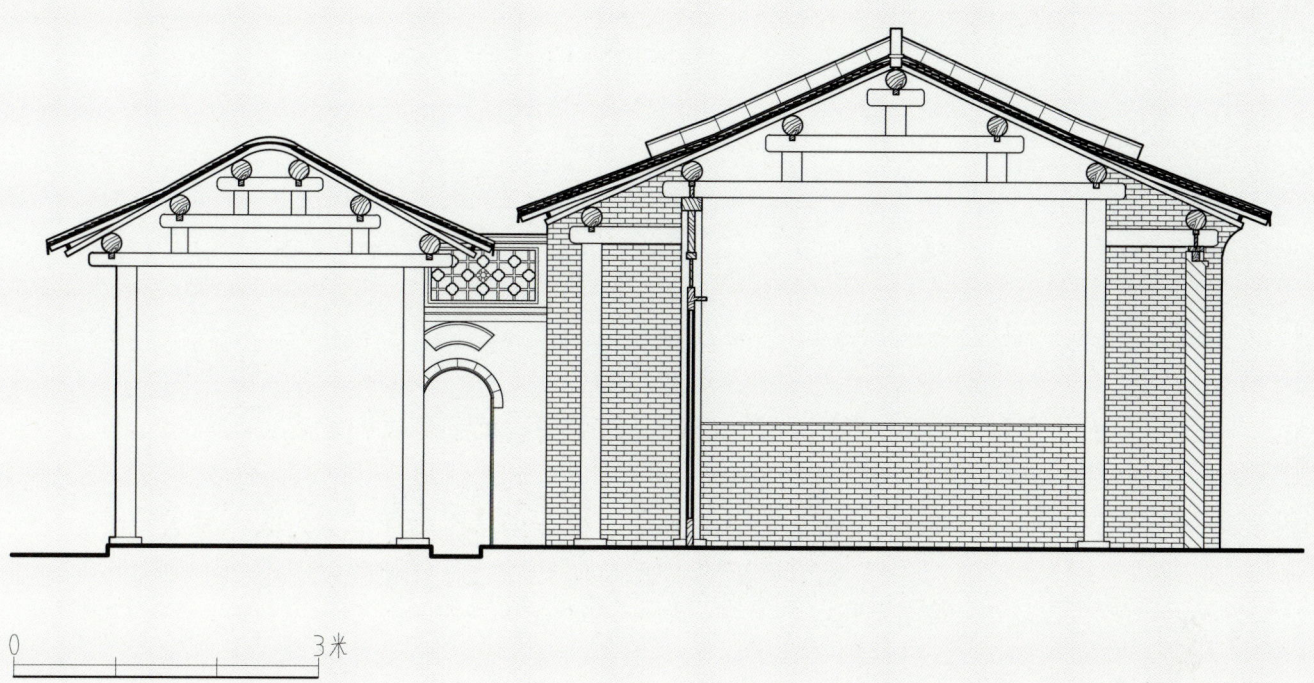

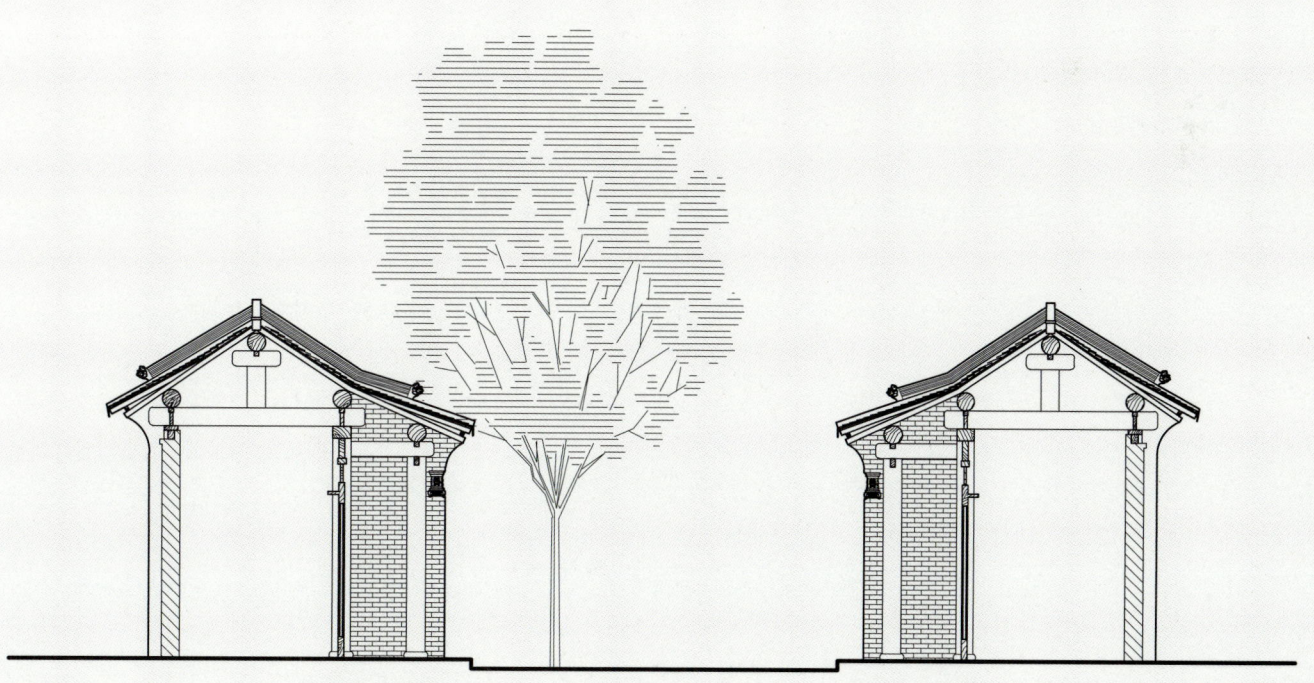

陕西省民间宗祠测绘图典选集　219

6 | 8 9
7

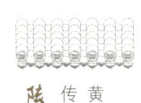

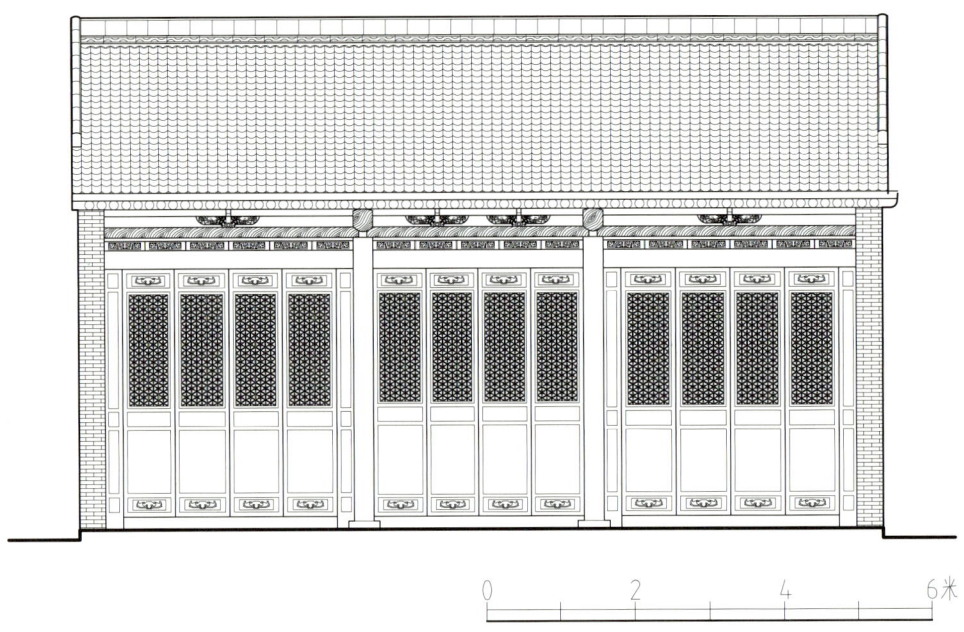

图 6　张氏祠堂中堂立面图

图 7　张氏祠堂斗拱大样图

图 8　张氏祠堂墀头大样图

图 9　张氏祠堂门板大样图

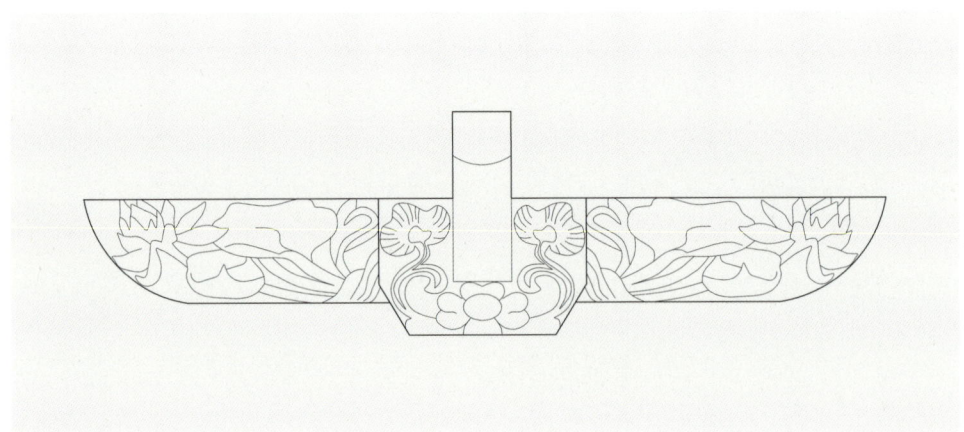

四、建筑装饰艺术

（1）莲花。莲花或说荷花一直都是以高洁的形象在传统文化中出现，寓意纯真洁白，古人也借此来表达自己忠贞不渝的气节。

（2）石榴。石榴是一种落叶乔木或灌木，通常对生或者簇生，无托叶，寓意为多子多孙、多子多福。

（3）双交四椀样式菱花。由两根或三根木棂条相交并在相交处附加花瓣而成为放射状的菱花图案。二棂相交者称"双交四椀菱花"；三棂相交者称"三交六椀菱花"。

（a）

（b）

（c）

（d）

图10 张氏祠堂墀头细节（a）
图11 张氏祠堂墀头细节（b）
图12 张氏祠堂墀头细节（c）
图13 张氏祠堂墀头细节（d）

图 14 张氏祠堂墙雕
图 15 张氏祠堂正殿山墙

陕西省民间宗祠测绘图典选集　223

卫祖祠

陕西省渭南市韩城市芝阳镇贺龙村

一、建筑区位分析

卫祖祠位于陕西省渭南市韩城市芝阳镇贺龙村（该文物点经纬度为35°39′N，110°35′E）。

芝阳镇地处韩城西南部，下辖25个建制村，境内河道属黄流域，主要河流有芝水河，自西向东从高坡村入境，流经清水、石佛、陶渠、西赵等村，至东赵村出境。

二、建筑空间结构

卫祖祠，坐北朝南。正殿面阔五间13.0米，进深6.4米；东厢房面阔六间12.2米，进深3.2米。

三、建筑空间记忆

据贺龙卫姓家谱记载，先祖始居河南省新野县新佃（田）堡人，后迁居山西省洪洞县北柴村（柴北村），至明朝初年有兄弟八人，名字分别是文、武、全、才、安、邦、定、国。明朝洪武六年（1373），全、邦两兄弟迁入陕西韩城，卫全迁至北乡渚头（今韩城市龙门镇渚北村），卫邦迁至南乡贺龙（今韩城市芝阳镇贺龙村）。另外还有散居韩城各地的卫姓后裔，迁居在贺龙的这支卫姓至今已632年，现已到二十二世，皆有家谱记载。

卫氏祠堂始建于明清时期，具体修建年代不详，重建年代不详。

图1　卫祖祠正殿

图2　卫祖祠屋顶结构

图3　卫祖祠房门

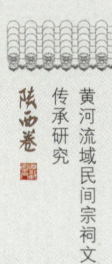

黄河流域民间宗祠文化传承研究 陕西卷

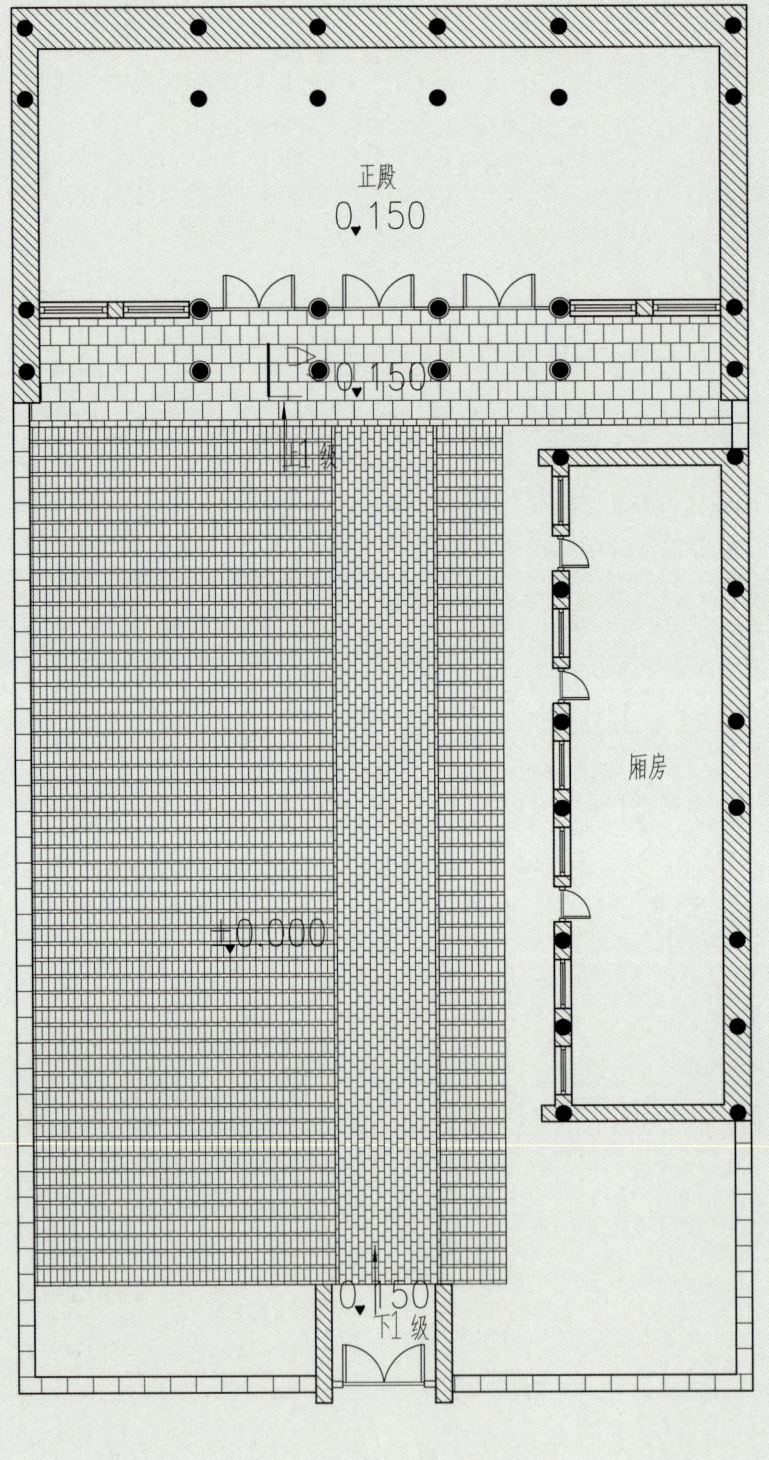

图4 卫祖祠总平面图

图5 卫祖祠 A-A' 剖面图

图6 卫祖祠正殿立面图

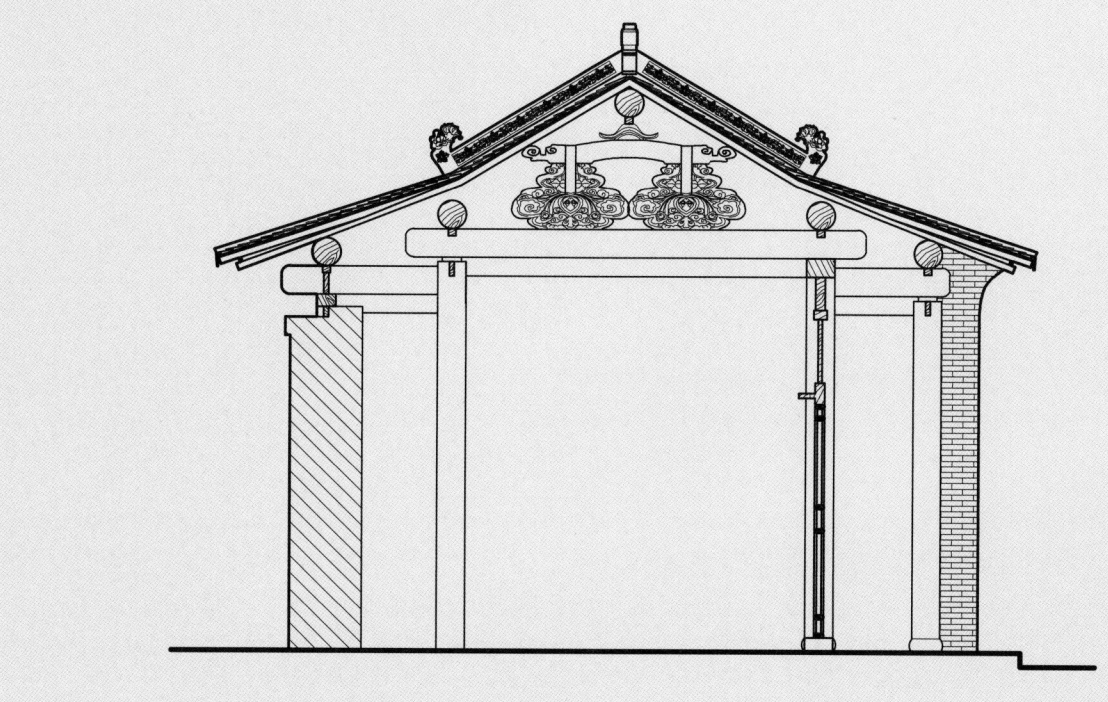

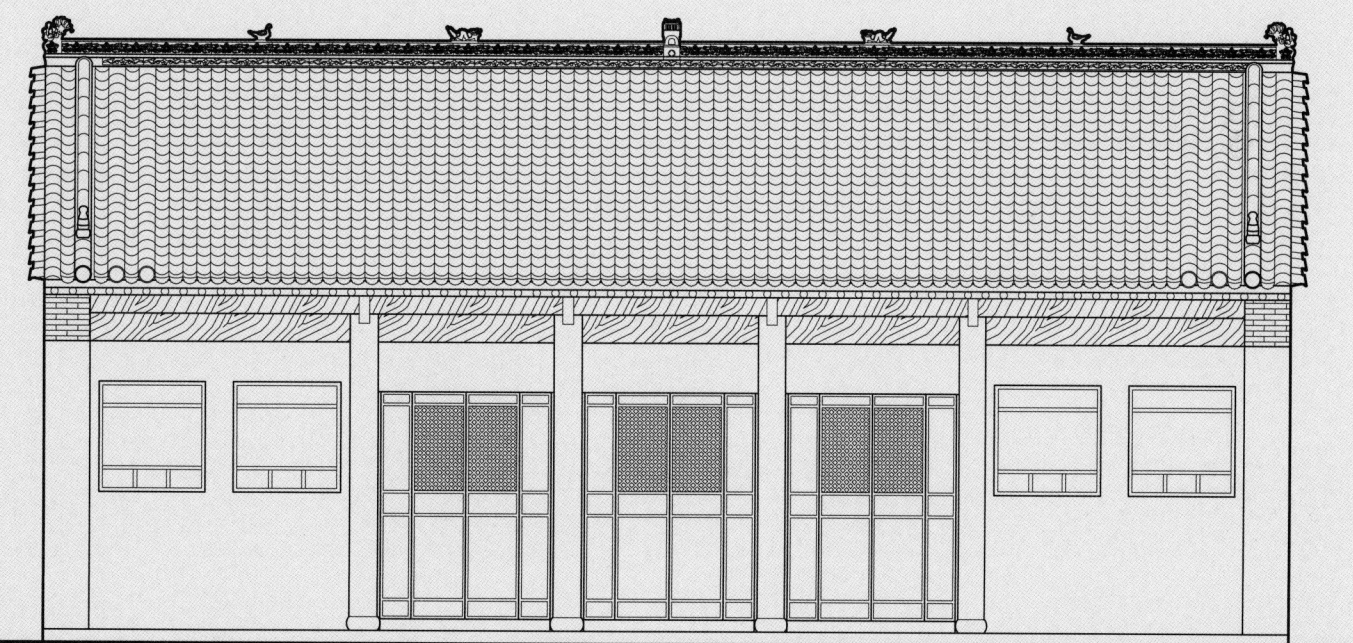

 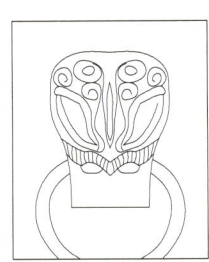

图7 卫祖祠牌匾大样图

图8 卫祖祠雕刻大样图

图9 卫祖祠柁墩大样图

四、建筑装饰艺术

（1）蔓草卷延。蔓草，带状藤蔓植物。"蔓带"与"万代"谐音。用象征吉祥的花草组成卷草形连续图案或四方连续图案，如"花草拐子""密环""剑环""连环"等。

（2）牡丹。玉堂，汉代殿名，亦作宫殿的通称。《三辅黄图·汉宫》载："建章宫南有玉堂……阶陛皆玉为之。"汉侍中有玉堂署，宋以后翰林院亦称玉堂。孙绰《游天台山赋》曰："朱阙玲珑于林间，玉堂阴映于高隅。"泛指富贵之家。"海棠"的"棠"与"堂"同音。海棠、牡丹组成图案喻"满堂富贵"，玉兰花、牡丹组成图案喻"玉堂富贵"。

（3）铺首。含有驱邪意义的汉族传统建筑门饰，大多冶兽首衔环之状，其形制，有冶蠡状者，有冶兽吻者，有冶赡状者，盖取其善守济。又有冶龟蛇状及虎形者，用来镇凶辟邪。兽首衔环之冶，商周铜饰上早已有之，是兽面纹样的一种，有多种造型，嘴下衔一环，用于镶嵌在门上的装饰，一般多作虎、螭、龟、蛇形等。汉代寺庙多装饰铺首，以驱妖避邪。汉族民间门上应用也很广，以表示避祸求福，祈求神灵像兽类一样保护自己家庭的人财安全。

图10　卫祖祠牌匾

图11　卫祖祠柁墩雕花

图12　卫祖祠门墩

重立卫祖墓碑记

人之有祖如木之有本水之有源故寻根问祖正本清源编史修志树碑立传载明世次传续世德乃出乎自然入乎义理之举而免数典忘祖之诮卫族得姓始祖姬封乃皇帝之裔帝喾之后文王之子武王之弟也始封康地世称康叔继封卫国史称卫侯传位四十余代立国八百余年后裔以国为姓是为卫姓渊源后经多次迁徙遍布神州大地英贤将相世代不绝贺龙卫姓祖籍河南新野县新甸铺后迁山西太平县柴北村至明初有文武大地全才安邦定国兄弟八人洪武六年全处北乡渚头邦居南乡贺龙余则不知其所邦系明经进士配赵氏孺人为贺龙卫姓始祖邦生泰厚泰生文学文成文学生世强奉宜春吉依次为长门二门三门之首奉朝无后奉爵罔知文成绝嗣厚生子英为四门之宗长门又分之为长一门至长七门已至二十二世人口逾千明初邦祖之支脉迁县北张村已成盛族另有支派迁县城吕家坡芝川梯腊川小柳村孙家圪垯等地近代多人因参军从政就业定居全国各地邦祖与赵氏孺人合葬西坡老坟明初世强建西坡坟院清嘉庆二十一年阖户裔孙勒石堂邦祖碑历二百余年风雨一九五八年失而二〇〇四年复得时逢盛世阖户裔孙痛祖碑之湮没祖碑之重辉议复立于西坡老坟原址以寄追远报本敬祖思宗之情怀贺龙之裔孙邦祖迁居贺龙六百三十余年历代裔孙与各姓同属炎黄子孙卫姓后裔当继先祖神武天纵奋发图强忠国爱民和集仁厚之遗风同贺龙各姓和衷共济与时俱进开拓创新共建家园凡我卫姓村始建于宋真宗香山还愿驻跸得名全村各姓同运隆昌民族复兴之际此国运隆昌民族复兴之际天纵共济与时俱进开拓创新共建家园凡我卫姓裔孙定当铭记立碑之初衷勿负先祖谆谆之厚意十八世孙效中撰文

修葺祖碑祠筹建小组 建中 忠贤 生金 步俊 万欣 旺干 自强 永谦 海民

五福 勇耀 建坤

公元二〇〇六年清明谷旦

图13 重立卫祖墓碑记碑

任氏宗祠

陕西省渭南市蒲城县永丰镇东堡村

一、建筑区位分析

任氏宗祠位于陕西省渭南市蒲城县永丰镇东堡村（该文物点经纬度为 35°03′N，109°90′E）。

永丰镇位于陕西省渭南市蒲城县东部，地处渭北黄土高原沟壑区，地势东高西低，中部平坦，属暖温带大陆性季风气候。境内地形复杂，三面依塬，一面系水，素有"永丰川"之称。

二、建筑空间结构

任氏宗祠，坐北朝南。正殿面阔三间 9.9 米，进深 5.2 米。

三、建筑空间记忆

任氏一族原先居住于佛里村，在明朝中期时由山东济宁迁移此地，先祖为任成公，在此地已居住四百余年，繁衍二十三世，人口近千人，现村中的任姓几乎都为这一脉。任家家训为"和、诚、孝、正、勤、学"。

任氏祠堂始建于清康熙五十一年（1712），雍正十二年（1734）时期，公元 2016 年重建。

图1　任氏宗祠正殿

图2　任氏宗祠祠堂外景

图3　任氏宗祠墀头细节

图4　任氏宗祠总平面图

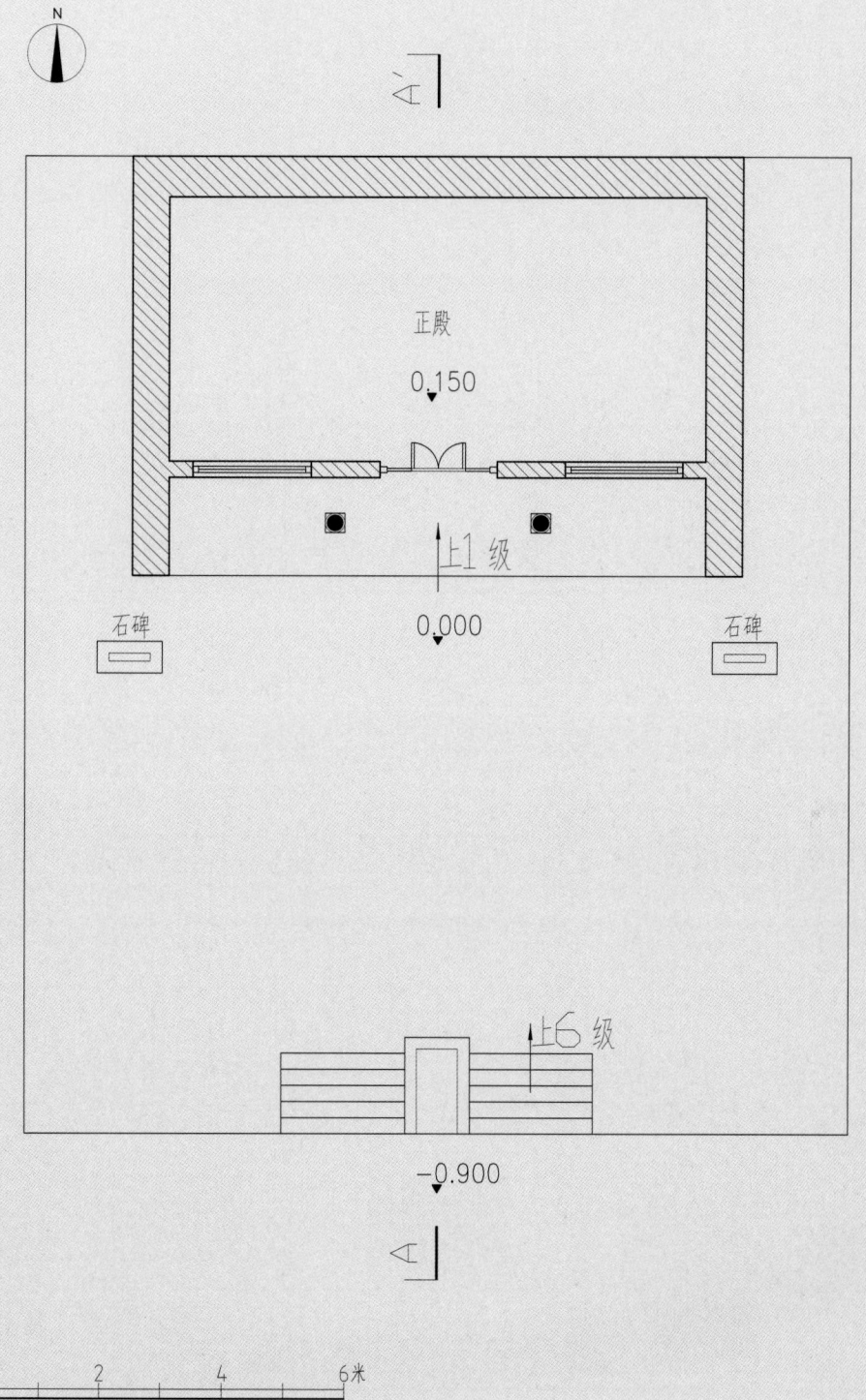

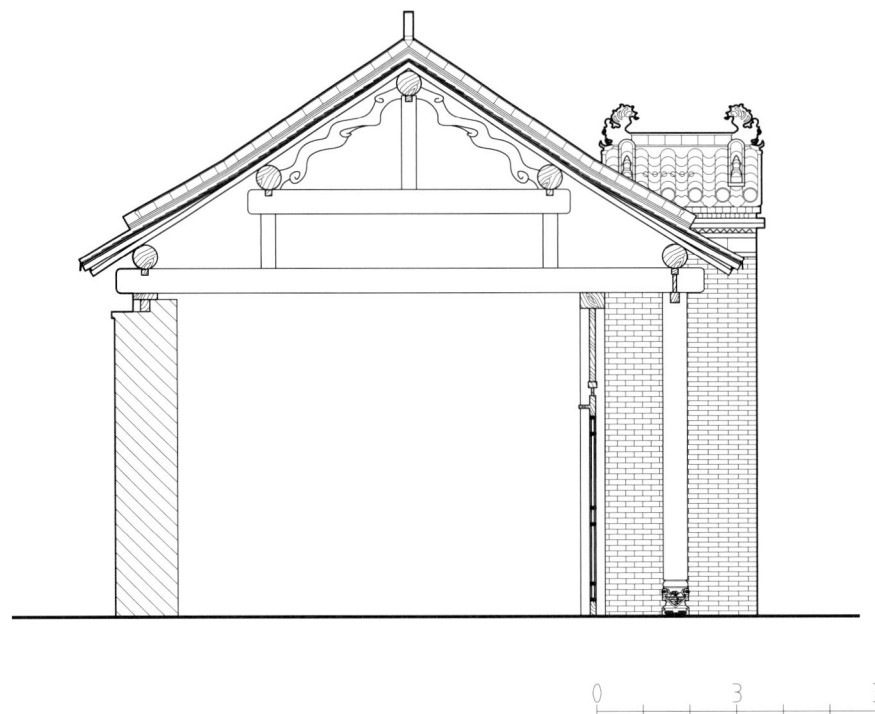

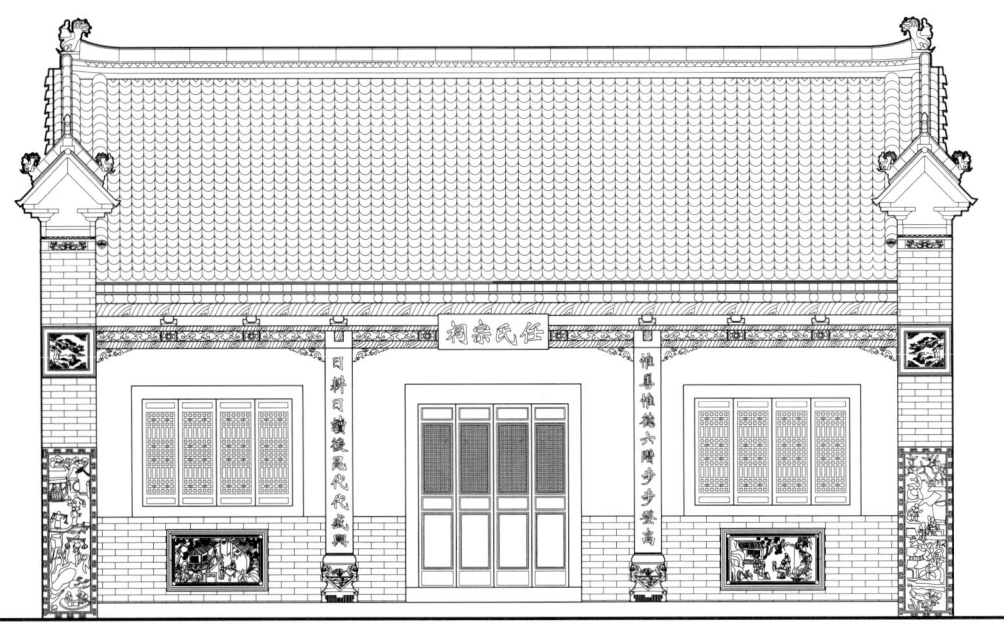

图 5　任氏宗祠正殿剖面图
图 6　任氏宗祠正殿立面图
图 7　任氏宗祠雕花大样图
图 8　任氏宗祠重建碑记碑

宗祠重建碑记

吾族源于山东济宁乃黄帝族氏宗系历代人才辈出贤杰秀淑不辍始祖成公自佛里迁徙至此临大峪河而居已四百余年矣迄今嗣六支衍二十三世人口逾千布九州旅海外历职农贸商贾仕进教育等人兴业鼎文昌武炽生生不息族应有祠以安先灵而崇祀典上至祖宗之灵魂可凭依下至子孙之礼拜有教场追根溯源敬老爱幼可得永锡先贤志士曾两度营造宗祠始建于康熙壬辰年雍正甲寅年续两座六间自下而上六阶石三躬进朱门赭阁气宇轩昂成方圆之名宇实本族之骄傲后年久失修渐次颓废吾辈安居乐业之所何以立德晚辈后秀呼吁重修宗祠族人唱和献策兴旺无瞻仰尽孝之所何以立片瓦寸土以报先人之恩何以立世吾族人丁献策谋定而动于丙申年（2016）春月正式奠基历时六十余日于旧址重建一幢三间大殿殿前筑有平台方三丈余殿前建有花园置西侧一古榆翘首园中一对石狮雄居殿前新祠飞檐翘首青砖黛瓦庄严肃穆浩气凛然颇多古风古韵乃众望之所归本敬宗缅怀先人香火延续弘扬道德和邻睦族荣辱与共富以济贫慈幼孝亲启迪后昆自强以达齐家报国宏愿望后裔记其义举特立碑永鉴

东堡村任氏后裔丙申年腊月同立

9	10	图9　任氏宗祠室内构架
	11	图10　任氏宗祠柱墩细节
		图11　任氏宗祠砖雕细节

四、建筑装饰艺术

（1）仙鹤。寓意延年益寿。与松树一起寓意松鹤延年。与鹿和梧桐寓意鹤鹿同春。仙鹤在古代是"一鸟之下，万鸟之上"，仅次于凤凰的"一品鸟"，明清一品官吏的官服编织的图案就是仙鹤。同时鹤因为仙风道骨，为羽族之长，自古被称为"一品鸟"，寓意第一。一品是古代最高官阶的名称，皇帝以下文武百官共分九级，一品最高。仙鹤也是鸟类中最高贵的一种鸟，代表长寿、富贵。传说它有几千年的寿命。仙鹤独立，翘首远望，姿态优美，色彩不艳不娇，高雅大方。

（2）儒家八德。从儒家八德"孝、悌、忠、信、礼、义、廉、耻"中可以看出，儒家八德将家族道德放在了首位，因为家是国之基，家和万事兴。家庭的稳定，对于社会的祥和与稳固起至关重要的作用。

张氏祠堂

陕西省渭南市韩城市芝川镇白家庄村

一、建筑区位分析

张氏祠堂位于陕西省渭南市韩城市芝川镇白家庄村（该文物点经纬度为 35°32′N，110°34′E）。

芝川镇，地处韩城市南部，东隔黄河与山西省万荣县相望，南接龙亭镇，西靠芝阳、魏东两镇，北连金城街道。芝川镇历史悠久，司马迁墓就坐落在芝川镇的韩奕坡悬崖上。镇东古渡与山西荣河相望，自古为兵防要地。境内河道属黄河流域，主要河流有濩水河、芝水河等。

二、建筑空间结构

张氏祠堂，坐北朝南。正殿面阔三间 9.9 米，进深 5.1 米。现仅存正殿。

图1 张氏祠堂柁墩细节

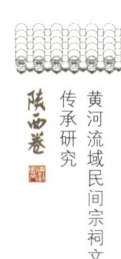

图2 张氏祠堂正殿

图3 张氏祠堂照壁

图4 张氏祠堂总平面图

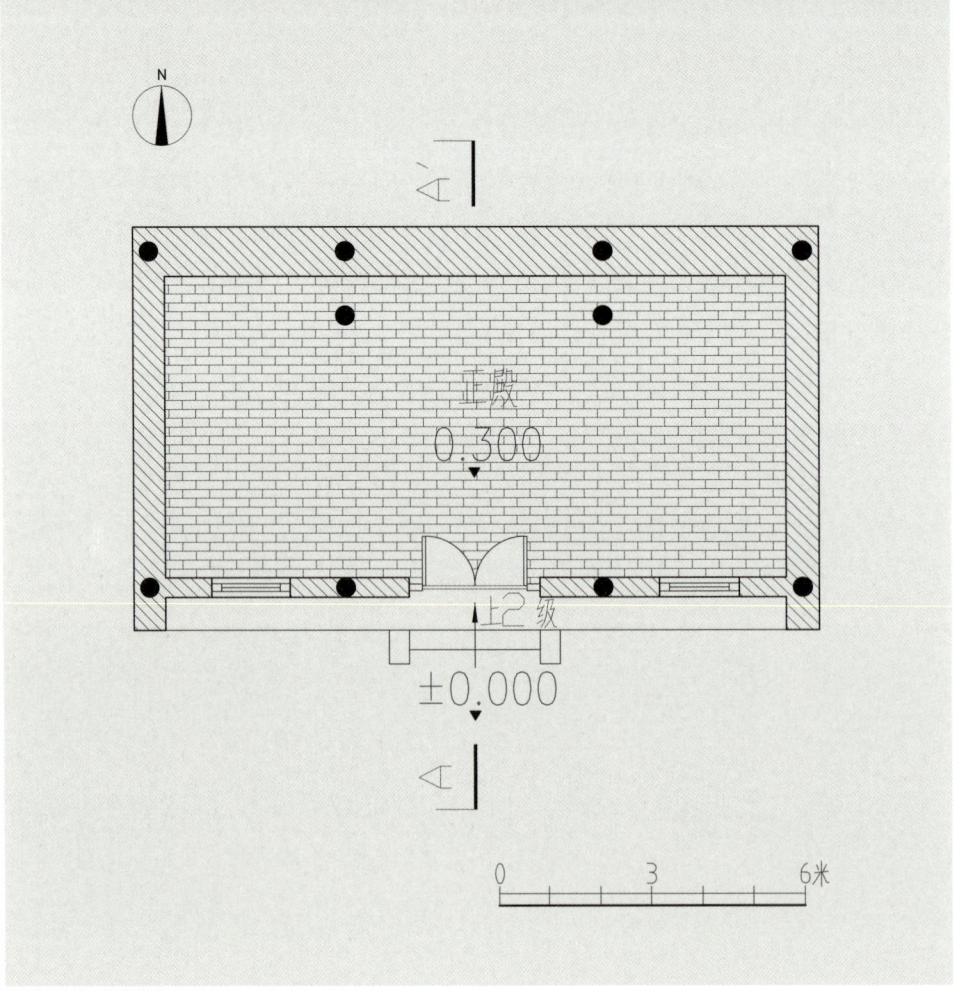

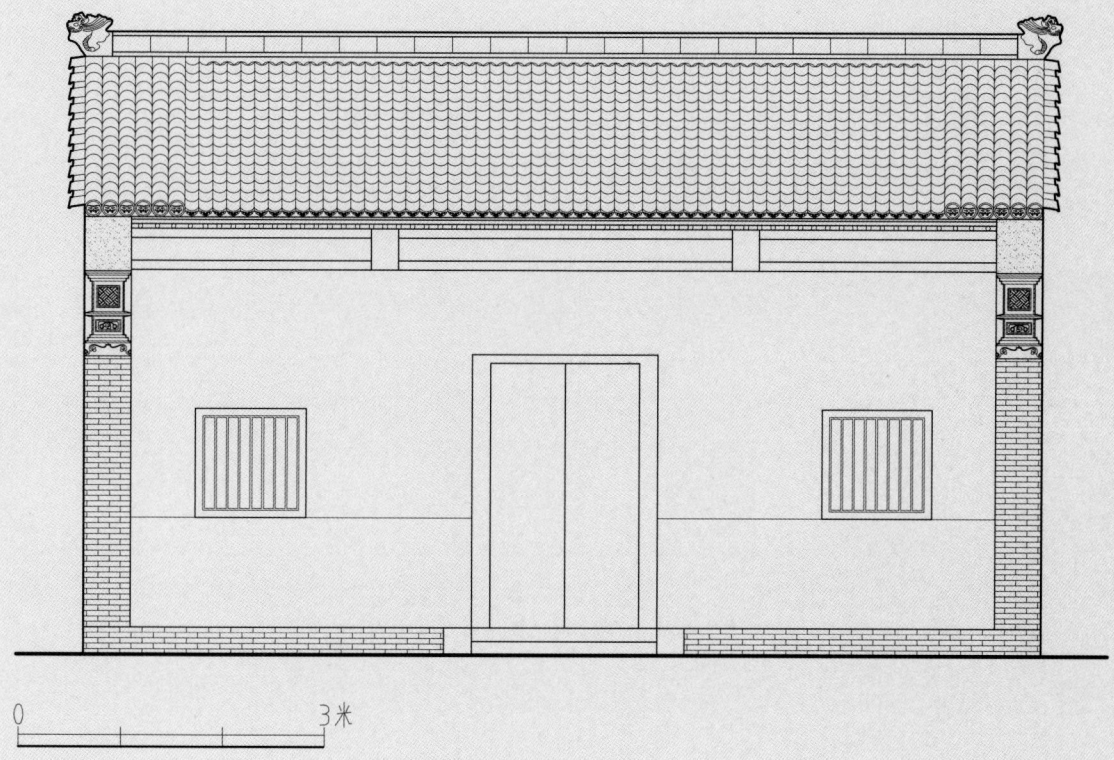

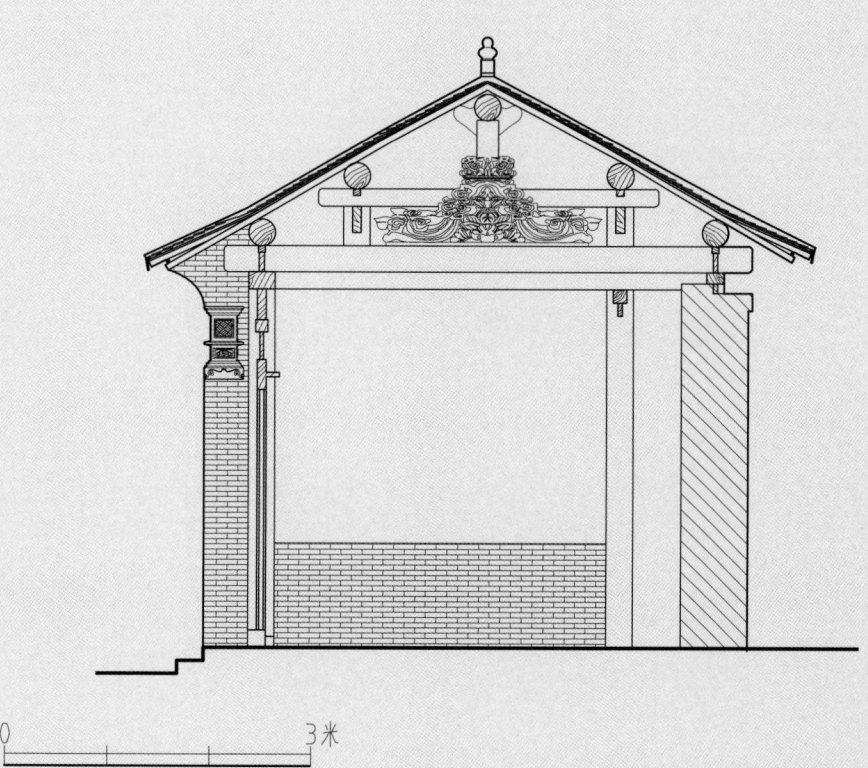

图 5 张氏祠堂正殿立面图
图 6 张氏祠堂 A-A' 剖面图

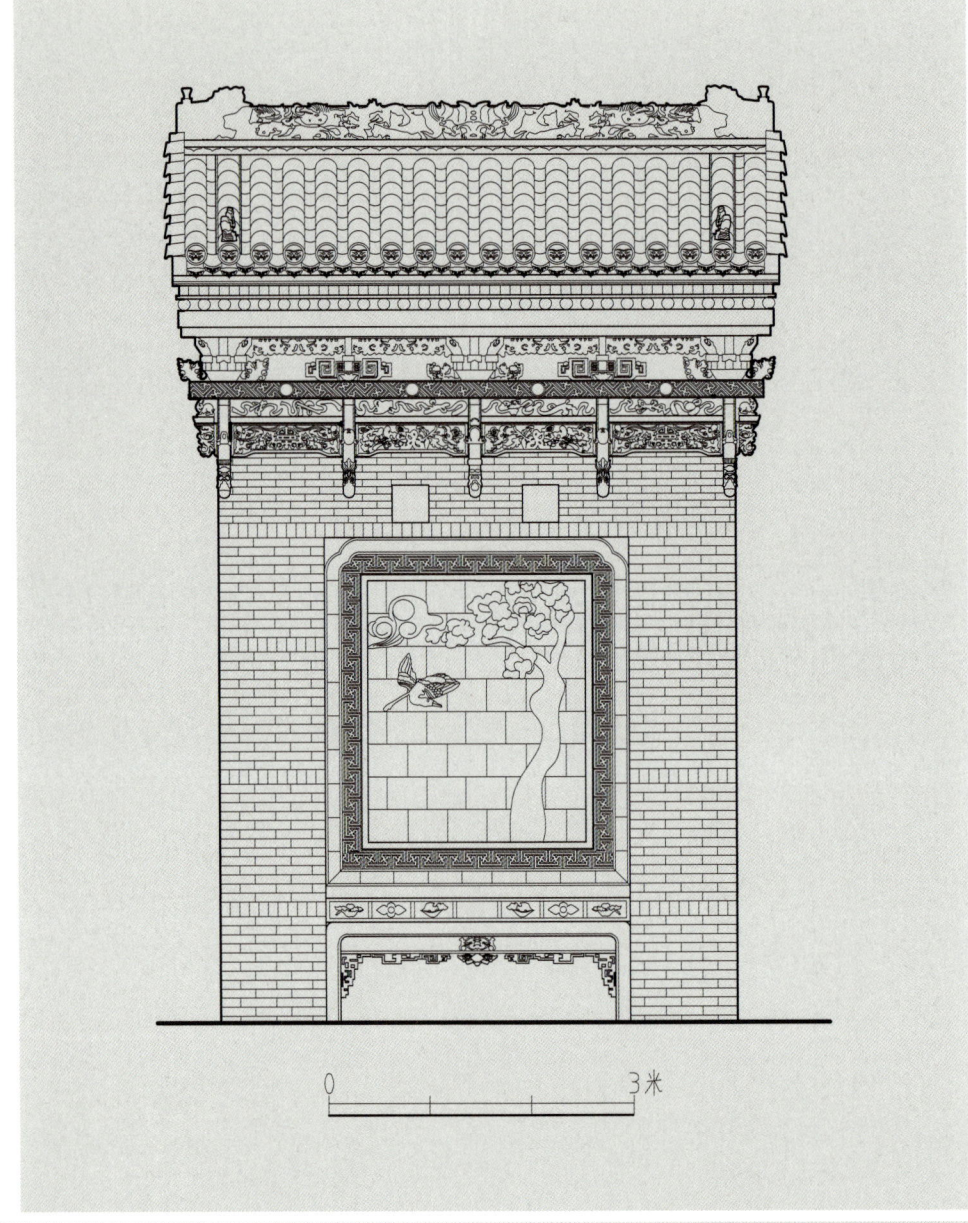

图7 张氏祠堂照壁立面图
图8 张氏祠堂挂落大样图

图 9 张氏祠堂柁墩大样图
图 10 张氏祠堂照壁大样图
图 11 张氏祠堂墀头大样图

三、建筑空间记忆

白家庄张氏为周原村张氏的一支,迁徙年代不详。

张氏祠堂建于明清时期,具体修建年代不详,重建年代不详。

四、建筑装饰艺术

(1)望日莲。又称太阳花、转枝莲或盘莲,是太阳神的象征。

(2)仙鹤。仙鹤在中国传统神话中是仙人骑乘和饲养的动物,是一类仙禽,故有祥瑞之意。

(3)祥云纹。祥云纹寓意祥瑞之云气,祥云绵绵,瑞气滔滔。作为我国传统吉祥图案的代表,它不仅具有深厚的文化内涵和丰富复杂的象征意义,而且是最具生命力的艺术形式之一。

图12　张氏祠堂墀头细节

图13　张氏祠堂院内景

图14　张氏祠堂窗户

图15　张氏祠堂鸱吻细节

子夏祠

陕西省渭南市韩城市新城街道河渎村

一、建筑区位分析

子夏祠位于陕西省渭南市韩城市新城街道下辖的河渎村（该文物点经纬度为 35°47′N，110°43′E）。

河渎村附近有丁家五合祠、周原张氏民居群、梁带村芮国遗址博物馆、司马迁祠墓等旅游景点。

二、建筑空间结构

子夏祠，坐北朝南。正殿面阔三间9.9米，进深8.8米；东西厢房面阔三间8.1米，进深2.9米。

图1 子夏祠正殿

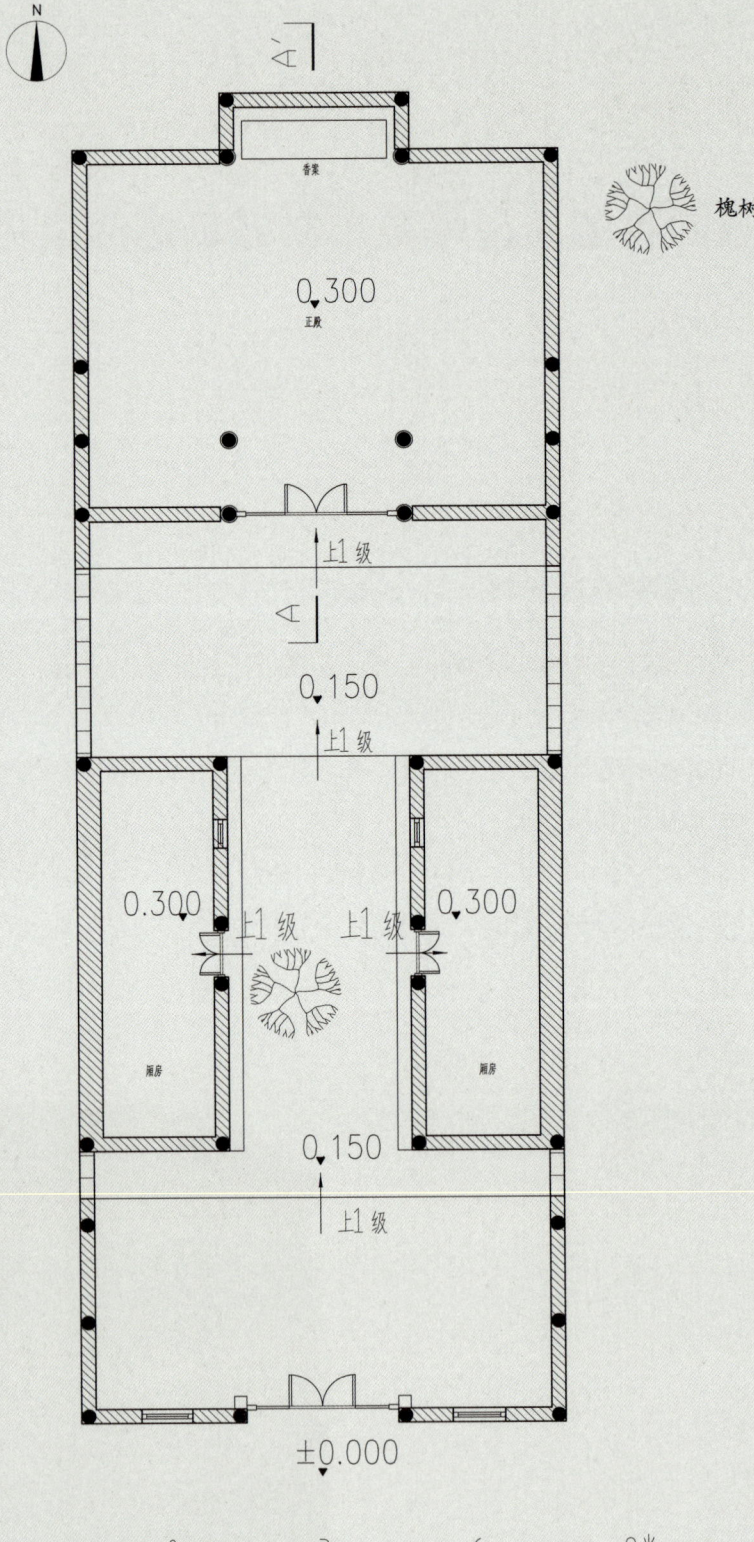

三、建筑空间记忆

先贤子夏祠为西泽卜氏所建，始建于清朝康熙戊寅年春，有上庙下庙，于民国十二年（1923）夏历七月重修。20世纪50年代人民公社合作化初期，子夏祠门房被改做油坊，中门被拆毁堵塞，照壁被拆，享堂等被当作饲养室、学校、保管室。直到1998年，韩城市挂牌将子夏祠定为重点文物保护单位，在卜姓七十户的努力之下，重建了院南墙，重开祠堂正门，将祠堂清扫翻修。

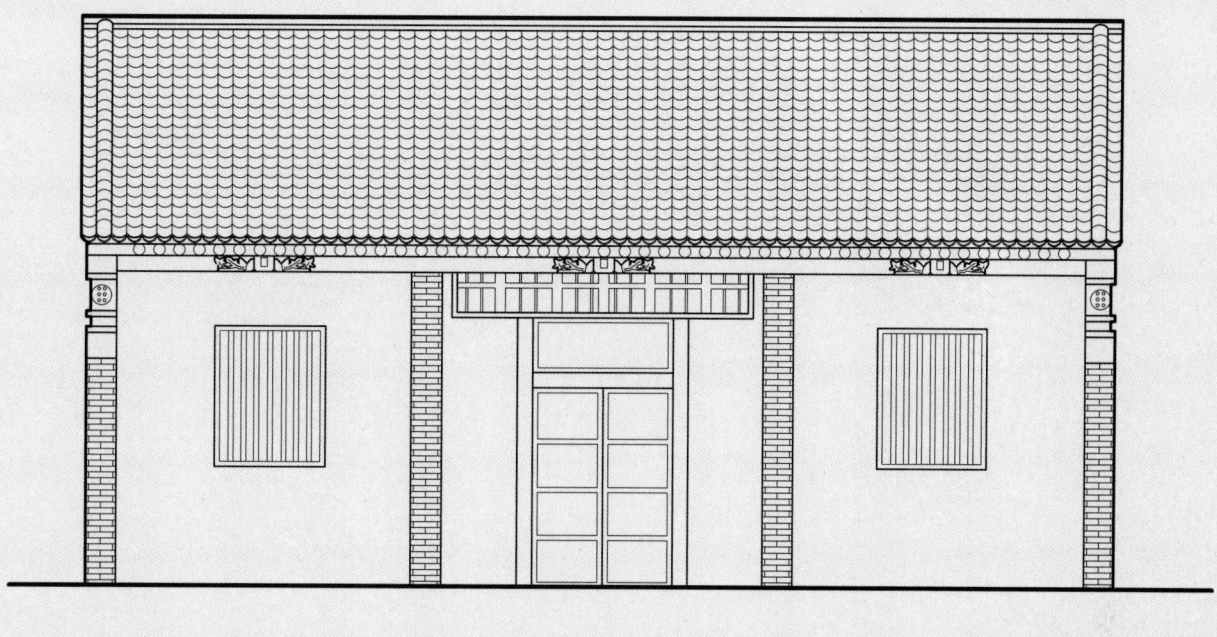

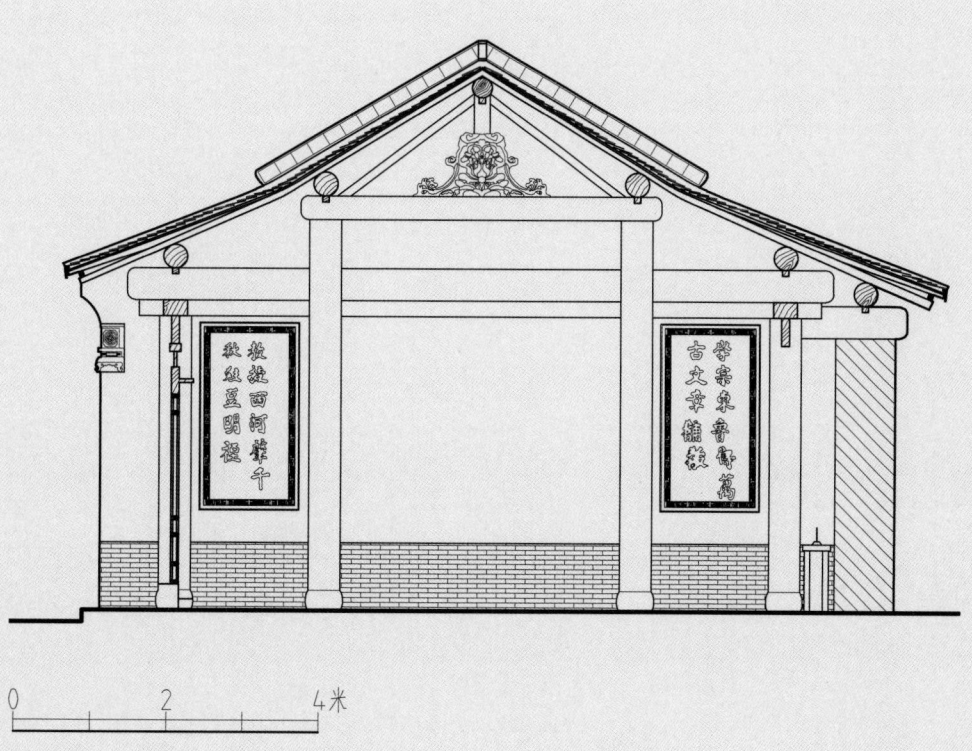

图 2　子夏祠总平面图

图 3　子夏祠山门立面图

图 4　子夏祠 A-A' 剖面图

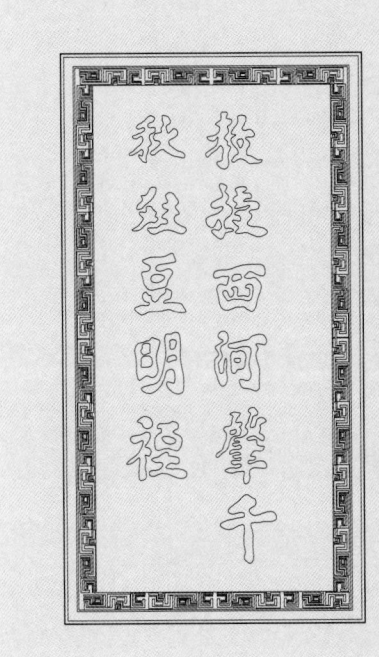
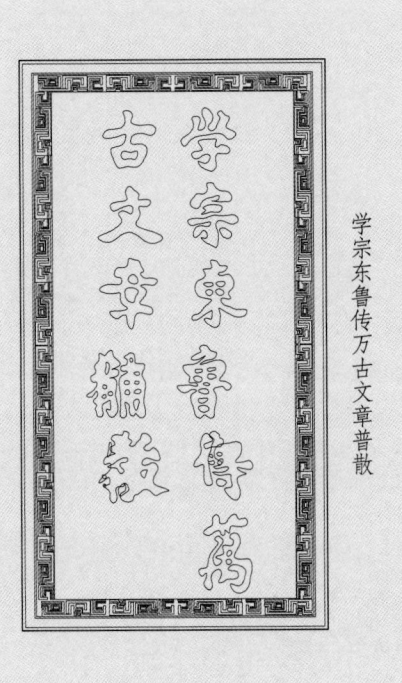

图5　子夏祠山墙楹联图
图6　子夏祠柁墩大样图
图7　子夏祠墀头大样图

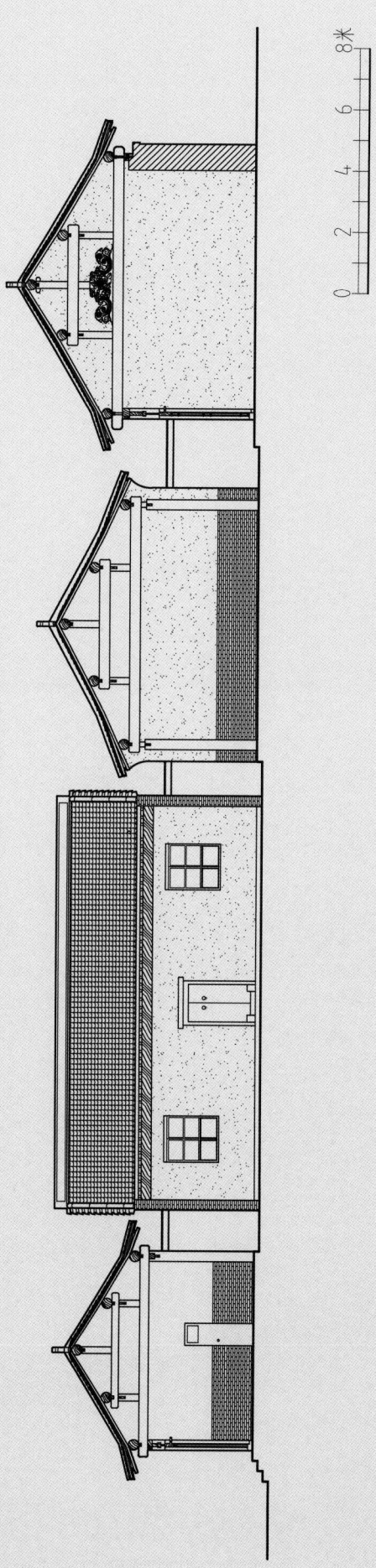

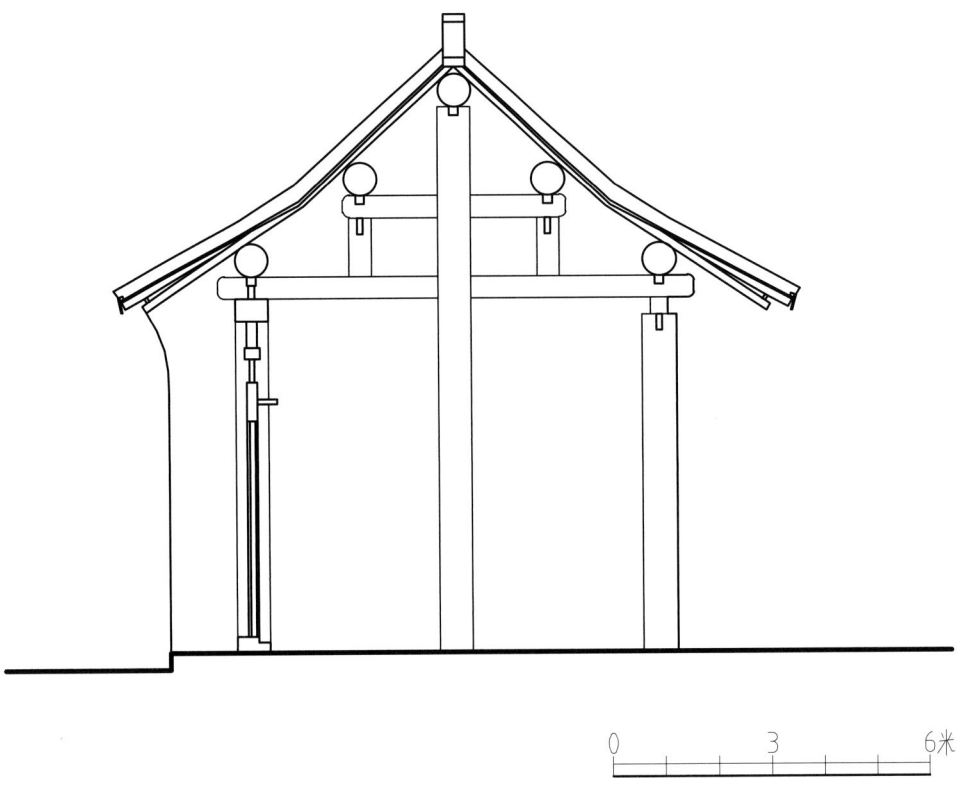

| 5 | 图5 赵雷氏祠堂 B-B' 剖面图 |
| 6 | 图6 赵雷氏祠堂柁墩大样图 |

四、建筑装饰艺术

牡丹。玉堂，汉代殿名，亦作宫殿的通称。也为官署名。"海棠"的"棠"与"堂"同音。海棠、牡丹组成图案喻"满堂富贵"，玉兰花、牡丹喻"玉堂富贵"，皆有赞颂府第辉煌、荣华富贵之意。

图7　赵雷氏祠堂房门

图8　赵雷氏祠堂屋顶结构

图9　赵雷氏祠堂柁墩细节

范家祠堂

陕西省渭南市蒲城县尧山镇雷鸣村

一、建筑区位分析

范家祠堂位于陕西省渭南市蒲城县尧山镇雷鸣村（该文物点经纬度为 34°95′N，109°59′E）。

尧山镇位于蒲城县城北约 5 公里处，2015 年在镇村综合改革中由上王镇、翔村镇合并而成。雷鸣村原属上王镇，暖温带大陆性季风气候。地处渭北黄土台塬区，地势东北高、西南低。

二、建筑空间结构

范家祠堂，坐北朝南。后殿面阔三间 8.7 米，进深 5.9 米。

三、建筑空间记忆

范氏出自祁姓，以邑为氏，距今有二千六百多年的历史。据《古今姓氏书辨证》和《元和姓纂》所载，帝尧裔孙刘累事夏王孔甲，赐氏御龙。后迁鲁县，至商为豕韦氏。商末国于唐，为唐杜氏。周成王灭唐，迁之杜邑（今陕西西安东南），时称杜伯。周宣王杀杜伯，其子隰叔奔晋为士师，其玄孙士会担任晋国上军主将。公元前 597 年，因战功升为中军元帅，执掌朝政。士会先得到封邑随（今山西介休），后来又得到封邑范（今河南范县），所以又称随会、范会，死后追谥武子，所以也称范武子。子孙遂以封邑范为姓，称范氏。

雷鸣村范氏为河南范氏一支，祠堂建于明清时期，具体修建年代不详，重建年代不详。

图1 范家祠堂围墙

图2 范家祠堂全景

图3 范家祠堂正殿

4 5 6

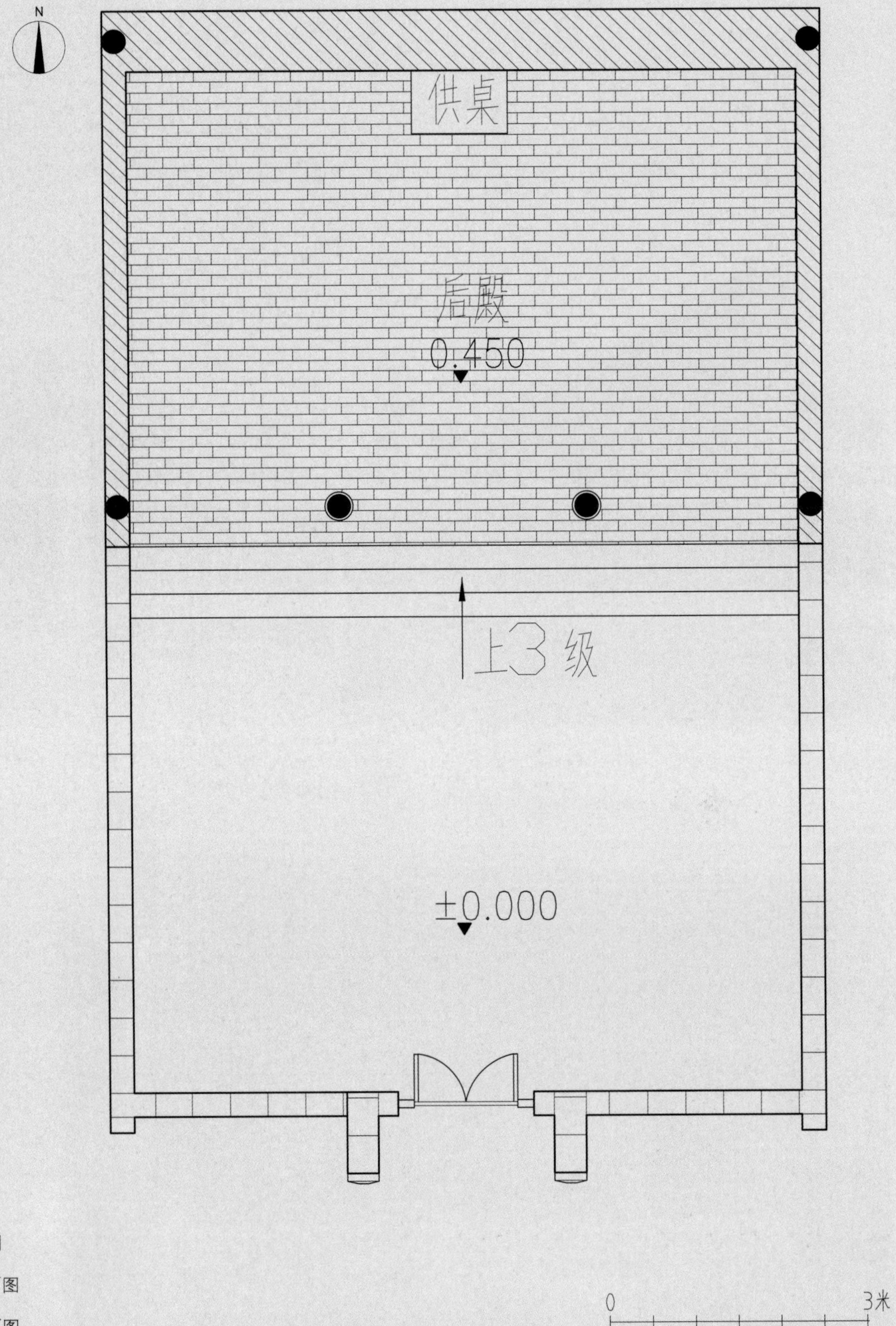

图 4　范家祠堂总平面图

图 5　范家祠堂正殿立面图

图 6　范家祠堂山门立面图

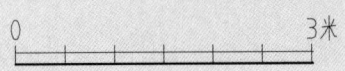

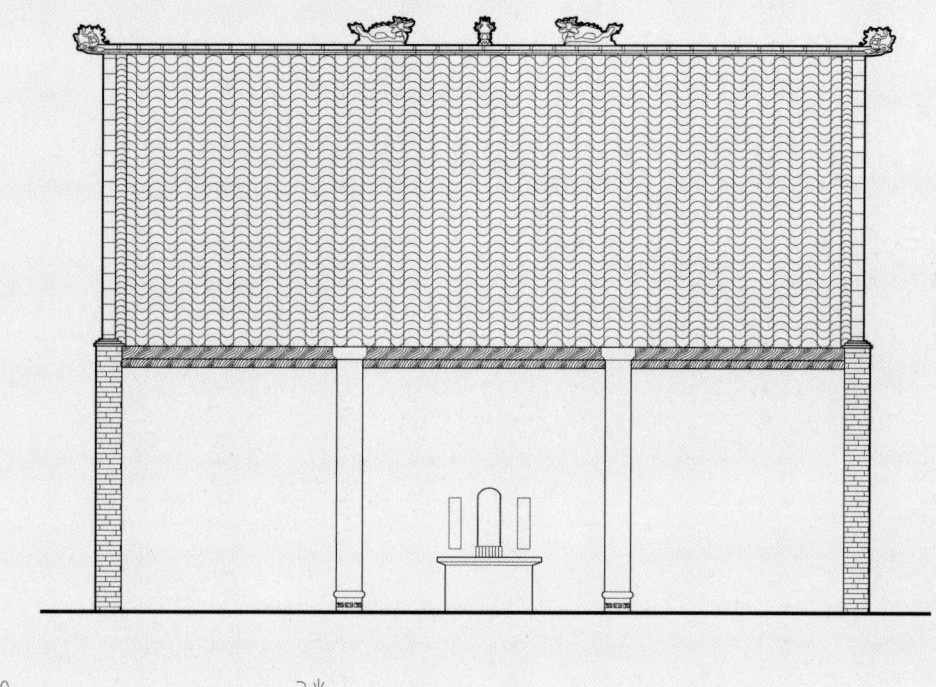

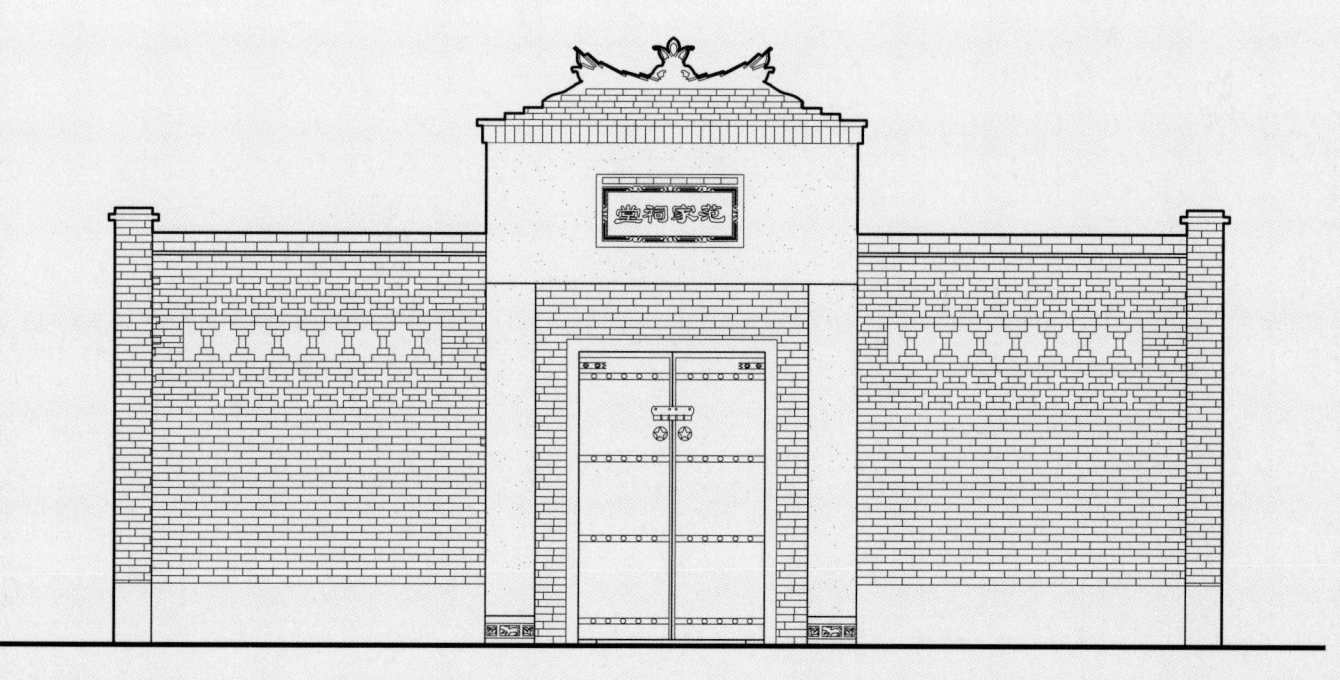

图7　范家祠堂牌匾大样图
图8　范家祠堂脊兽大样图

四、建筑装饰艺术

双龙戏珠。即二龙戏珠，是两条龙戏耍或抢夺一颗火珠的表现形式。它起源于中国天文学中的星球运行图，火珠是由月球演化来的。从西汉开始，双龙戏珠便成为一种吉祥喜庆的装饰图纹，多用于建筑彩绘和高贵豪华的器皿装饰上。双龙的形制以装饰的面积而定，倘是长条形的，两条龙便对称状地设在左右两边，呈行龙姿态。倘是正方形或是圆形的，两条龙则是上下对角排列，上为降龙，下为升龙。不管是何种排列，火珠均在中间，显示出活泼生动的气势。

图9 范家祠堂外侧围墙

图10 范家祠堂山门

陕西省民间宗祠测绘图典选集

王氏家庙

陕西省延安市宜川县阁楼镇太木村

一、建筑区位分析

王氏家庙位于陕西省延安市宜川县阁楼镇太木村（该文物点经纬度为 36°27′N，110°38′E）。

阁楼镇位于陕西省延安市宜川县东北部，下辖18个村，因当地有座寺庙形如阁楼而得名。地势西北高东北低，境内以黄土塬、沟壑为主。阁楼镇气候属暖温带大陆性季风气候，特点是四季分明，昼夜温差大，日照充足，气候温和。

图1　王氏家庙正殿屋顶结构图

二、建筑空间结构

王氏家庙，坐北朝南。正殿面阔三间8.1米，进深5.3米；西厢房面阔三间7.1米，进深2.9米。现存为二进院，损毁严重。

三、建筑空间记忆

宜川王氏先祖为古翼之洪洞郡人。元季兵燹，离晋入陕，珪公王氏祠堂先存于合阳，宜川王氏为合阳王氏第八世。

王氏家庙建于明清时期，具体修建年代不详，重建年代不详。

图2 王氏家庙正殿
图3 王氏家庙厢房

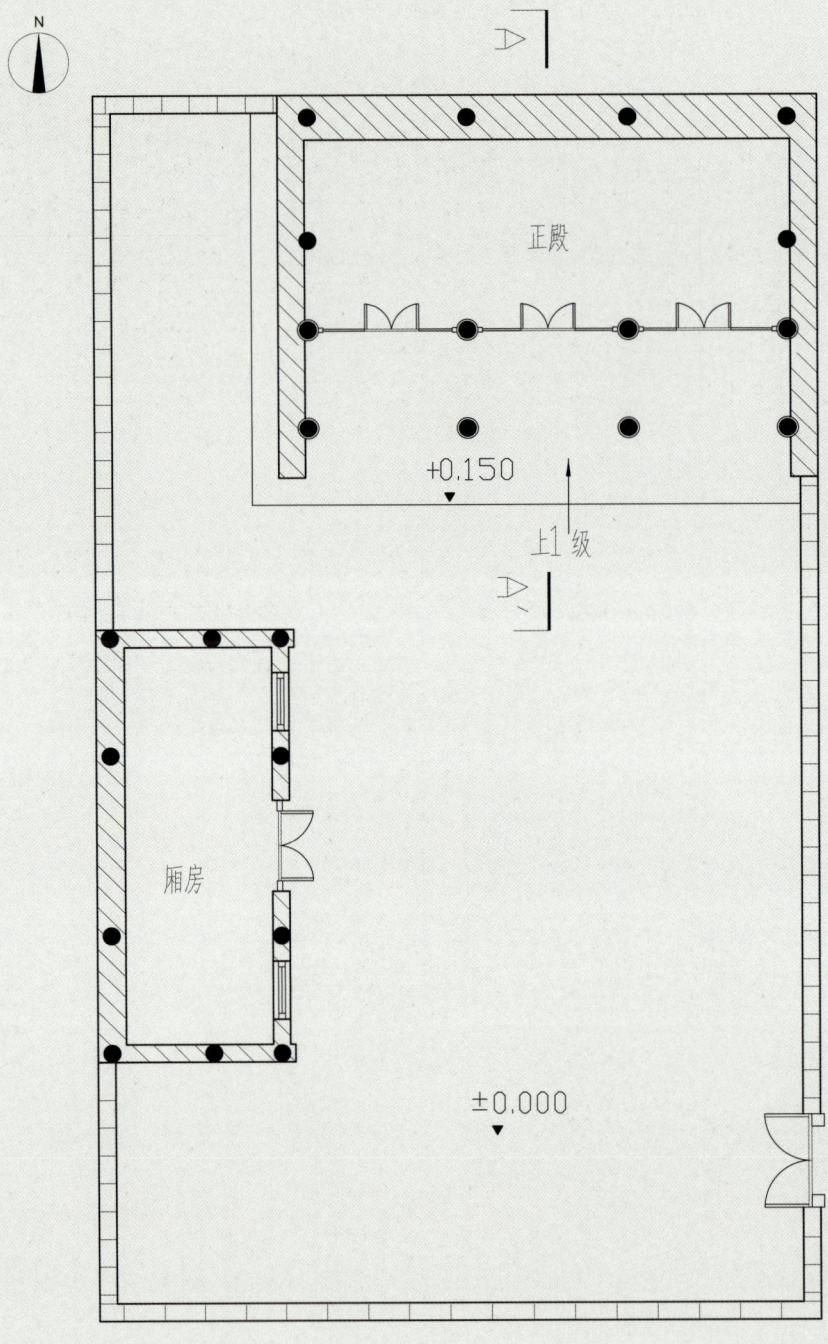

图 4 王氏家庙总平面图

图 5 王氏家庙正殿立面图

图 6 王氏家庙厢房立面图

图 7 王氏家庙 A-A' 剖面图

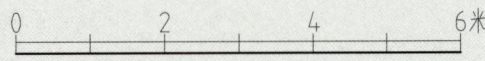

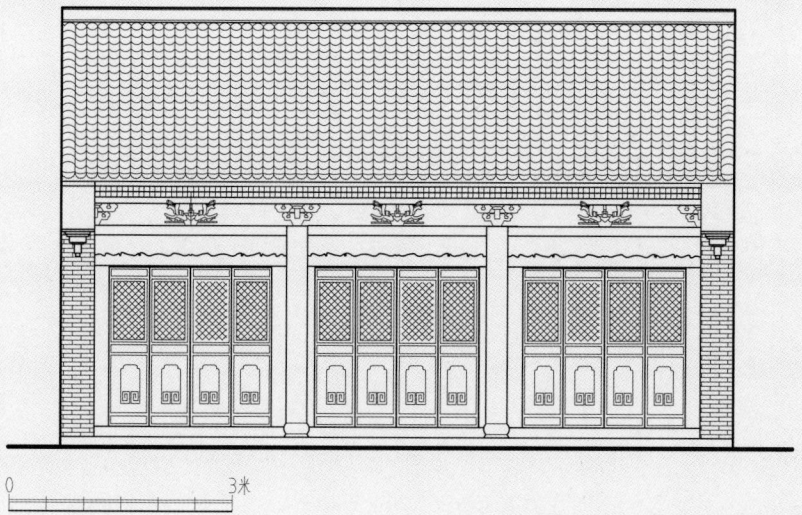

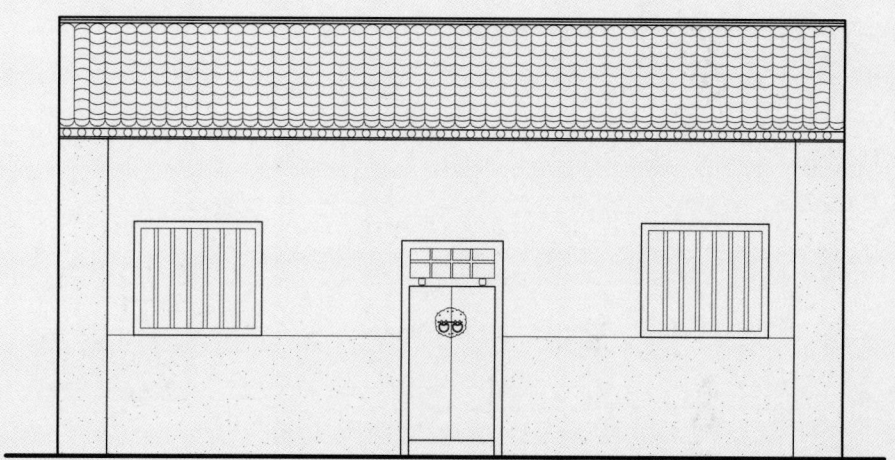

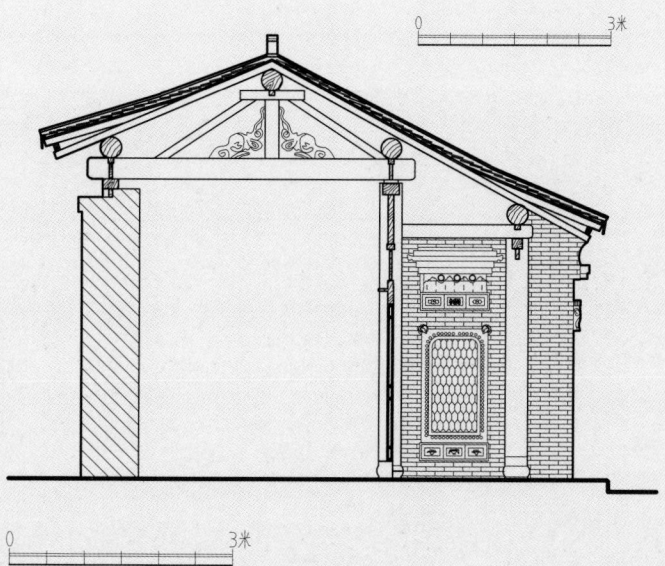

四、建筑装饰艺术

（1）蝙蝠。"蝙蝠"寓"遍福"，象征幸福、如意或幸福延绵无边。常见的蝙蝠形象有五福捧寿，五只蝙蝠围绕"寿"字或桃子，寓意多福多寿；福赠贵子，形状是蝙蝠与桂花的结合，是对生育的祝福。

（2）桃。桃从字面上来看，可看为"木""兆"，本义是桃树结的果子繁多，所以民间引申寓意为吉祥、长寿、多子多福。

图8　王氏家庙墙雕细节

图9　王氏家庙厢房立面

图10　王氏家庙斗拱细节

图7　李家祠堂屋顶

图8　李家祠堂屋顶结构

图9　李家祠堂柱础石雕

图10　李家祠堂房门

图 11　李家祠堂房门雕花细节

图 12　李家祠堂院景

图 13　李家祠堂门额

图 14　李家祠堂匾额

高氏宗祠

陕西省汉中市勉县金泉镇勤俭村

一、建筑区位分析

高氏宗祠位于陕西省汉中市勉县金泉镇勤俭村（该文物点经纬度为 33°13′N，106°89′E）。

金泉镇地处勉县东部、汉江以南，地势西南高、东北低。其北部临江汉平原，中部为丘陵区，南部为山区。东南与南郑区阳春镇相连，西与温泉镇毗邻，北与老道寺镇、新街子镇隔河相望。属亚热带湿润季风性气候，其特点是四季分明，温暖湿润，昼夜温差不大。

二、建筑空间结构

高氏宗祠，坐北朝南。正殿面阔三间 10.5 米，进深 8.0 米；东西厢房面阔三间 10.0 米，进深 5.0 米。

三、建筑空间记忆

勤俭高氏先祖高文林是明朝开国功臣，封地贾村坝，在此定居，建家立业，繁衍生息，为后

图 1　高氏宗祠正殿

代遗留四个石碾、两口水井。

明朝中期修建高氏宗祠，祠堂为四合院，房十二间，雕梁画栋，富丽堂皇。后因年久失修，破烂不堪，2002年集资翻修，先后三期维修，历经17年，使祠堂焕然一新。现在是高氏家族纪念先祖，对后代进行尊老孝老教育的地方。

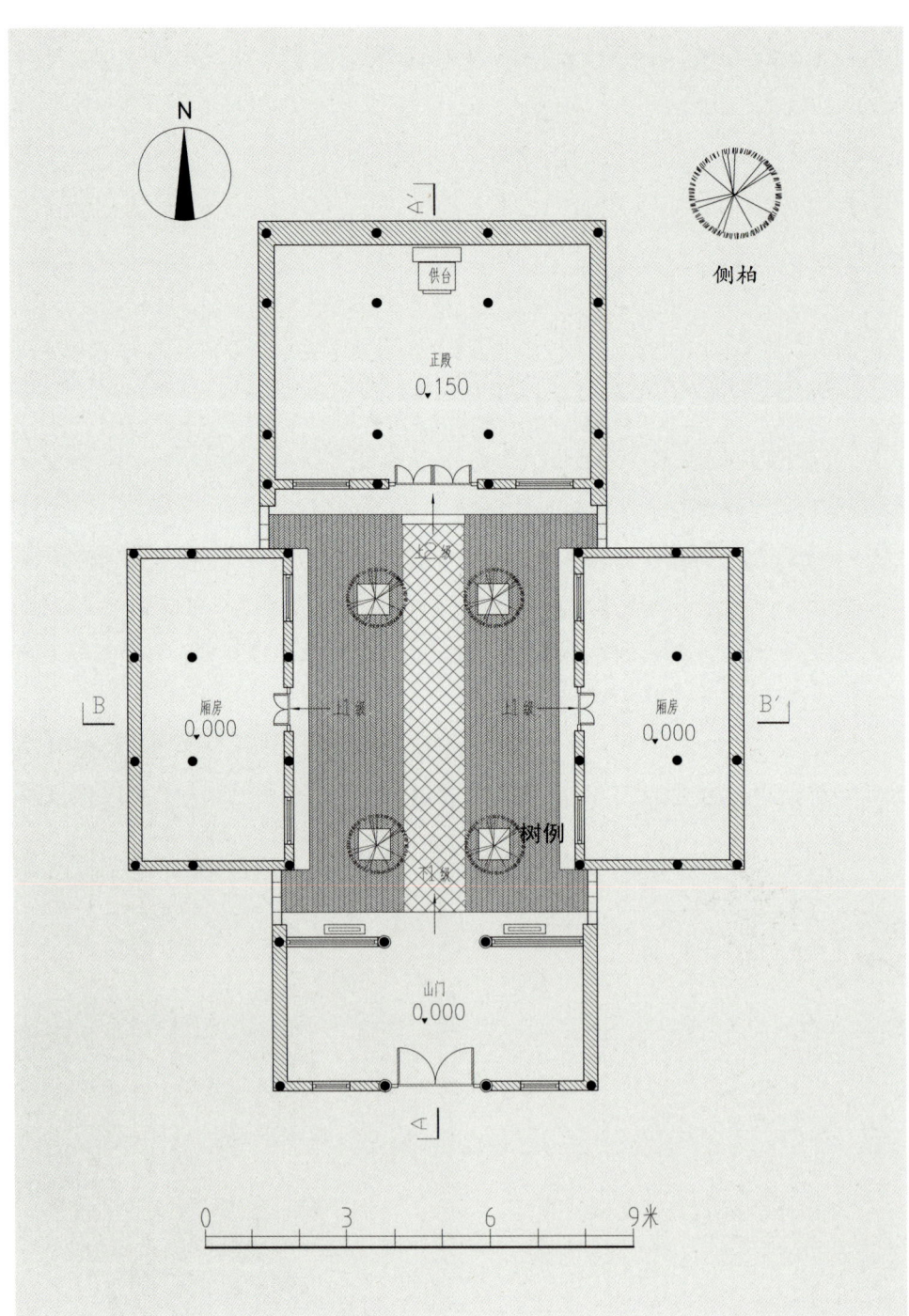

图2　高氏宗祠总平面图

图3　高氏宗祠A-A'剖立面图

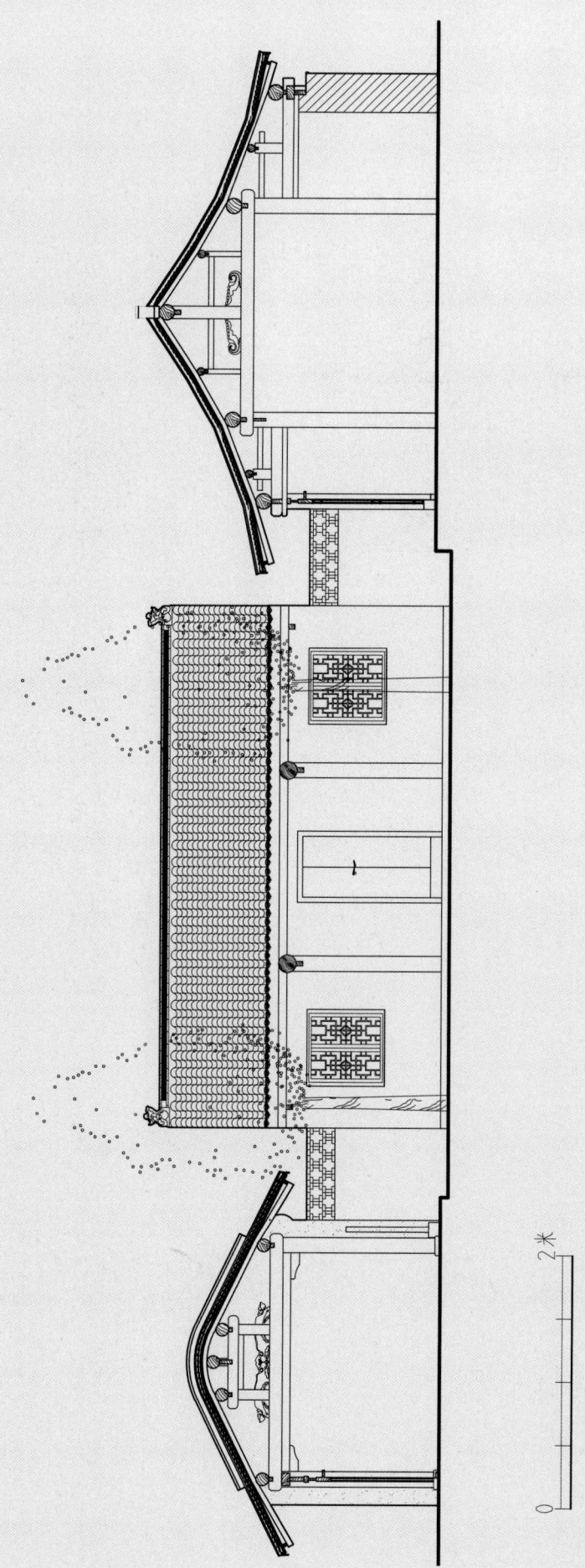

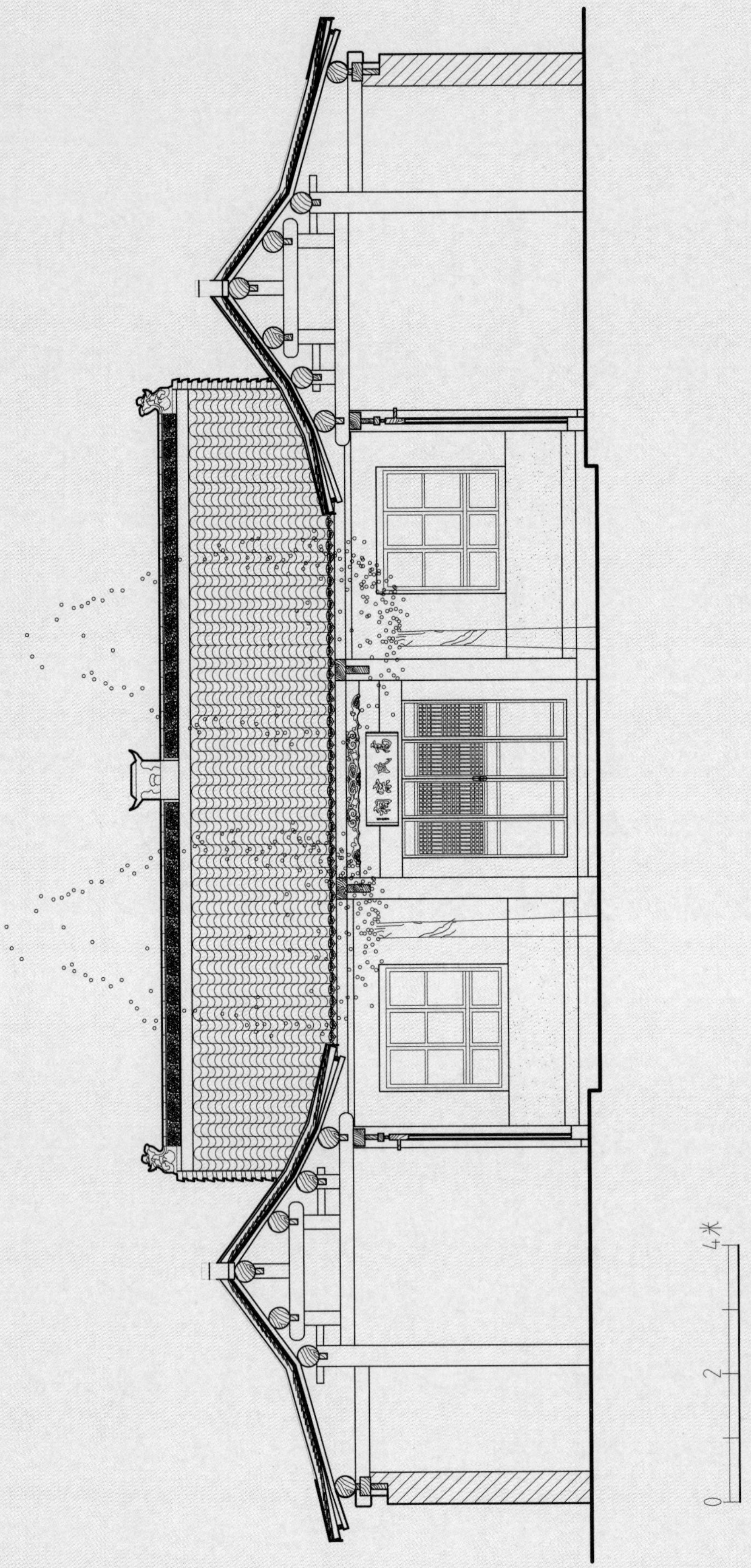

图 4　高氏宗祠 B-B' 剖立面图

图5　高氏宗祠院内景

图6　高氏宗祠正殿

图7　高氏宗祠正殿屋顶结构

罗氏祠堂

陕西省汉中市西乡县堰口镇穿心店村

一、建筑区位分析

罗氏祠堂位于陕西省汉中市西乡县堰口镇穿心店村（该文物点经纬度为32°77′N，107°89′E）。

堰口镇，地处西乡县境东南部，东南与白勉峡镇、罗镇相连，西与城关镇连接，北面隔牧马河与白龙潭镇相望。明初在辖区泾洋河上修成"金洋堰"，因而得名"堰口"。堰口镇地处泾洋河下游，北靠秦岭，南依巴山，境内地形以平川、丘陵、山地为主。属亚热带湿润性季风气候，其特点是气候温和、雨量充沛，但光照充足。

二、建筑空间

罗氏祠堂，坐北朝南。正殿面阔三间12.1米，进深9.0米；东西厢房面阔三间12.3米，进深5.6米。

三、建筑空间记忆

西乡罗氏始祖为豫章珠公后代，罗氏祠堂修建于清代，具体修建年代不详，重建年代不详。

1

2 3

图 1　罗氏祠堂正殿

图 2　罗氏祠堂山门背面

图 3　罗氏祠堂屋檐

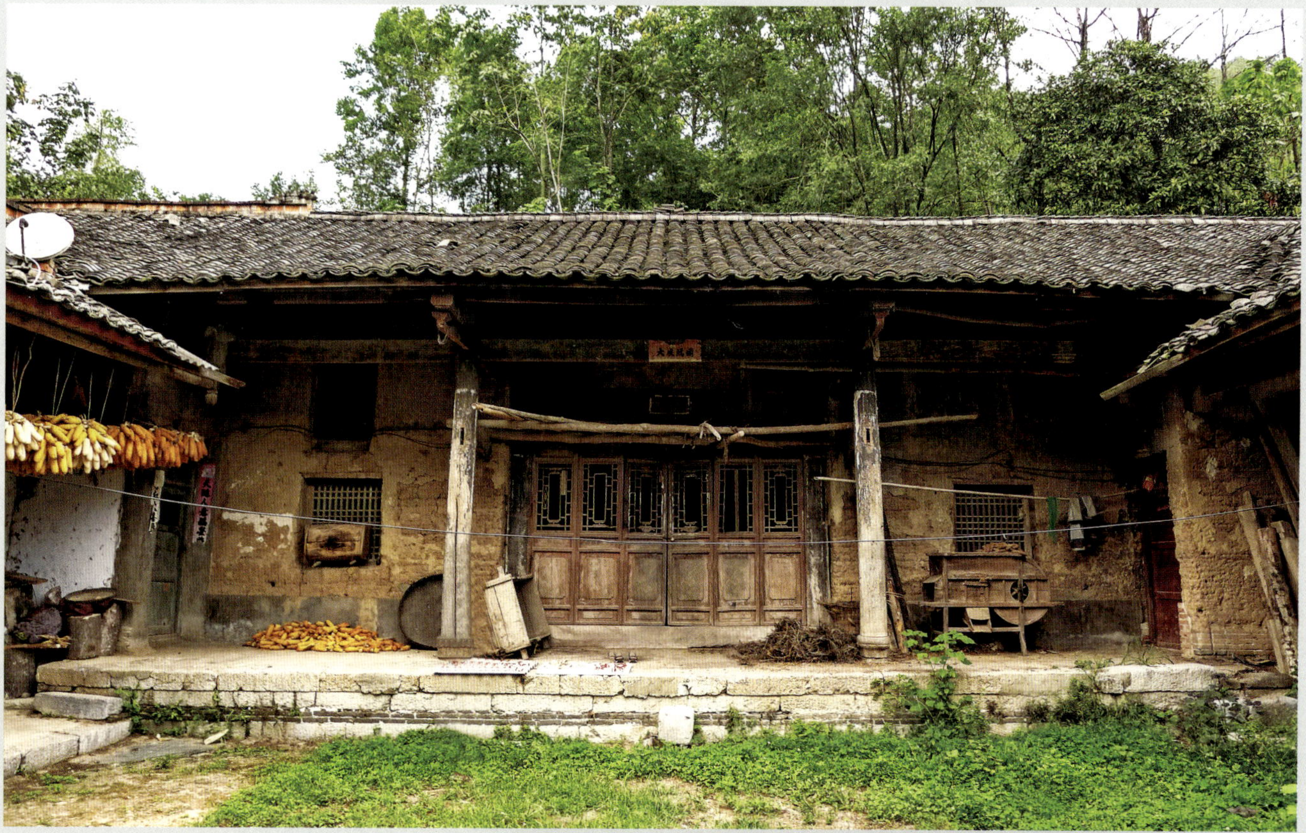

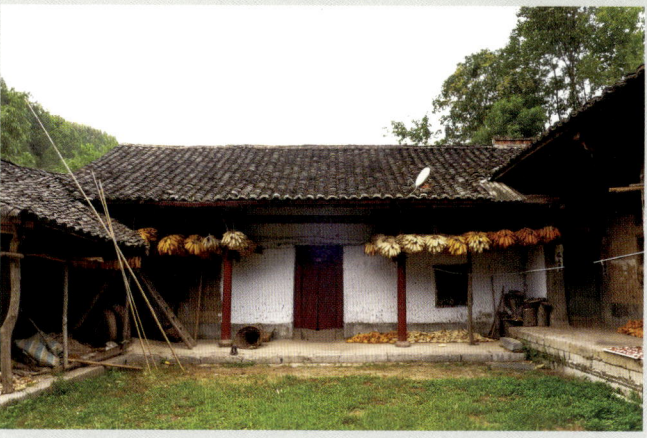

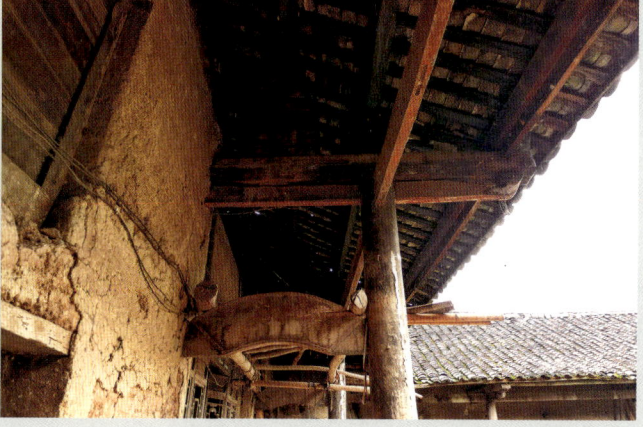

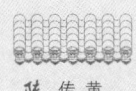

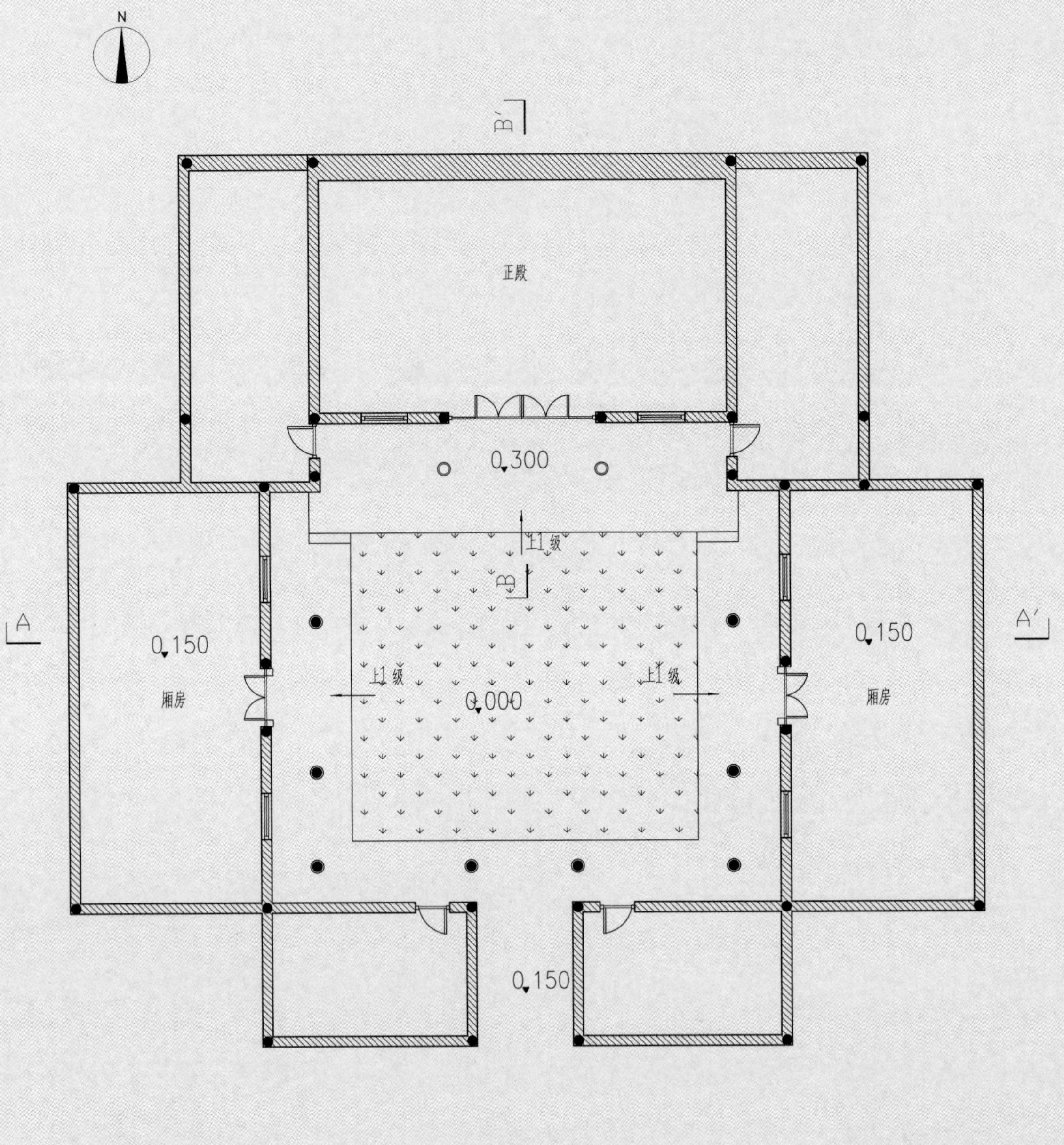

4 | 5

图 4　罗氏祠堂总平面图

图 5　罗氏祠堂 A-A' 剖立面图

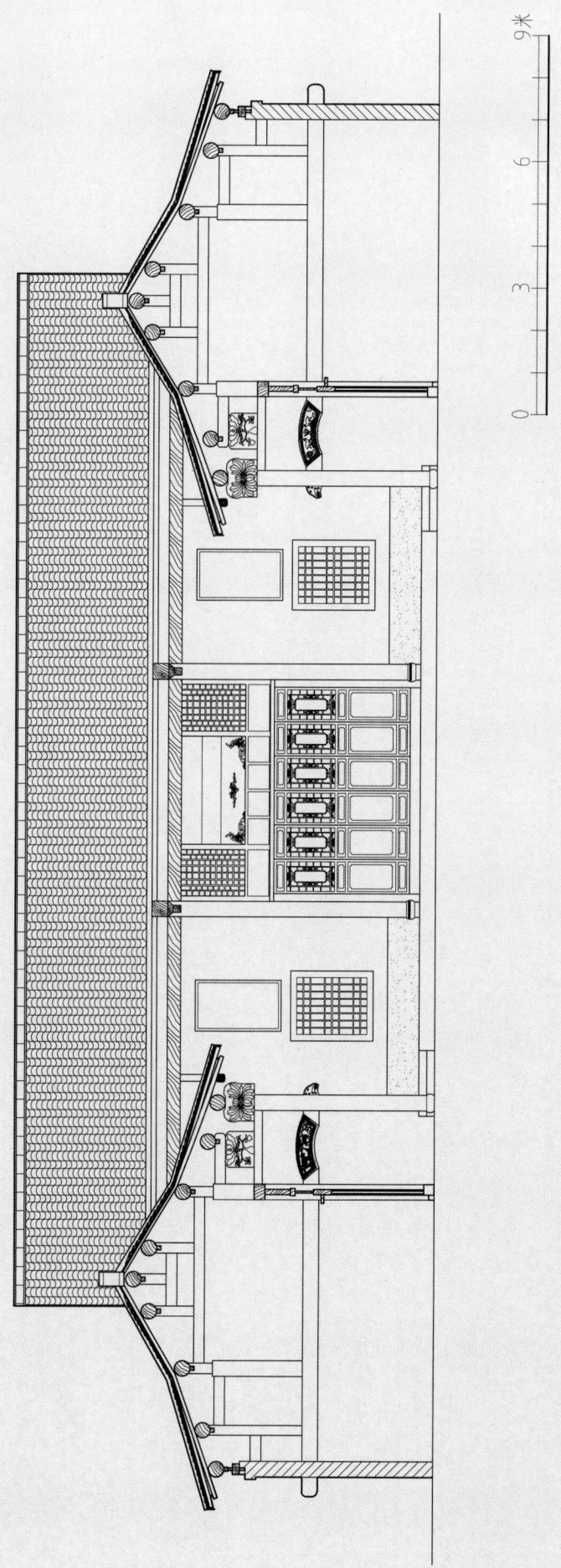

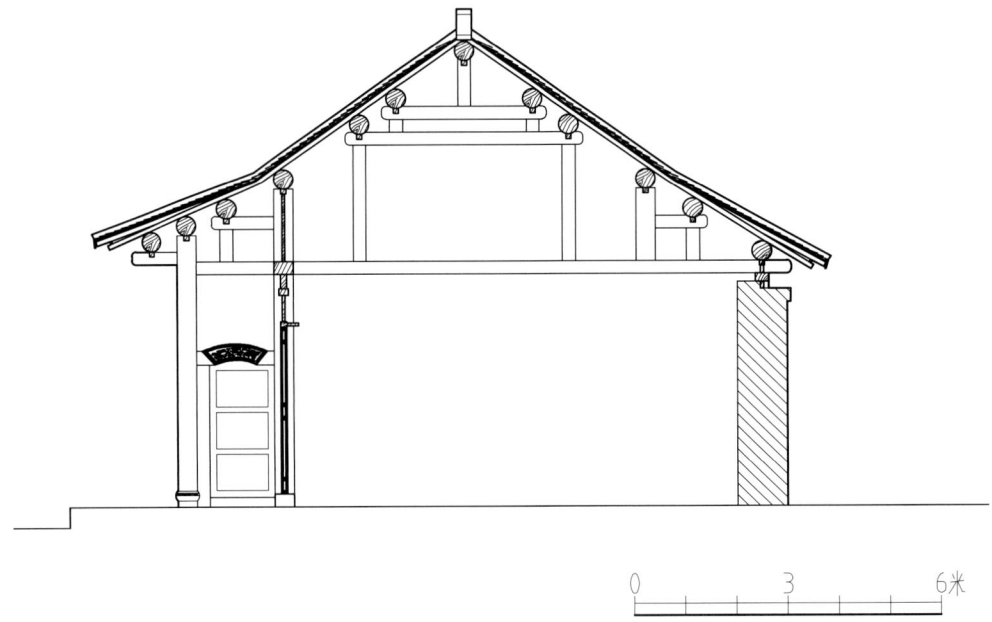

四、建筑装饰艺术

（1）象。大象是哺乳动物，体高约3米，鼻长筒形，能蜷曲。门齿发达。象寿命极长，可达二百余年，被人视为瑞兽，喻义好景象。

（2）莲花。莲花以它那美、爱、长寿、圣洁的综合象征成为中国人喜爱的名花，因此常借与"连"同音组合在传统的吉祥图案中。

（3）蝙蝠。因为"蝠"与"福"同音，所以古人把蝙蝠看作是吉祥的象征，可以说是中国特有的吉祥物。在古建的木雕与砖雕上，随处可见画着或刻着的蝙蝠。人们也常常用蝙蝠与其他植物或者祥瑞结合在一起，用来祝愿幸福和好运。

（4）羊。羊是上古以来与人类关系最密切的动物之一。作为食物，汉代许慎释"羊"字说："美，甘也。"在《广东新语》中说："东南少羊而多鱼，边海之民有不知羊味者，西北多羊而少鱼，其民亦然。二者少而得兼，故字以'鱼''羊'为'鲜'。"在文化中，"羊"与"祥"通假，故有纯洁、吉祥等寓意。

（5）仙鹤。仙鹤在中国文化中的地位相当高，被认为是一等文禽，被赋予了忠贞清正、品德高尚的文化内涵，是仅次于龙凤的瑞兽。同时，仙鹤也有长寿的寓意。

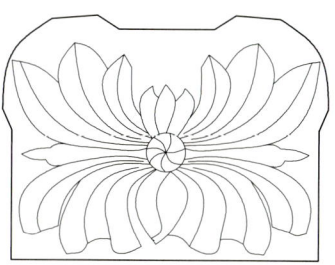

图 6 罗氏祠堂 B-B' 剖面图
图 7 罗氏祠堂雕花大样图

陕西省民间宗祠测绘图典选集

(a)

图8　罗氏祠堂门窗雕花细节

图9　罗氏祠堂雕花细节（a）

图10　罗氏祠堂雕花细节（b）

图11　罗氏祠堂雕花细节（c）

(b)

(c)

冀宗堂

陕西省汉中市西乡县高川镇大树村

一、建筑区位分析

冀宗堂位于陕西省汉中市西乡县高川镇大树村（该文物点经纬度为 32°80′N，108°07′E）。

高川镇地处西乡县东南部，东与安康市石泉县喜河镇相接，南与五里坝镇相连，西与白勉峡镇相接，北与茶镇相连。高川镇地处巴山山区，境内山峦起伏，沟壑纵横，平均海拔 800 米。境内父水河位于地势较高的巴山中，沿河两岸形成川道地带，世称"高川"，因而得名。

二、建筑空间结构

冀宗堂，坐北朝南。正殿面阔三间 12.5 米，进深 7.2 米；东西厢房面阔三间 16.1 米，进深 4.9 米。

三、建筑空间记忆

陕西省汉中市西乡县高川镇冀氏家族，于康熙初年自陕西省渭南市蒲城县迁来汉中下高川薛家河繁衍生息，经历三百五十余年，人丁兴旺，其后裔发展到两千余人，主要分布在高川镇的大树村、柏林村、老君村、上高川、范家湾、宝华村、周家河、新房子、八角楼、马家湾、五星社区等地。

咸丰末年，五世祖冀鸿勋与其子六世祖冀文焕等在下高川冀家老屋北侧修建了冀氏祠堂，取名冀宗堂，由前五间、后五间、左右厢房各三间组成。

中华人民共和国成立后，冀宗堂被国家征为粮站，由于历史原因，祠堂损毁严重。后族人捐资买回祠堂旧址，并于1999年完成合修族谱。之后，人们决定以旧址为基础，恢复修缮冀氏宗祠，并于2020年5月27日开工修建。

图 1　冀宗堂正殿

图 2　冀宗堂侧面

图 3　冀宗堂山门

图 4　冀宗堂总平面图

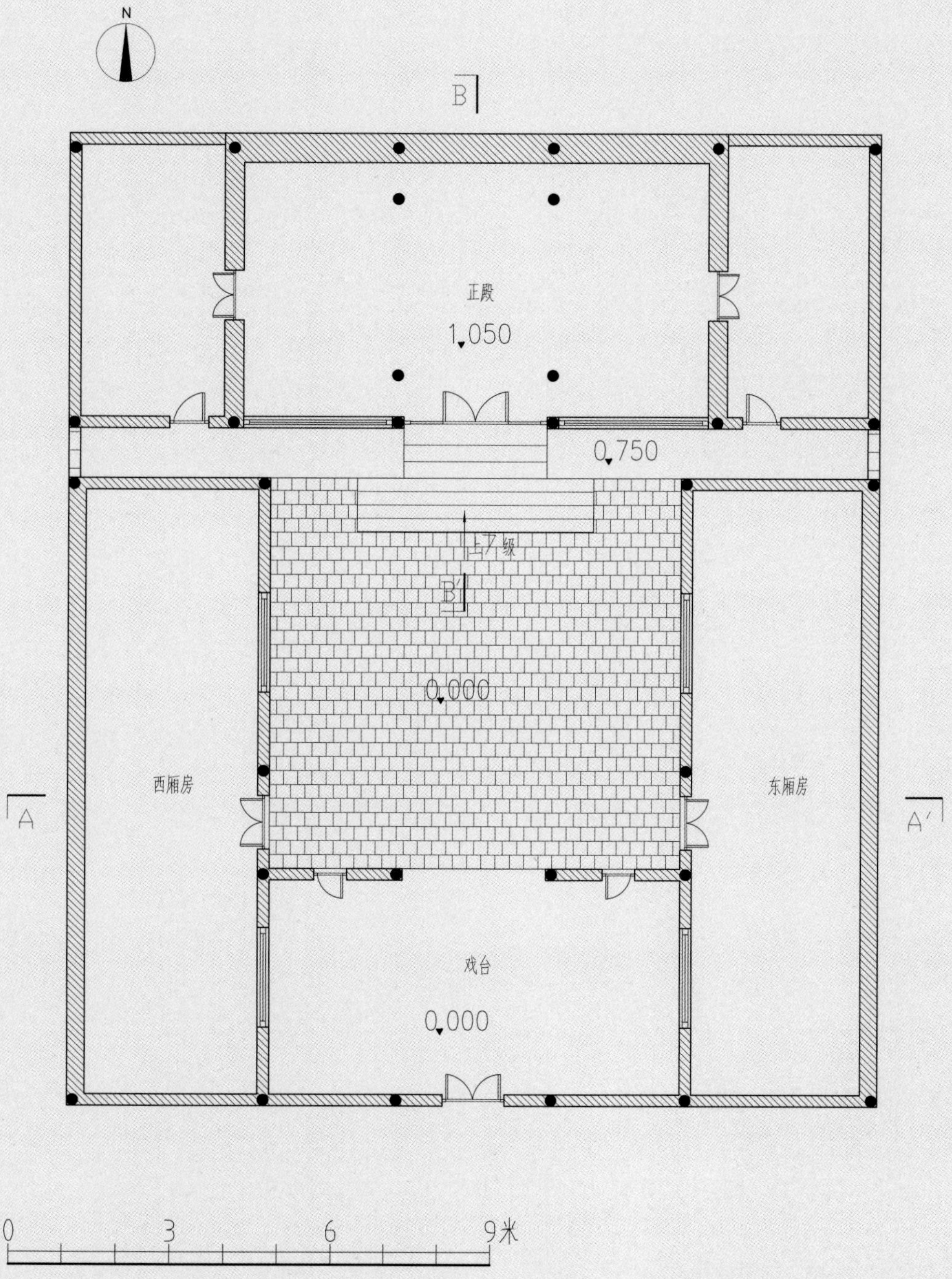

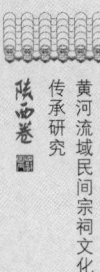

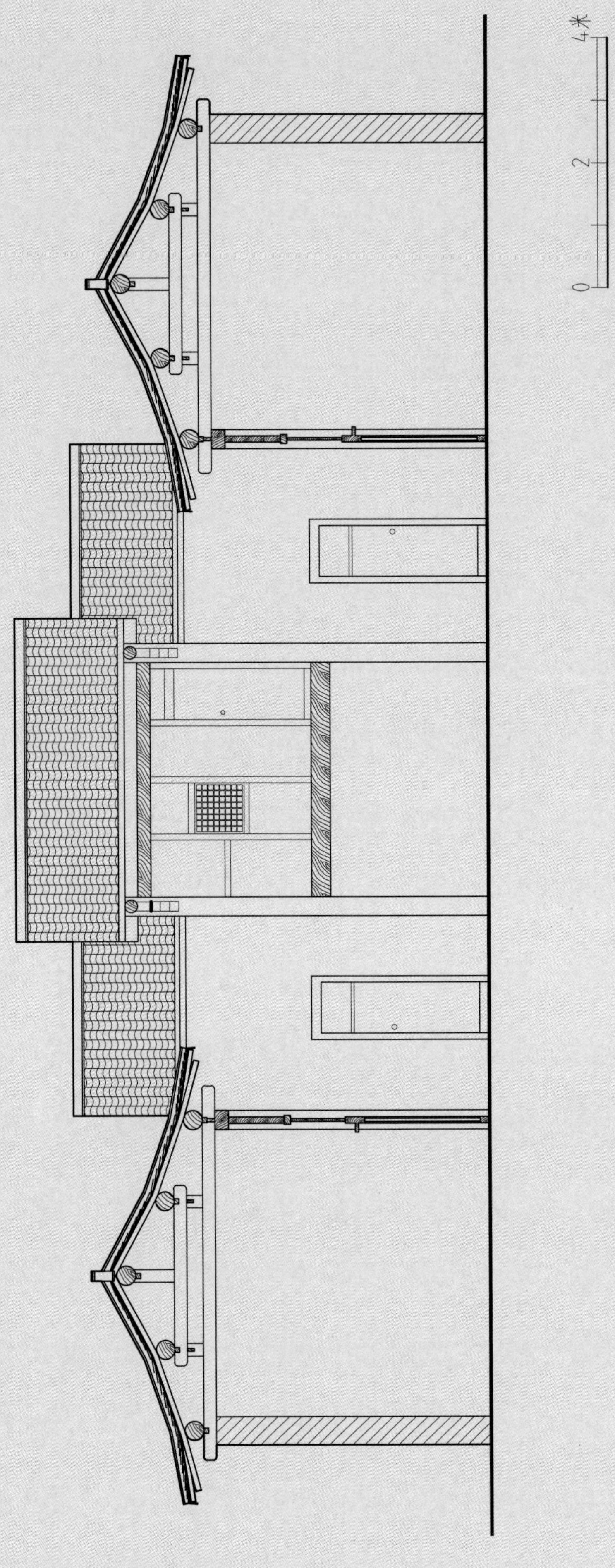

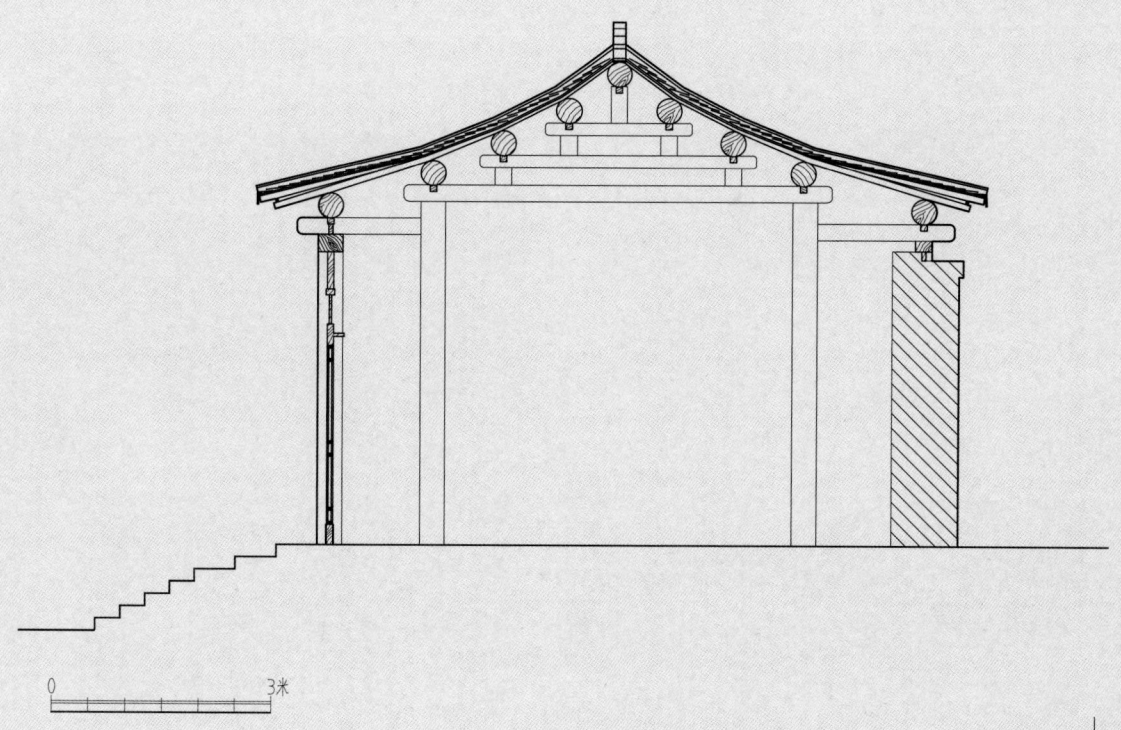

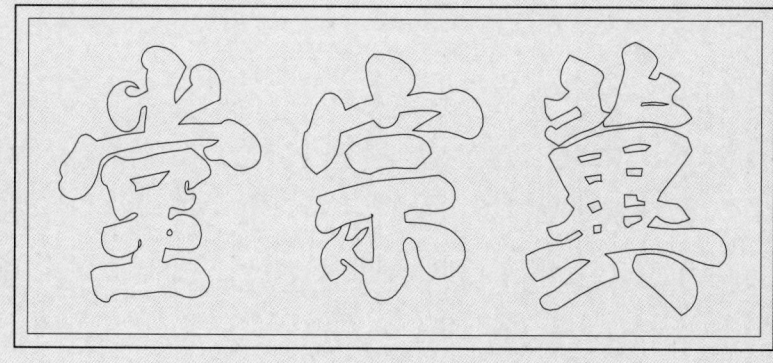

图 5 冀宗堂 A-A' 剖立面图

图 6 冀宗堂 B-B' 剖面图

图 7 冀宗堂牌匾大样图

图8 冀宗堂现状
图9 冀宗堂室内构架
图10 冀氏创建宗堂序碑

冀氏创建宗堂序

今夫事莫难于创始人莫难于舍己如冀氏　始祖来忠公于康熙年间自蒲城县相乐坊迁居汉中府西乡县下高川向无宗祠绝后　圣思公一门五支始捐钱捌拾串落串整公买建祠地基坐落烧房椽瓦木石业已措齐旋因兵焚寝废修造实难二房世孙太学生鸿祥捐木料钱壹拾叁串整三房情殿贡生鸿勋目击情殿借兹地基不惜捐囊独力经营创建宗祠正殿五间献殿乐楼五间左右两庑各三间围墙院宇脊兽逐一完善越一年余始落成焉共花费钱壹仟陆佰伍拾贰串整合族人等念勋一人捐囊创建除另兴悬牌阐扬外均愿将先年　祖置祭田一处计种壹斗坐落蜘蛛庵后碑垭一处计种五升坐落窑湾续置祭田旱地叁斗种坐落常家沟共肆斗伍升种条银贰钱柒分壹厘每年收租照市价出粜除完粮祭扫补修本祠外间有赢余或作演戏经费庶有合干敬　宗睦族之义窃恐世远年湮没前人创建之难特勒石以彰厥劳云是为序

诰封朝议大夫前署肤施县教谕世眷晚姚　用拜撰

时大清光绪四年岁次戊寅五月吉日合族　同竖

吕氏祠堂

陕西省安康市宁陕县城关镇旱坝村

一、建筑区位分析

吕氏祠堂位于陕西省安康市宁陕县城关镇旱坝村（该文物点经纬度为33°13′N，106°89′E）。

城关镇地处县境西南，东与太山庙镇、龙王镇相连，南与石泉县两河镇毗邻，西与筒车湾镇相邻，北边与皇冠镇、江口镇交界。地处秦岭中浅山过渡带，地势北高南低。主要山脉有月河梁、平河梁。

二、建筑空间结构

吕氏祠堂，坐北朝南。正殿面阔三间14.5米，进深6.7米；东西厢房面阔三间10.5米，进深4.7米。

三、建筑空间记忆

城关镇在历史上曾是吕氏族人的聚居地之一，其人数之多在明清时已有"吕半城"之称誉。原城关镇内有百座吕氏祠堂。旱坝村吕氏祠堂始建于清朝末期，由吕氏五兄弟修建，大门上雕有菱形纹、回纹、佛手、寿桃、牡丹、菊花、祥云、蝙蝠、雄狮、麒麟、鹿、鹤、喜鹊等寓意吉祥如意、福禄寿喜的纹饰图案，这些都象征了吕家作为书香门第的大氏族身份。

图1 吕氏祠堂山门图

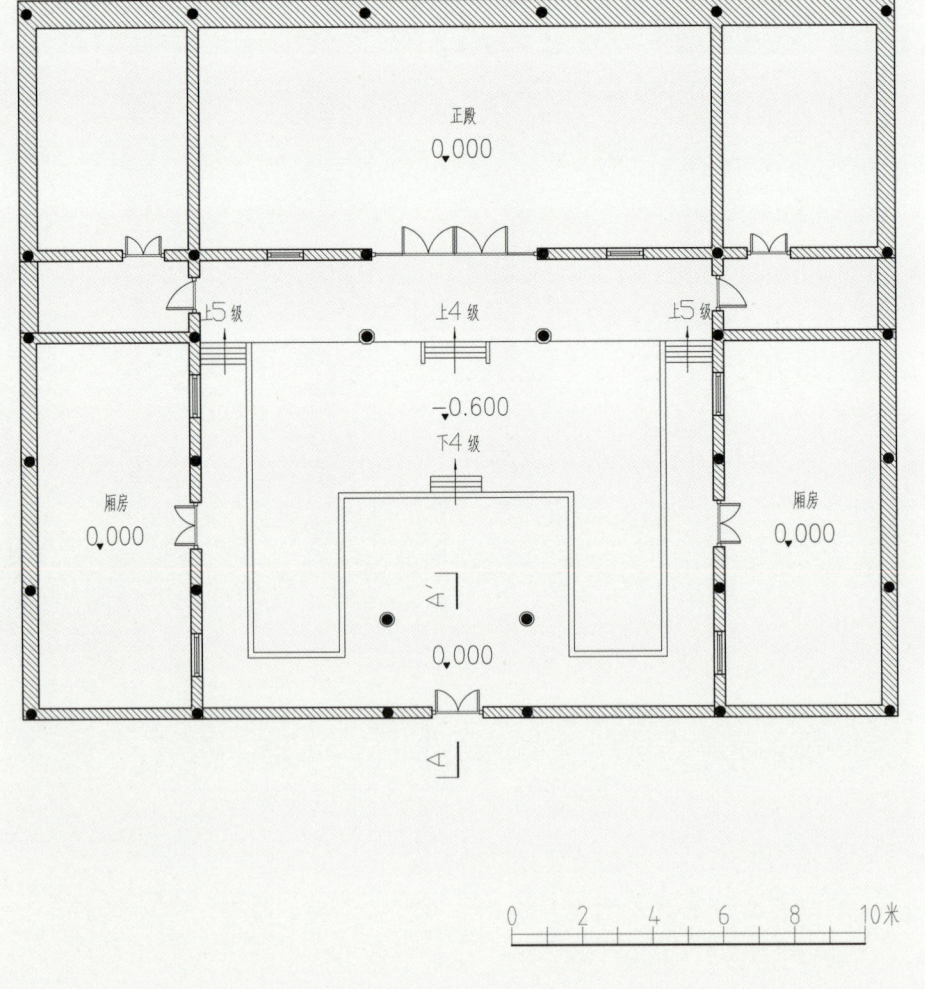

图2 吕氏祠堂正殿

图3 吕氏祠堂厢房

图4 吕氏祠堂总平面图

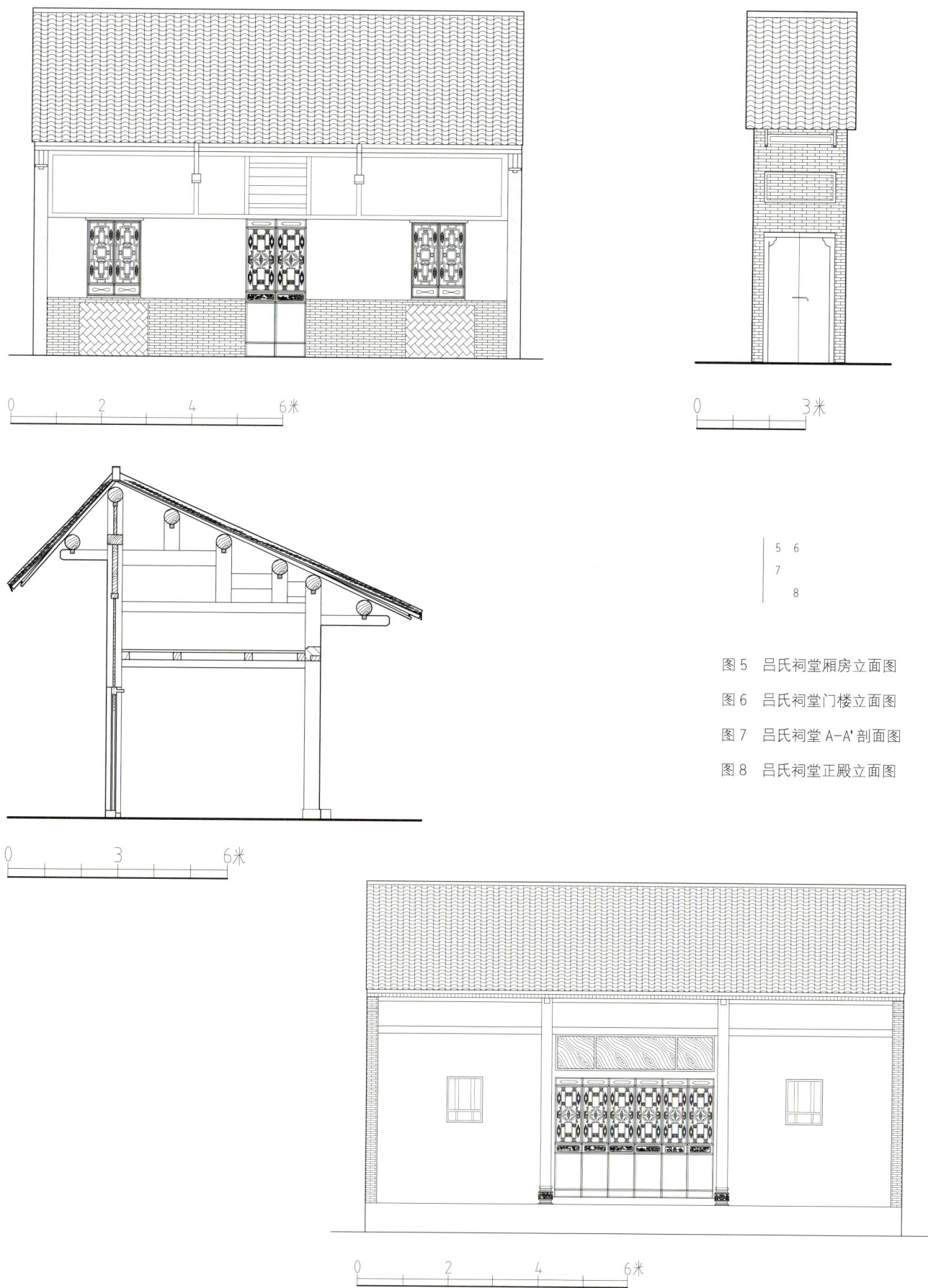

图 5 吕氏祠堂厢房立面图

图 6 吕氏祠堂门楼立面图

图 7 吕氏祠堂 A-A' 剖面图

图 8 吕氏祠堂正殿立面图

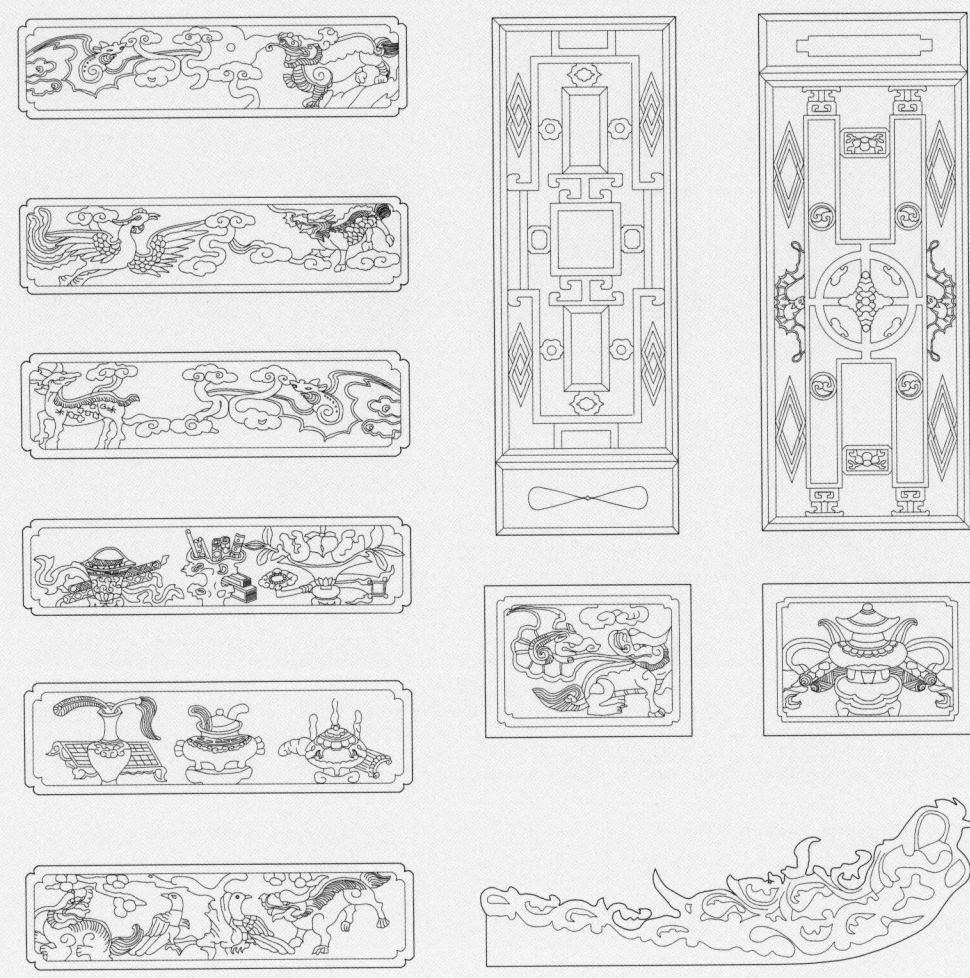

四、建筑装饰艺术

(1)蝙蝠。在传统文化里,蝙蝠是"福"的象征。人们将它的形象画在年画上。许多留存古老的建筑,以及砖刻、石刻中也处处可以见到。

(2)麒麟。中国传统祥兽,是中国古籍中记载的一种神物,与凤、龟、龙共称为"四灵",是神的坐骑。古人把麒麟当作仁宠,雄性称麒,雌性称麟。象征吉祥、太平、长寿。

(3)凤凰。《说文解字》中讲道:"凤属,神鸟也","见(凤凰)则天下大安宁"。百姓将凤凰当作昭示吉祥的祥瑞之鸟。凤凰经常被视作高贵、喜庆、吉祥的图案来作装饰。

（4）鼎。鼎是我国最早的食器之一。《说文解字》曰："鼎，三足两耳，和五味之宝器也。"说明鼎最早的功能是用来煮食物的。后来鼎被赋予神圣使命，源于禹铸九鼎的传说。相传禹曾收九牧之金铸九鼎于荆山之下，以此象征九州镇住中原的气脉，后来就延伸出"定鼎"之说。

（5）宝瓶。瓶是一种口小、颈细、腹大的瓷或者玻璃容器。古人除用瓶从井里打水外，还用瓶做炊具、酒器、冥具、法器。法瓶，既指的是佛家八宝之一的宝瓶，又指观世音菩萨的净瓶。古人认为，宝瓶能给人间带来生命和幸福。

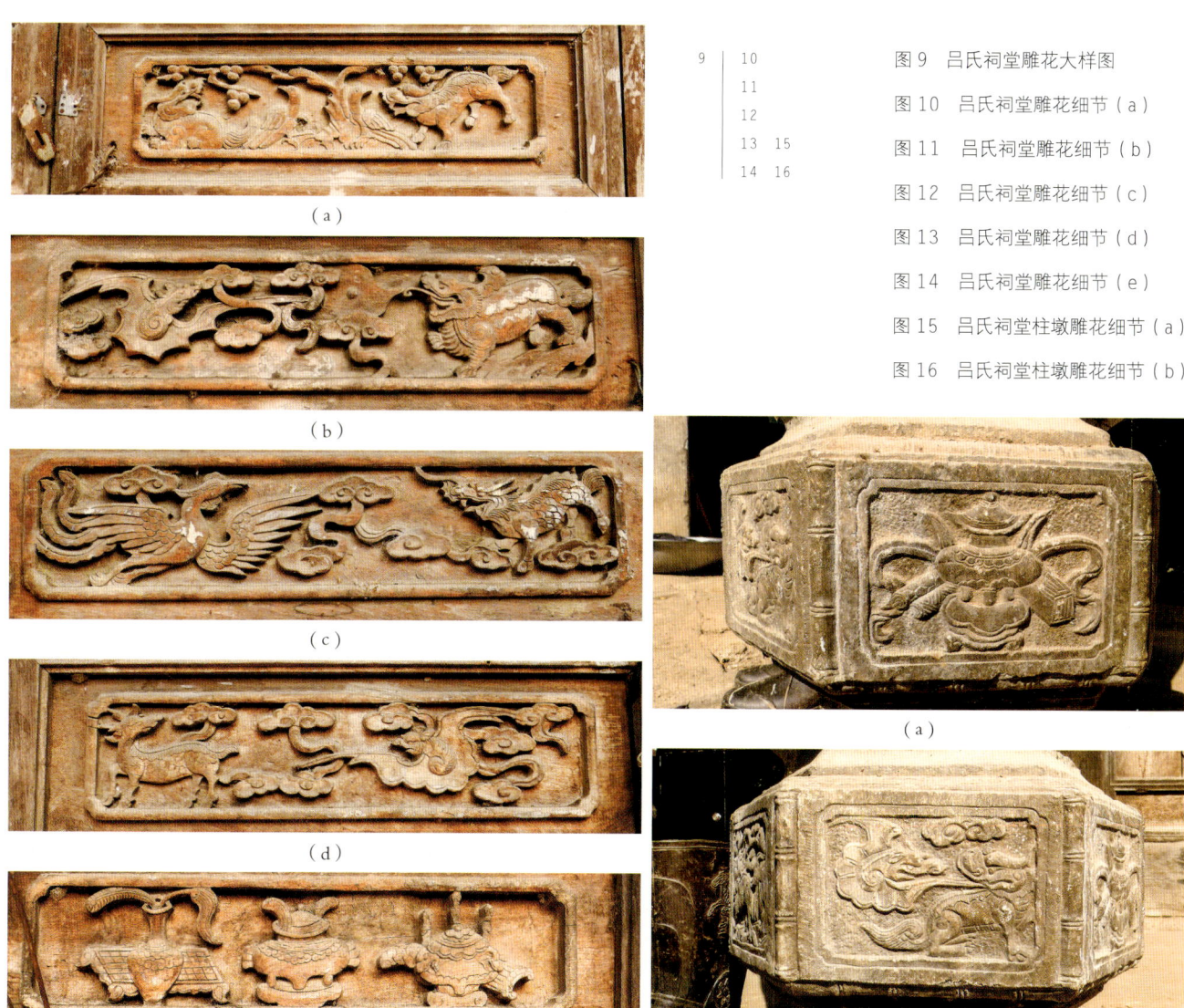

图9　吕氏祠堂雕花大样图
图10　吕氏祠堂雕花细节（a）
图11　吕氏祠堂雕花细节（b）
图12　吕氏祠堂雕花细节（c）
图13　吕氏祠堂雕花细节（d）
图14　吕氏祠堂雕花细节（e）
图15　吕氏祠堂柱墩雕花细节（a）
图16　吕氏祠堂柱墩雕花细节（b）

图17　吕氏祠堂屋脊雕花
图18　吕氏祠堂雕花槛窗（a）
图19　吕氏祠堂雕花槛窗（b）

（a）

（b）

唐氏宗祠

陕西省安康市紫阳县高桥镇龙潭村

一、建筑区位分析

唐氏宗祠位于陕西省安康市紫阳县高桥镇龙潭村（该文物点经纬度为 32°39′N，108°47′E）。

高桥镇，地处紫阳县西南部，东与双桥镇相连，南与绕溪镇为邻，西邻高滩镇，北接向阳镇。高桥镇地处大巴山区，地势南高北低。属亚热带湿润季风气候。其特点是四季分明，气候温和，雨量充沛，无霜期长。

二、建筑空间结构

唐氏祠堂，坐北朝南。正殿面阔三间13.7米，进深6.8米，建筑面积93.16平方米。砖木结构，墙体为青砖砌筑，满条满顺砌式。硬山顶，两山墙为高大的叠落式封火墙，墙垛上青瓦覆顶，砖雕龙头翘首花脊，墀头、叠涩上有梅、兰、竹、菊、牡丹、缠枝花、云纹、万字格、人物故事彩绘等。前殿屋面为小青瓦覆面，叠涩拔檐，檐口叠涩有彩绘。东西厢房面阔三间6.5米，进深2.8米。

三、建筑空间记忆

唐氏宗祠于清代光绪六年（1880）三月破土动工，光绪七年（1881）桂月（八月）竣工，历时1年半，距今一百四十多年的历史。曾多次更换用途，现为村组居民集会场所。

唐氏宗祠早期殿前有一座亭阁，亭阁两边有青石台阶通往山下。前殿后面有拜殿，为供奉宗祖牌位及族人祭拜之用，拜殿面积不大，有二十多平方米。由于年久失修，这些建筑先后塌毁，现仅存一座前殿。

四、建筑装饰艺术

（1）清代龙纹。清代龙纹气宇轩昂，龙首后勺丰满，身躯健硕，盖以庞然大物之态，行撼天动地之威。其特点是龙首变化很大，猪嘴收缩，显得下颚比上颚长。长披发或多簇短耸发，睫毛形态多样化，不少以竹叶形描绘。顺治年间睫毛现象习见；康雍时期睫毛时有时无；乾隆朝起，睫毛出现十分普遍。须清。第一第二趾舒展成一直线，爪子犹如踏在平地，有龙身腾舞之势，爪子有着地受力的韵味。龙身鳞片多半带有染色。

（2）"寿"字。寓意长命百岁。

（3）栀子花。寓意喜悦、坚强、永恒的爱，以及一生的守候。

（4）金法轮。象征佛陀教义的传播。金轮，古印度时，轮是一种杀伤力强大的武器。后为佛教借用，象征佛法像轮子一样旋转不停，永不停息。

（5）牡丹。花色泽艳丽，玉笑珠香，风流潇洒，富丽堂皇，素有"花中之王"的美誉。唐代刘禹锡有诗曰："庭前芍药妖无格，池上芙蕖净少情。唯有牡丹真国色，花开时节动京城。"在清代末年，牡丹就被誉为国花。

（6）喜鹊登梅。喜鹊登梅是中国传统吉祥图案之一，也是吉祥的雕刻题材。民间常把喜鹊登梅的作品陈列家中，以兆好运。喜鹊叫声婉转，人们将喜鹊作为吉祥的象征，象征好运与福气。梅，古代又称报春花。

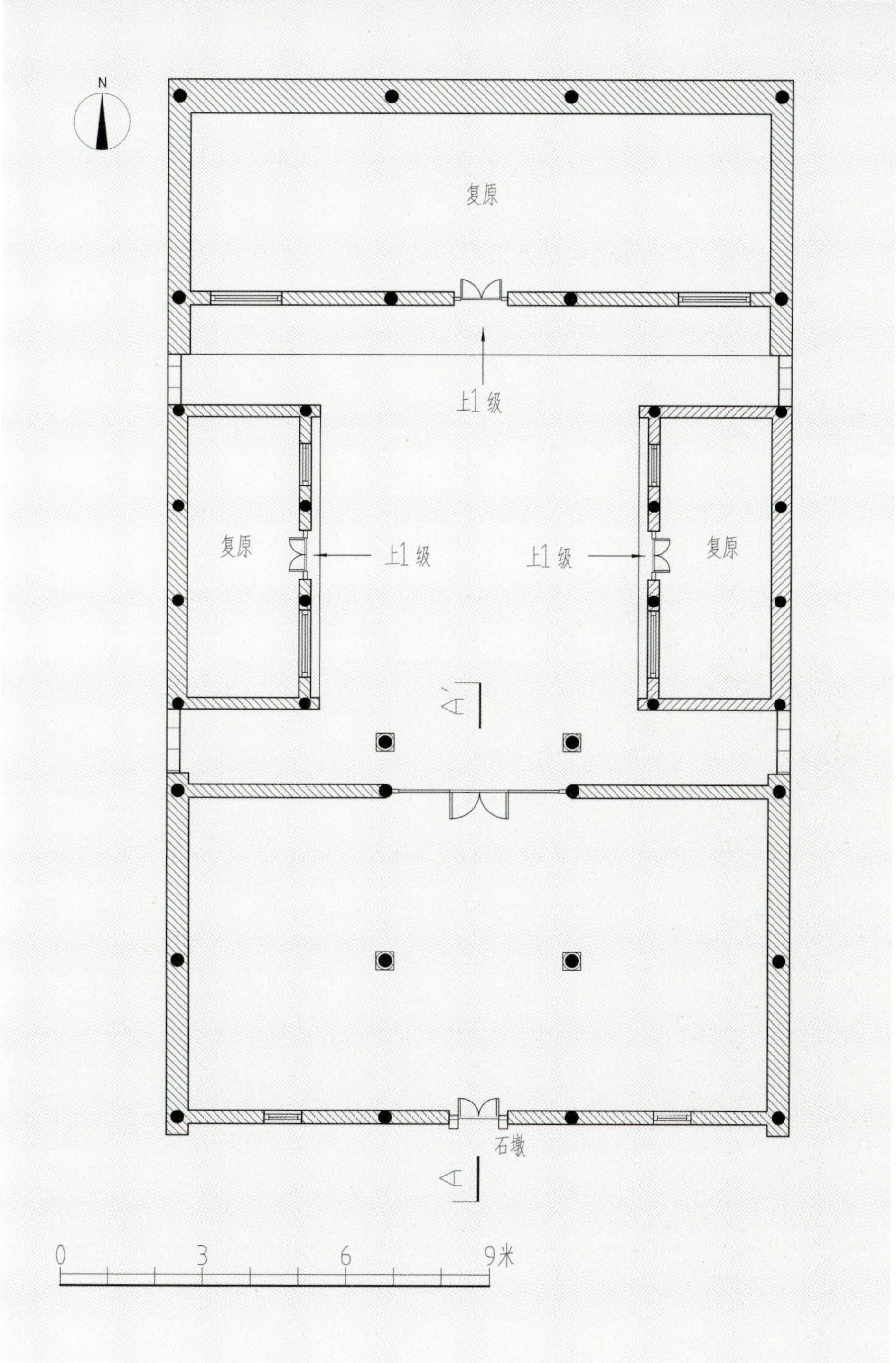

图1 唐氏宗祠正门

图2 唐氏宗祠侧面

图3 唐氏宗祠结构

图4 唐氏宗祠总平面图

陕西省民间宗祠测绘图典选集　　297

图5 唐氏宗祠山门立面图
图6 唐氏宗祠 A-A' 剖面图
图7 唐氏宗祠雕花大样图

图8 唐氏宗祠砖墙雕花细节
图9 唐氏宗祠牌匾雕花细节
图10 唐氏宗祠雕花细节

王氏祠堂

陕西省安康市汉滨区张滩镇兰沟村

一、建筑区位分析

王氏祠堂位于陕西省安康市汉滨区张滩镇兰沟村（该文物点经纬度为 32°71′N，109°10′E）。

王氏祠堂位于兰沟村，隶属安康市汉滨区张滩镇。张滩镇地处汉滨区东部，东与石梯镇、关家镇相接，南与县河镇毗邻，西南与新城街道为邻，北与关庙镇相连。张滩镇属亚热带湿润季风气候，特点是气候温和，雨量充沛，四季分明，无霜期长。

二、建筑空间结构

王氏祠堂，坐北朝南。正殿面阔三间8.7米，进深5.9米；东西厢房面阔三间5.2米，进深3.3米。

三、建筑空间记忆

张滩镇地处安康城东郊，自古以来这里就有南接新城、北连关庙的"舟楫之便"。

据传汉滨王氏自清嘉庆年间从湖南迁于此，王氏祠堂于同治九年（1870）三月创修，光绪二年（1876）三月修建，重建年代不详。

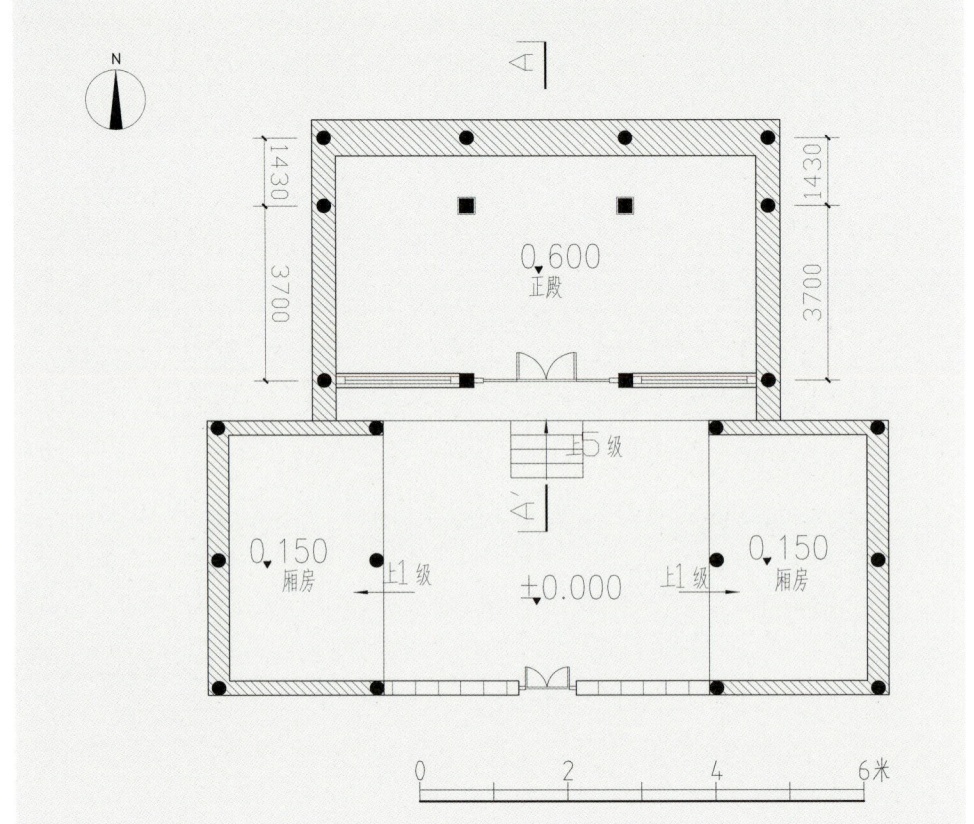

图1 王氏祠堂正殿
图2 王氏祠堂总平面图

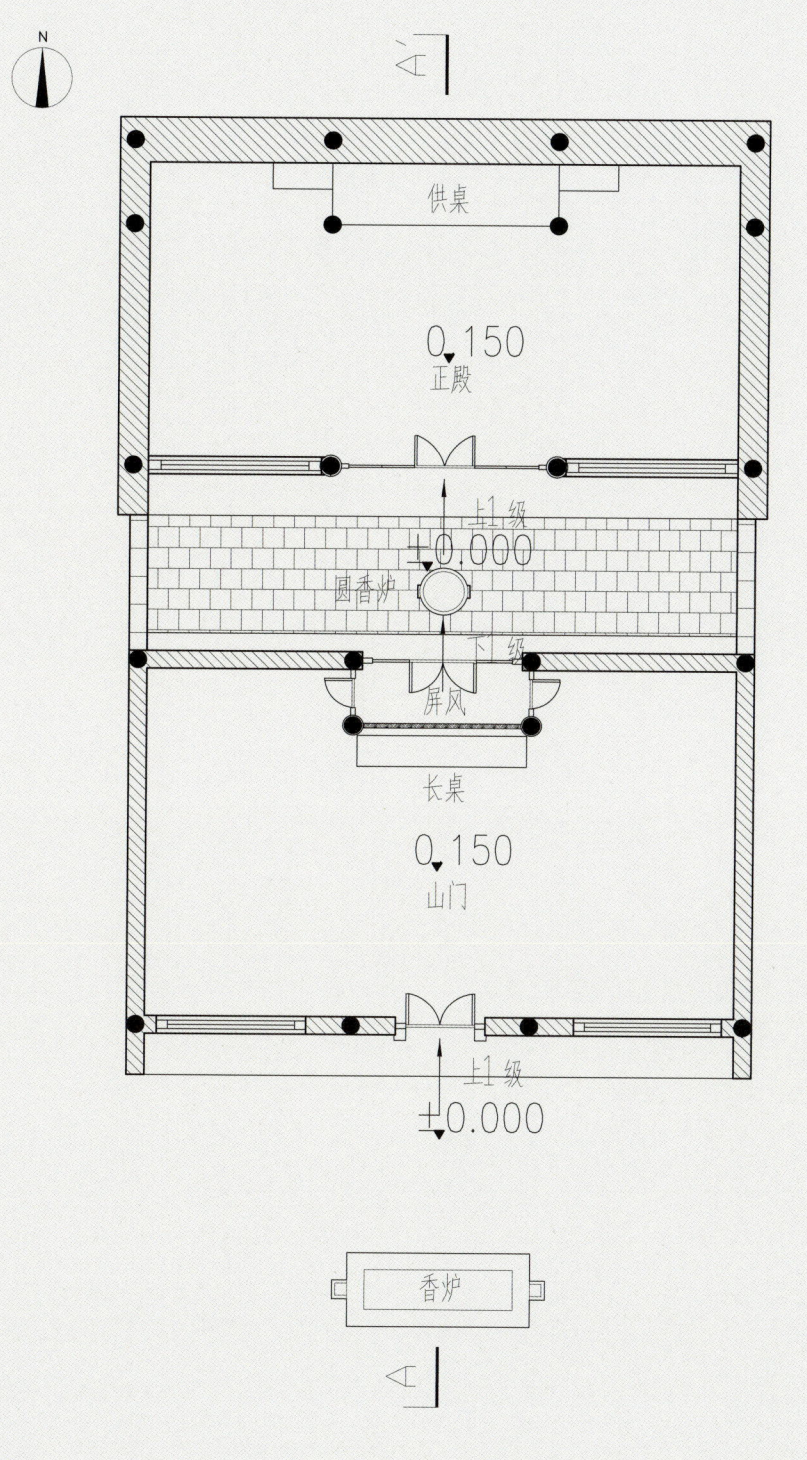

图 4 唐氏祠堂总平面图

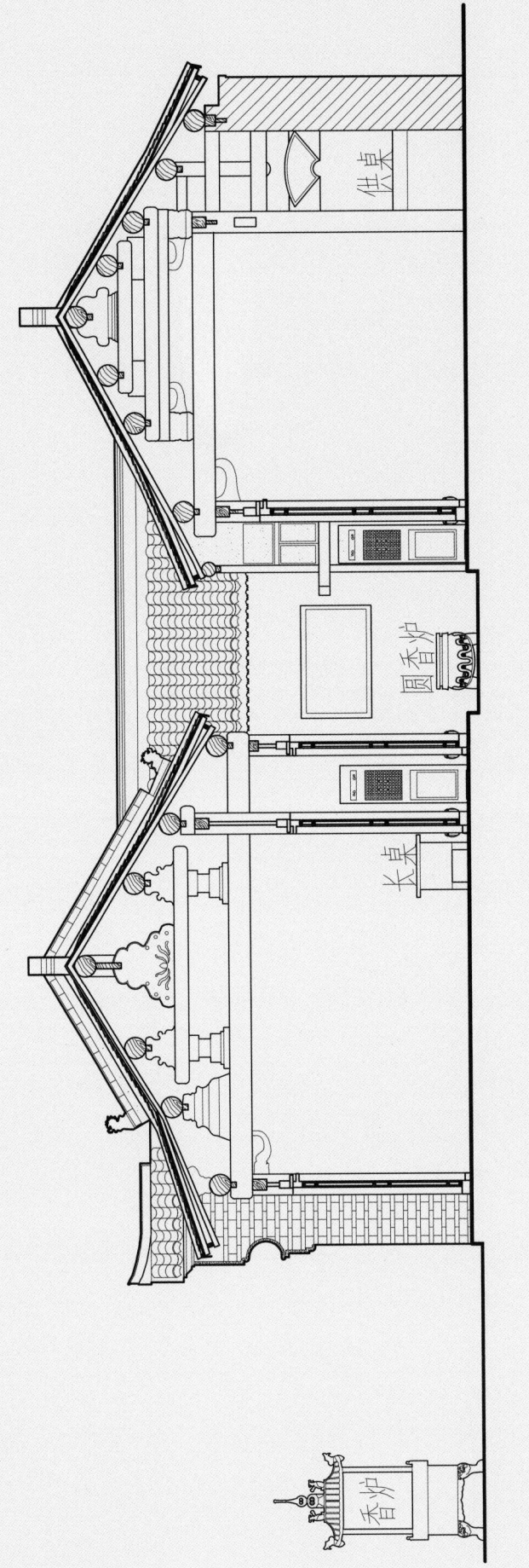

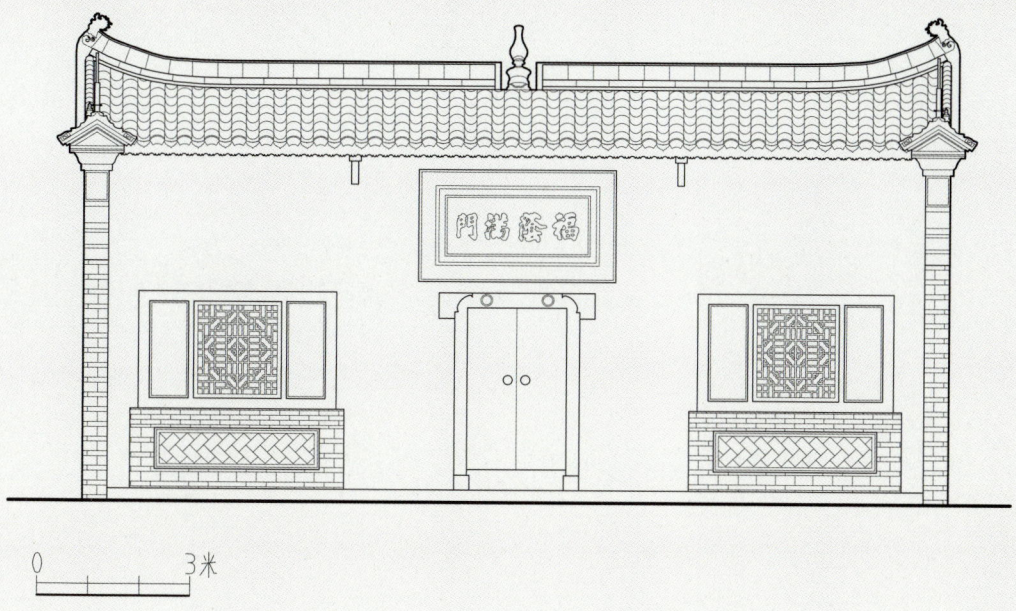

图5 唐氏祠堂A-A'剖立面图
图6 唐氏祠堂山门立面图

三、建筑空间记忆

　　唐氏祠堂始建于清光绪十九年（1893），距今已有一百二十多年的历史。据《唐氏族谱》及有关资料记载：唐姓家族本是西周武王小儿子叔虞的后裔，被兄长成王封到山西平阳（因在晋水之阳得名），堂号为"晋阳祠"。为后人修德、学智、教稽，丰公之子珈、琇、珠、高、华、贵择村西建筑祠舍，定名"六合公"学堂，并植金桂、梧桐树各一株。光绪时，光谦公出资鸠工庀材易学堂为祠宇，可惜工未竣而公逝，后有宗默、锟耀公等继力告竣，大门首书"晋阳祠"，教子以德为本、孝悌为先、耕读传家、克勤克俭、笃道创业、睦族尚贤。至此，殿堂焕彩，祠宇恢严，族声丕振，裕后光先。

　　中华人民共和国成立后，晋阳祠百亩祠会田产收为集体所有，三百尊祖宗牌位及十几幅木匾被烧毁，高大的桐、桂树被伐。2011年，唐氏族人集资修复了晋阳祠。

图 7　唐氏祠堂牌匾楹联大样图

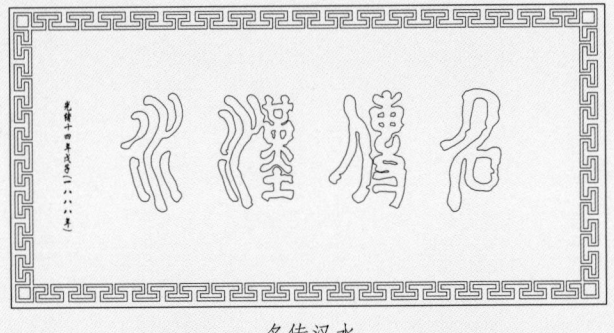

名传汉水

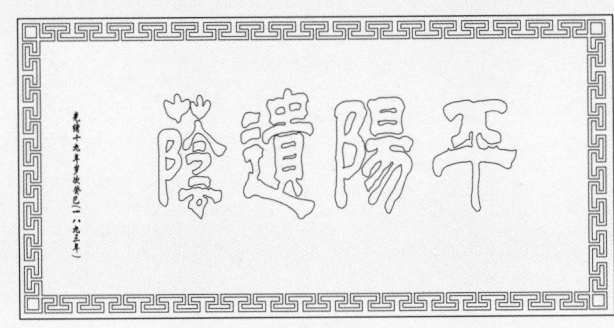

平阳遗荫

晋阳祠

年高德邵

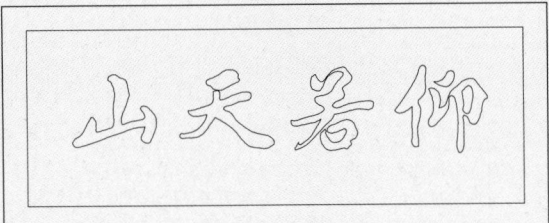

仰若天上

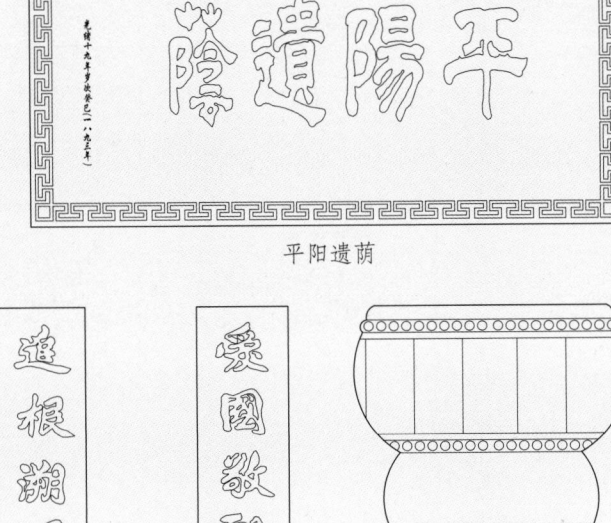

楹联

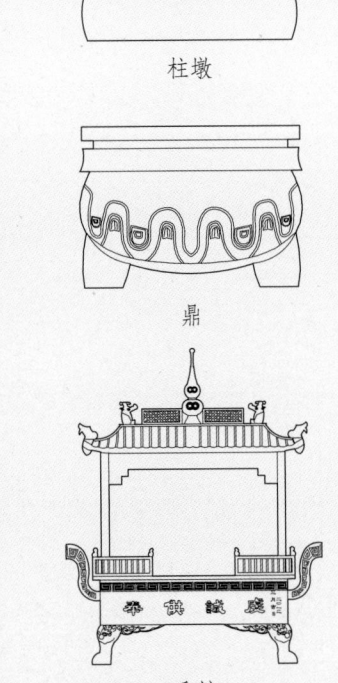

柱墩

鼎

香炉

8			
9	10		
11	12	13	14

图 8　唐氏祠堂屋顶结构
图 9　唐氏祠堂"福荫满门"牌匾
图 10　唐氏祠堂"晋阳祠"牌匾
图 11　唐氏祠堂"平阳遗荫"牌匾
图 12　唐氏祠堂"名传汉水"牌匾
图 13　唐氏祠堂"年高德邵"牌匾
图 14　唐氏祠堂"仰若天山"牌匾

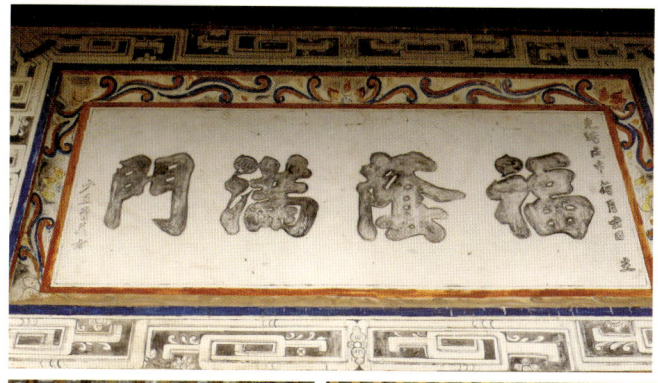

沈氏宗祠

陕西省安康市汉阴县涧池镇枞岭村

一、建筑区位分析

沈氏宗祠位于陕西省安康市汉阴县涧池镇枞岭村（该文物点经纬度为32°84′N，108°58′E）。

汉阴县位于陕南秦巴山区，北枕秦岭，南倚巴山，凤凰山横亘东西，汉江、月河分流其间，316国道和阳安铁路穿境而过。除月河川道外，大部分为浅山丘陵。

二、建筑空间结构

沈氏宗祠，坐北朝南。正殿面阔三间11.3米，进深7.3米；山门面阔三间10.9米，进深6.4米。

三、建筑空间记忆

根碑文记载，沈氏宗祠创建于清代道光年间。现遗址地面散见原建筑构件和石碑两通，分别编号为B1、B2。B1为沈氏私置幽林义地碑，高1米，宽0.5米，厚0.06米，记述了义地的四至，1949年款；B2为永捐祭田序，高1米，宽0.7米，厚0.06米，记述永远捐田给祠堂做祭祀用，道光二十三年（1843）款。2007年，由沈氏后裔筹资在原址基础上重新修建。

沈家祠堂在1935—1936年期间，作为抗击日军的驻地。1936年4月底，何振亚率领部队三百余人,从汉阴双河口来到涧池,部分人员驻扎在沈氏宗祠。在此驻地期间,何振亚积极开展革命活动,组织召开多场重要会议,进行策划革命的工作。

沈氏宗祠是沈氏家族祭祀、集会的地方。每年清明节,沈氏族人在这里祭祀先祖,诵读沈氏家训,在舞台上展演才艺,畅叙亲情。

图1 沈氏宗祠正殿

图2 沈氏宗祠内庭院

图3 沈氏宗祠正殿内部

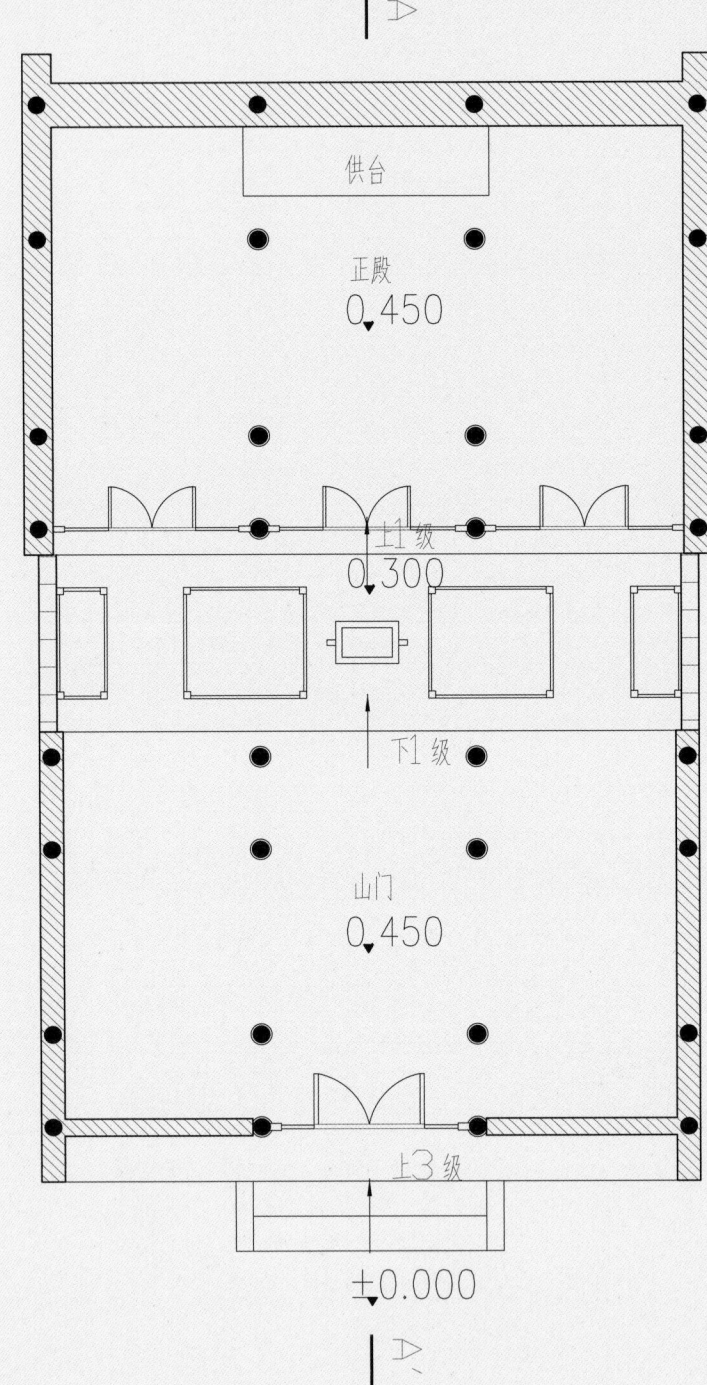

图 4 沈氏宗祠总平面图
图 5 沈氏宗祠 A-A' 剖立面图

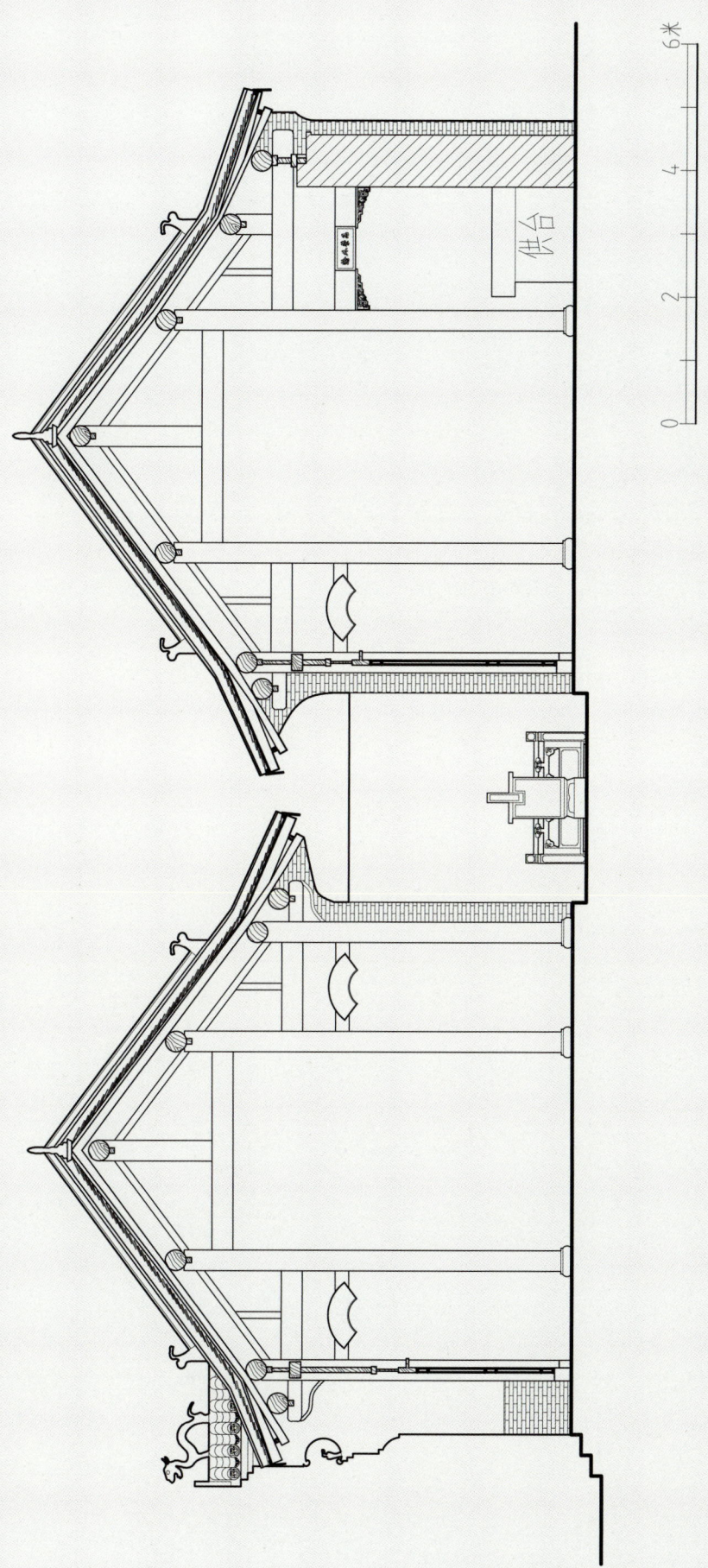

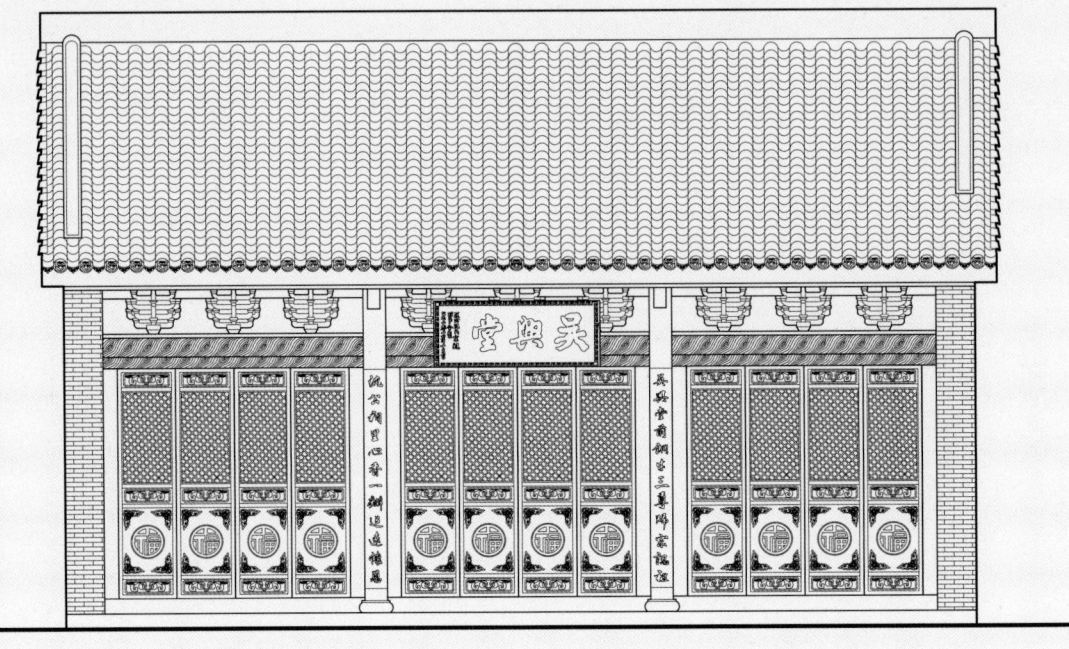

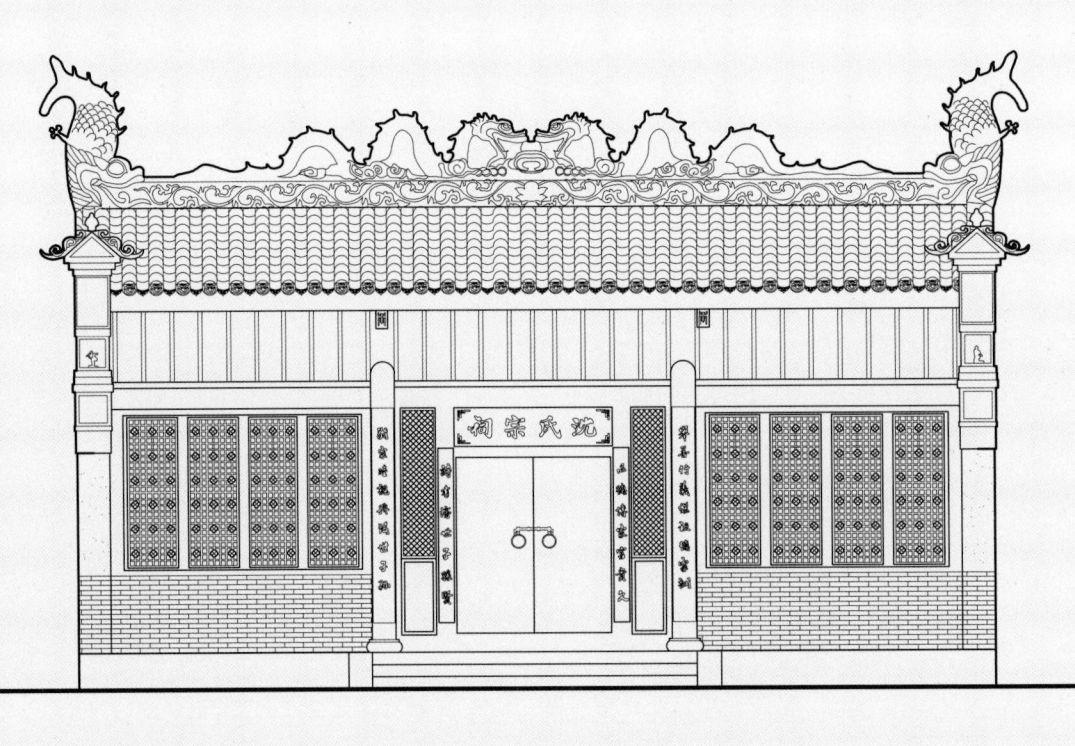

316

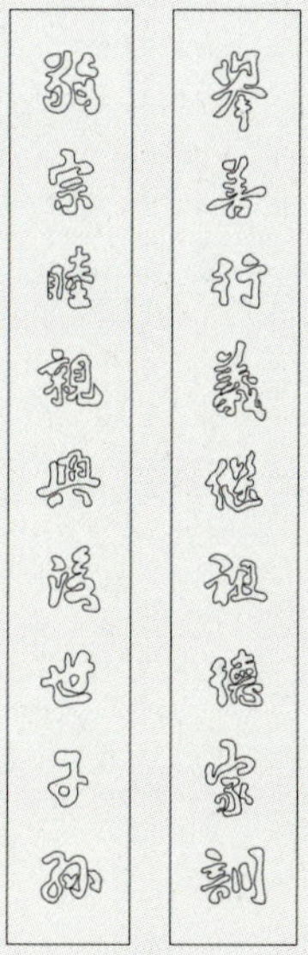

举善行义继祖德家训
敬宗睦亲兴后世子孙

温良恭俭让传百世美德
忠孝节义廉留千古文章

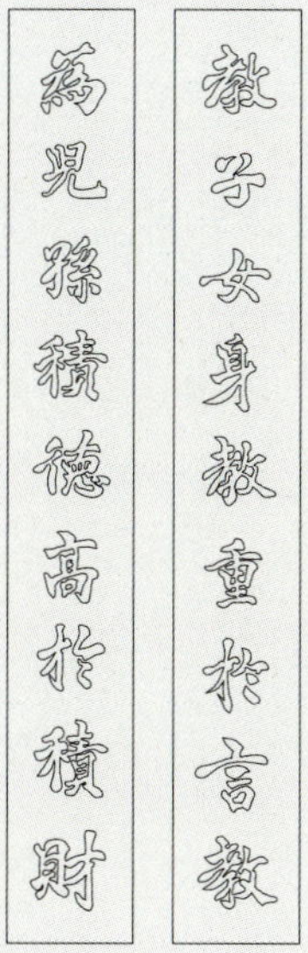

教子女身教重于言教
为儿孙积德高于积财

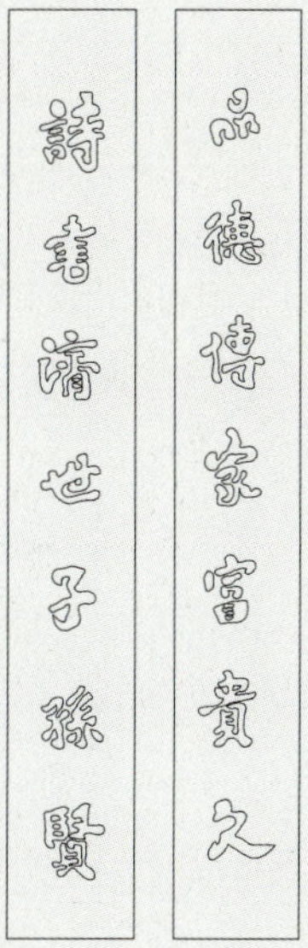

吴兴堂前钢木三尊归宗认祖
沈公祠里心香一瓣追远怀恩

品德传家富贵久
诗书济世子孙贤

图 6 沈氏宗祠山门立面图
图 7 沈氏宗祠正殿立面图
图 8 沈氏宗祠楹联大样图

四、建筑装饰艺术

（1）"恩荣外翰"牌匾。"恩荣"是由皇帝批准下旨，予以褒奖的意思。清中期以后，"恩荣"多为向朝廷捐纳筹饷而取得的品级。"外翰"即"外翰第"，是有地位的文翰人家的外衔的意思，既显示了主人的与众不同，又含表明家世显赫，有借以弘扬祖德、启裕后人的深意。

（2）"泮水钟灵"牌匾。"泮水"意为古代学宫前的水池，形状如半月。清代称考取秀才为"入泮"。"钟灵"谓灵秀之气汇聚。

（3）"万派同源"牌匾。出自宋代释智遇《善慧大士赞》："万派同源，三教一舌。"同源指水流同一源头，指事物的来源相同。江水发源地都是指向相同的方向，意为都是同根同源的人，都要向相同的方向走去。

（4）"百善孝为先"牌匾。从中华文化孝的观念来看，孝顺父母是孝道的开始，如果一个人都不孝敬父母，就很难想象他会热爱自己的祖国和人民。

图9　沈氏宗祠供台大样图
图10　沈氏宗祠勾栏大样图

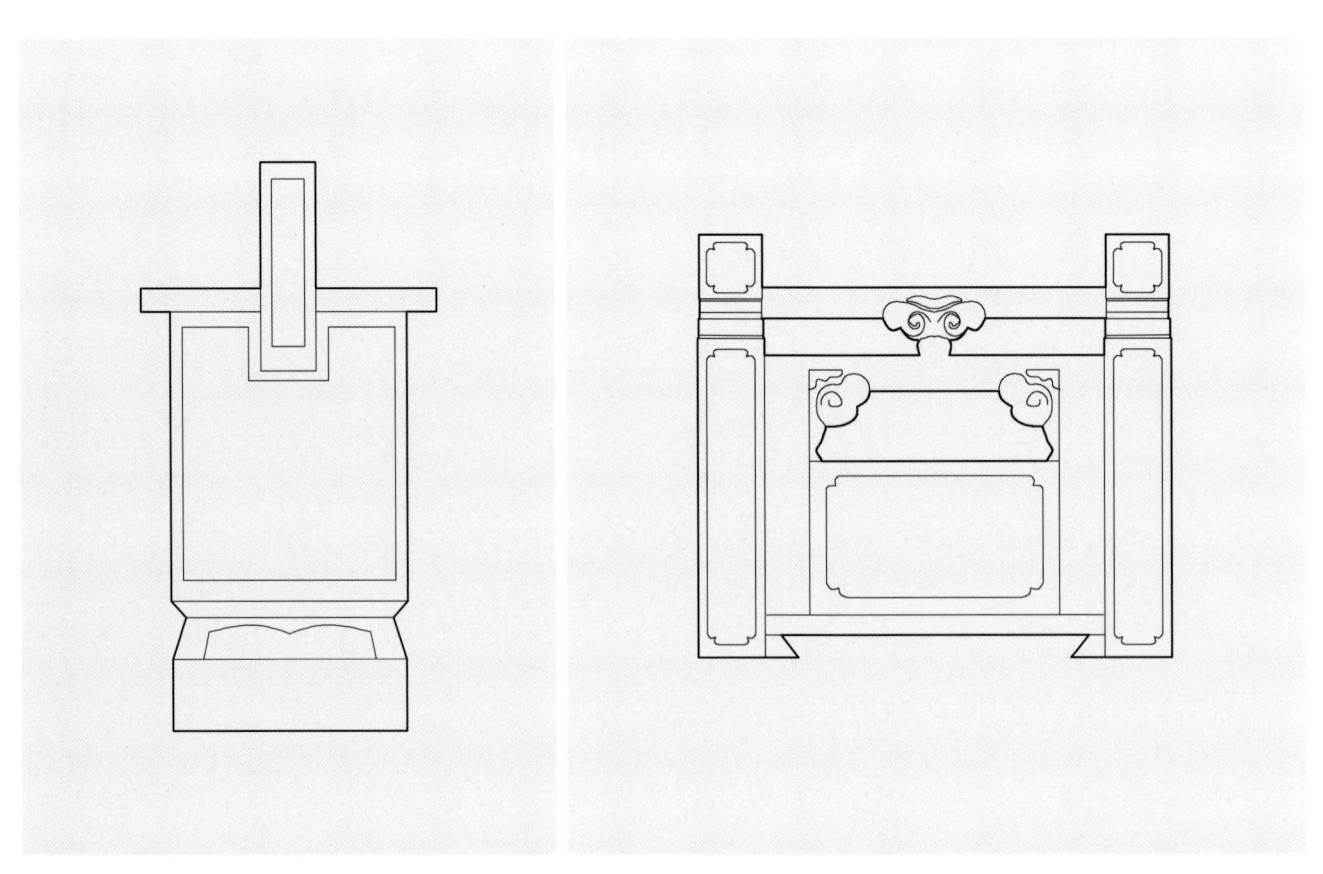

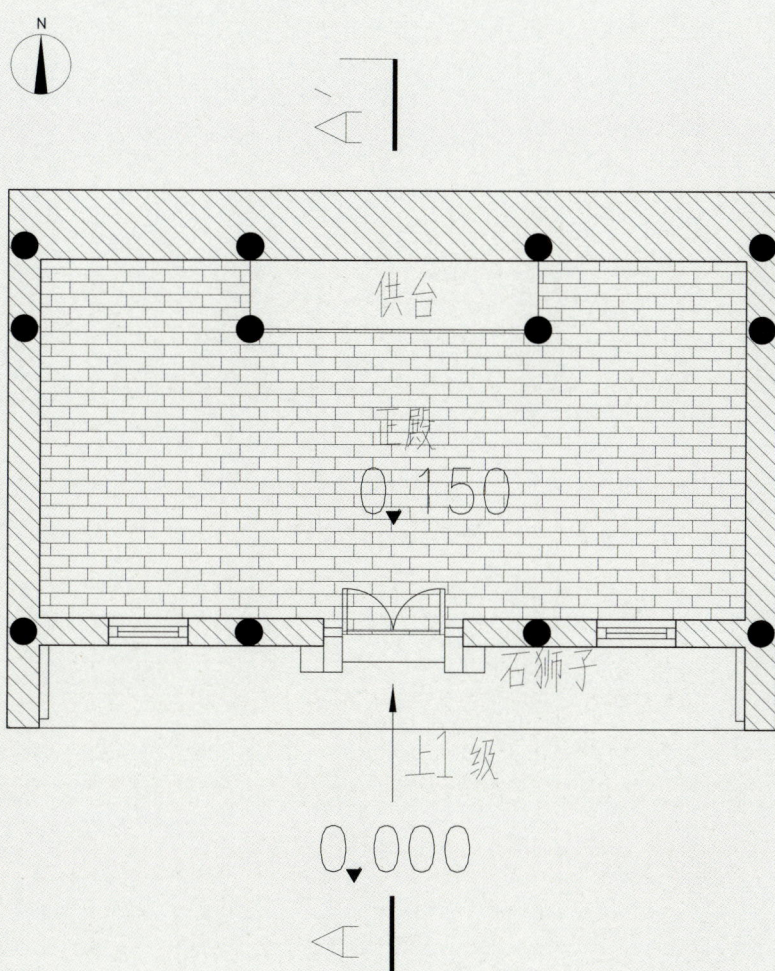

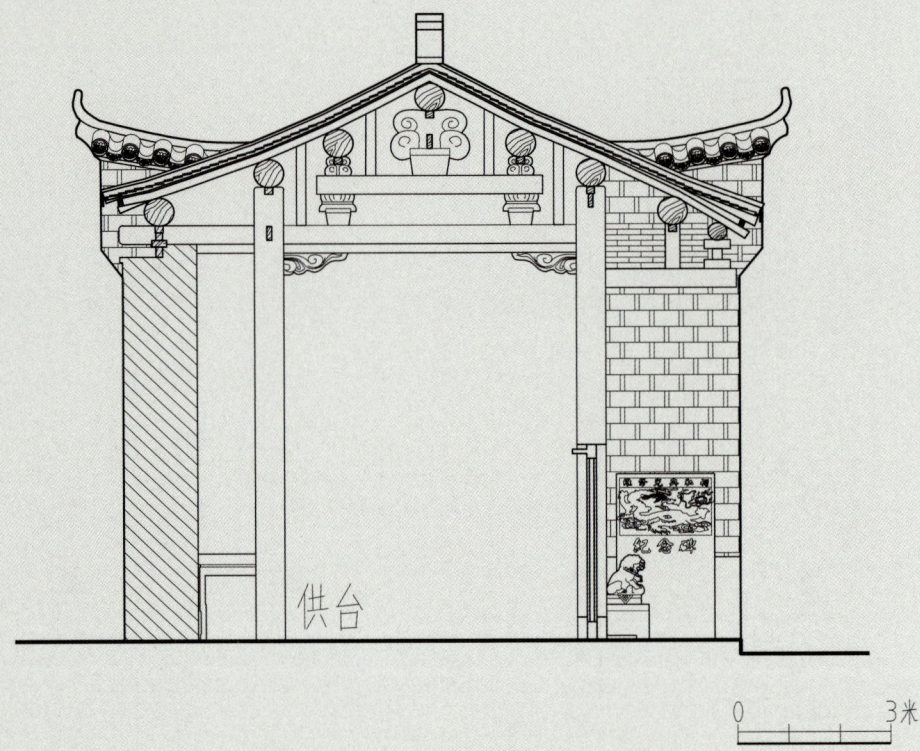

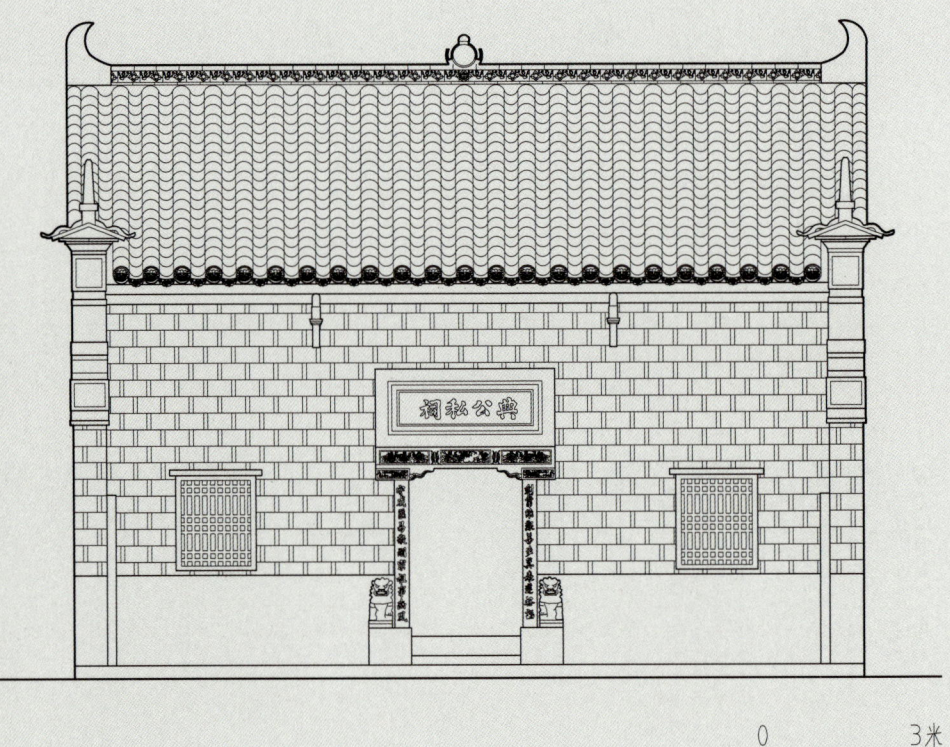

图 4　典公私祠 A-A' 剖立面图

图 5　典公私祠正殿立面图

图 6　典公私祠门楣大样图

四、建筑装饰艺术

八仙。明吴元泰《八仙出处东游记》始定八仙为铁拐李、汉钟离、张果老、何仙姑、蓝采和、吕洞宾、韩湘子、曹国舅。传说八仙分别代表男、女、老、幼、富、贵、贫、贱；八仙所持的檀板、扇、拐、笛、剑、葫芦、拂尘、花篮等八物俗称为"八宝"，代表八仙之品。相传八仙有的在唐时修道成仙，有的在宋时修道成仙。八仙之名，相传始于元代。八仙的图案常见于画轴、建筑、家具、杂器、衣物之上，或与"寿星老人"相伴，或衬以古松仙鹤，用作祝颂高寿。

纪念碑

光典私祠自一九八九年起属明桂公明楠公明楷公明星公四大房共有以载入族谱再上此碑以便后知光典私祠民国四年所建需加固维修在族长谢开模倡议和主持下赢得了族人的大力支持和资助维修工程圆满完成为弘扬正气教育子孙继续发扬中华民族美德继承革命传统精神特将捐资百元以上者上碑留名以表功德流芳百世

谢开勇捐资一千元谢开汉捐资五百元以下均为捐资一百元并按辈分依次排列

（下略）

图7　典公私祠墀头
图8　典公私祠牌匾
图9　典公私祠室内构架
图10　维修光典私祠纪念碑

侯家祠堂

陕西省安康市汉滨区大竹园镇正义村

一、建筑区位分析

侯家祠堂位于陕西省安康市汉滨区大竹园镇正义村（该文物点经纬度为 32°58′N，108°67′E）。

大竹园镇位于陕西省安康市汉滨区西南部，地处低山丘陵区，属亚热带湿润季风气候，地貌呈"两山夹一川"的态势。

二、建筑空间结构

侯家祠堂，坐北朝南。正殿面阔五间 19.3 米，进深 10.4 米；东西厢房面阔二间 7.8 米，进深 3.9 米。

三、建筑空间记忆

侯家祠堂始建于清代同治年间，早期规模很大，由大门楼、前殿、中殿、正殿及南北厢房组成，为二进式天井四合院。从清同治年间破土动工，先修大门楼和前殿，后修中殿，再修后殿，至清光绪三十四年（1908）整体完工，历时近 40 年。中华人民共和国成立后，该祠堂成为乡政府的办公地。1989 年，原正义乡政府拆毁了大门、前殿，重修了两排砖木结构的平房。祠堂现仅存中殿、后天井、南北厢房和正殿，为一进式四合院格局。

(a)

(b)

图1　侯家祠堂屋顶结构（a）
图2　侯家祠堂屋顶结构（b）
图3　侯家祠堂侧面
图4　侯家祠堂总平面图

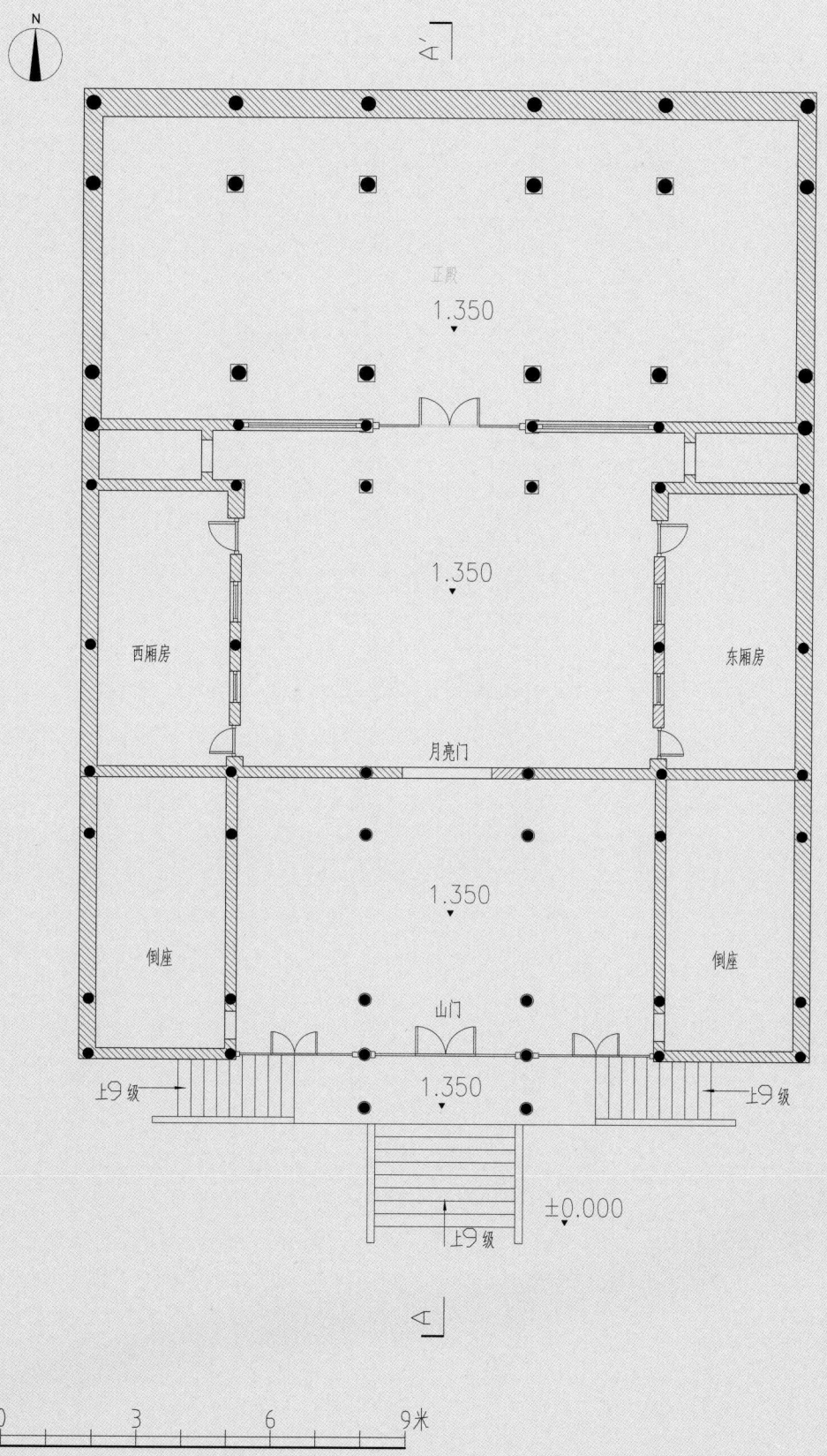

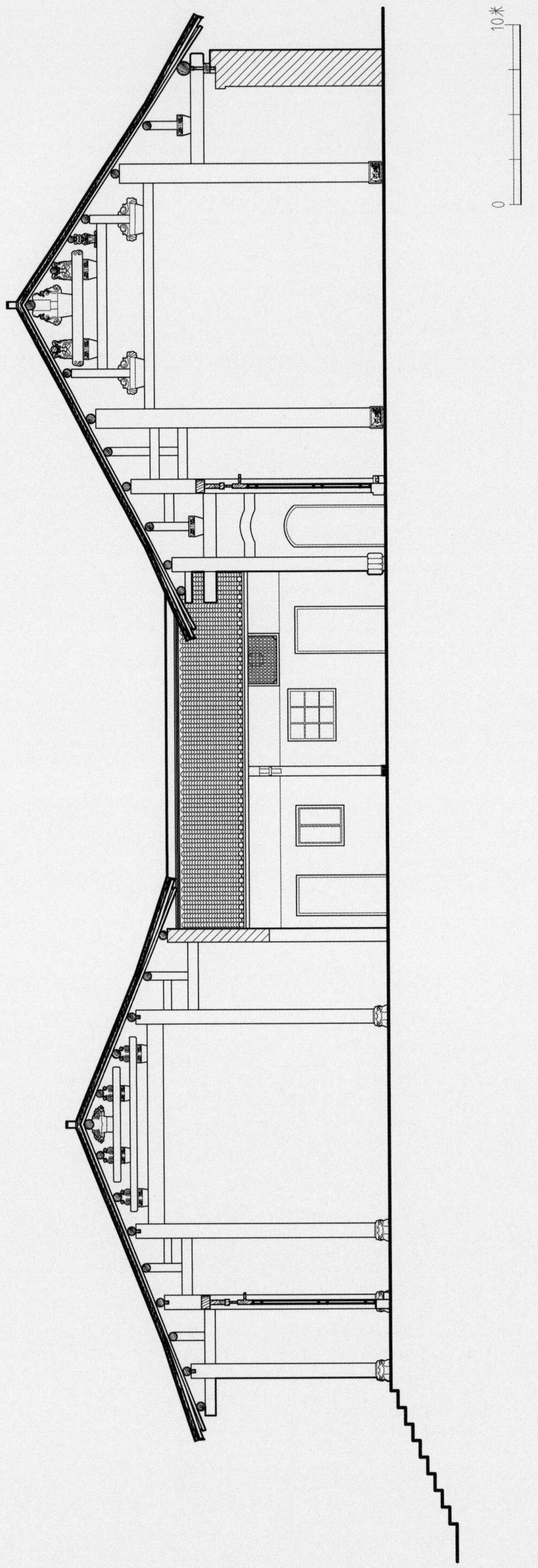

图 5 侯家祠堂 A-A' 剖立面图

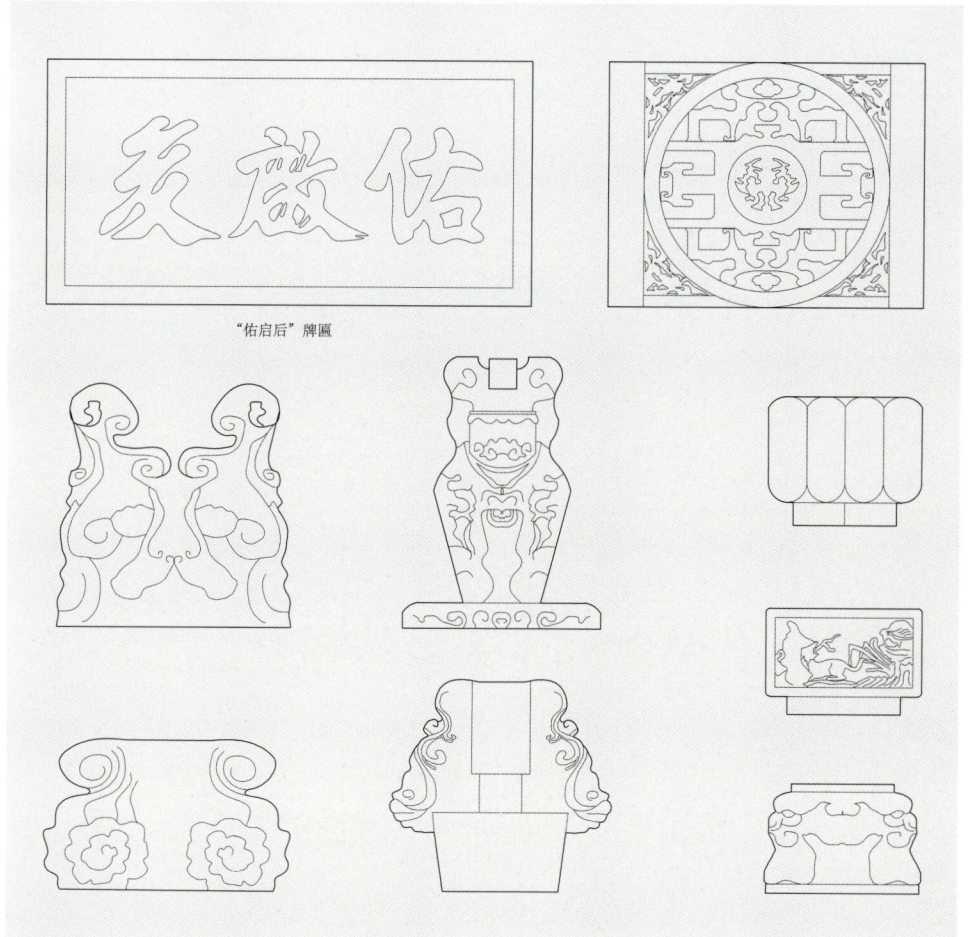

图6 侯家祠堂雕花大样图

四、建筑装饰艺术

（1）缠枝纹。为中国传统吉祥纹样之一，很多中国古代艺术品上都可见此装饰纹样，寓意生生不息、万代绵长。其样式或绵延曲卷、细腻柔曼，或婀娜多姿、妩媚妖娆；体态生动优美，富有动感。

（2）云纹。蕴含着中华民族的文化理念和审美精神。古人认为，"云"与"气"实为一体，是生机、灵性、精神以及祥瑞等的载体和象征。飘逸流动的曲线和回转交错结构，体现了中华民族的审美心理的普遍倾向，热爱流动形式之美。

（3）福在眼前。铜钱图案。因"钱"与"前"谐音，钱币中的方洞称为"钱眼"，有时寓意为"眼前"，比如蝙蝠和铜钱组合在一起，意为"福在眼前"。

（4）如意。寓意万事顺心如意。

图7 侯家祠堂"佑启后"牌匾

图8 侯家祠堂内部现状（a）

图9 侯家祠堂内部现状（b）

图10 侯家祠堂窗

图11 侯家祠堂屋顶结构（a）

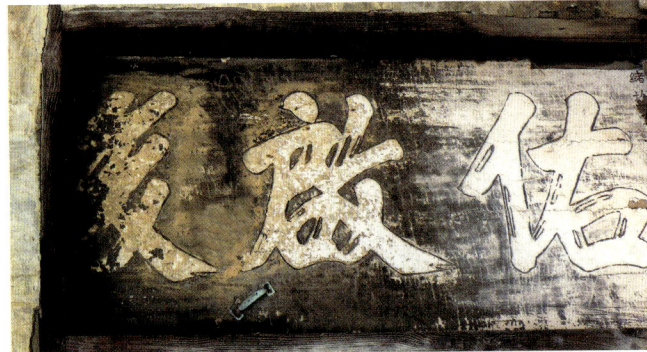

（a）

（b）

（a）

(b)

(a) (b)

(c) (d)

图 12　侯家祠堂屋顶结构（b）

图 13　侯家祠堂院内景

图 14　侯家祠堂雕花细节（a）

图 15　侯家祠堂雕花细节（b）

图 16　侯家祠堂雕花细节（c）

图 17　侯家祠堂雕花细节（d）

孙家祠堂

陕西省商洛市商南县清油河镇团坪村

一、建筑区位分析

孙家祠堂位于陕西省商洛市商南县清油河镇团坪村（该文物点经纬度为33°57′N，110°74′E）。

清河油镇位于陕西省商洛市商南县西北部，以低山丘陵为主，地势北高南低，总体地形东西窄短，南北狭长。其最高点在城镇的最北端，因打出的油清亮如水，远近闻名，故村名"清油河"。

二、建筑空间结构

孙家祠堂，坐北朝南。正殿面阔三间10.5米，进深8.1米；东西厢房面阔一间5.8米，进深5.0米。

三、建筑空间记忆

据传现商南孙氏始祖为鸿德公，自清乾隆初年于山东济南府迁至商南。祠堂修建于清光绪三十年（1904），重建年代不详。

图1　孙家祠堂正殿

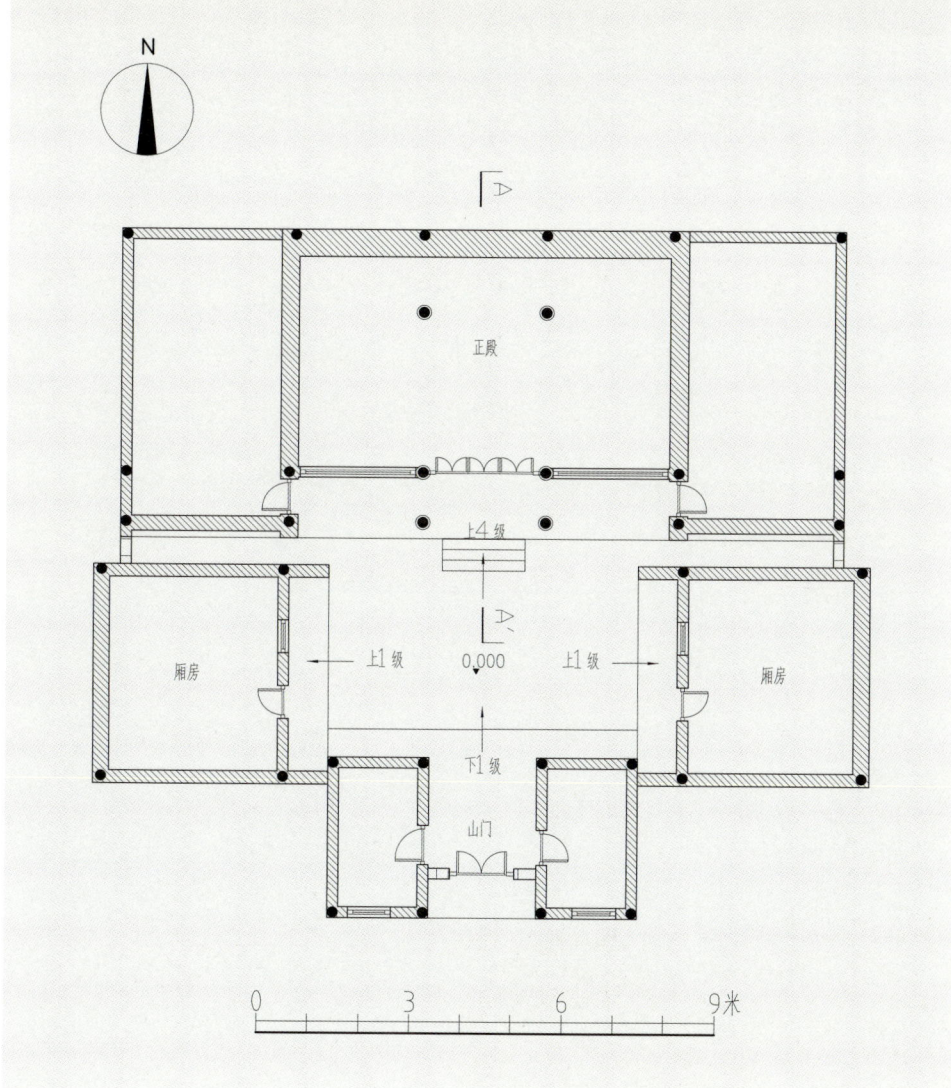

图2 孙家祠堂远景

图3 孙家祠堂总平面图

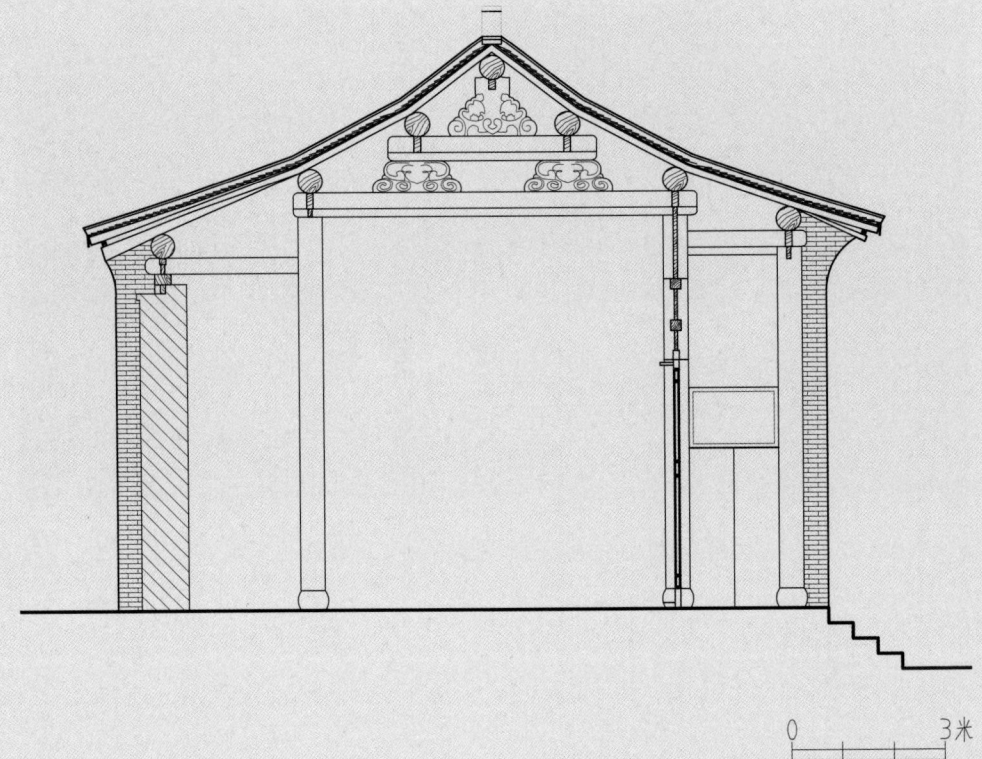

图 4 孙家祠堂 A-A' 剖面图
图 5 孙家祠堂 B-B' 剖面图
图 6 孙家祠堂厢房剖面图
图 7 孙家祠堂山门立面图

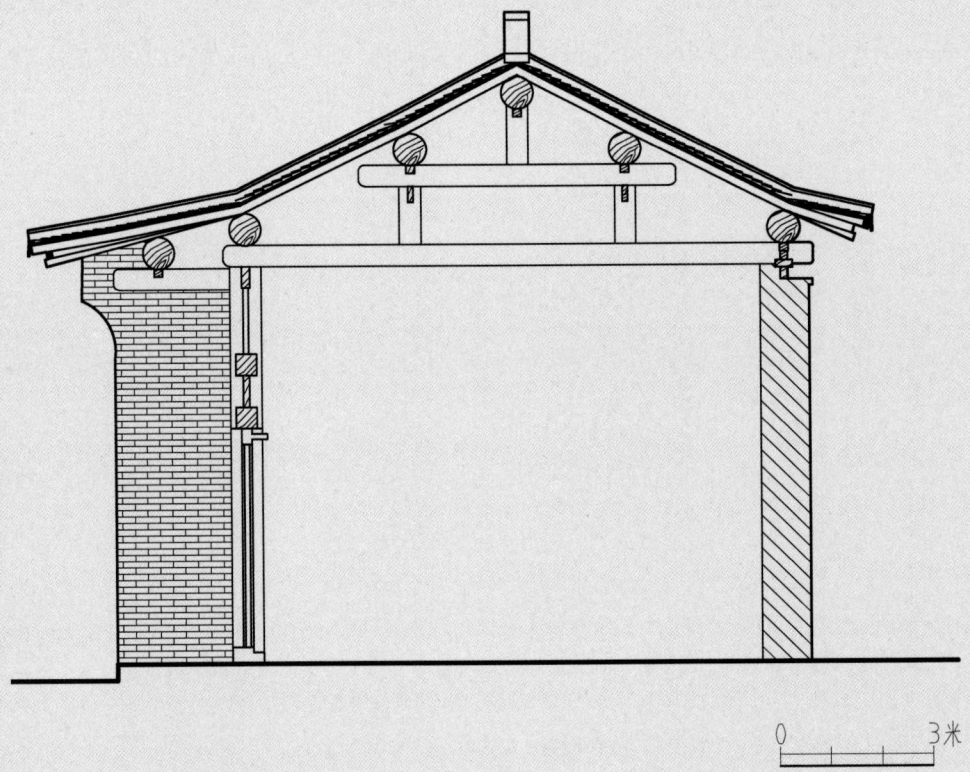

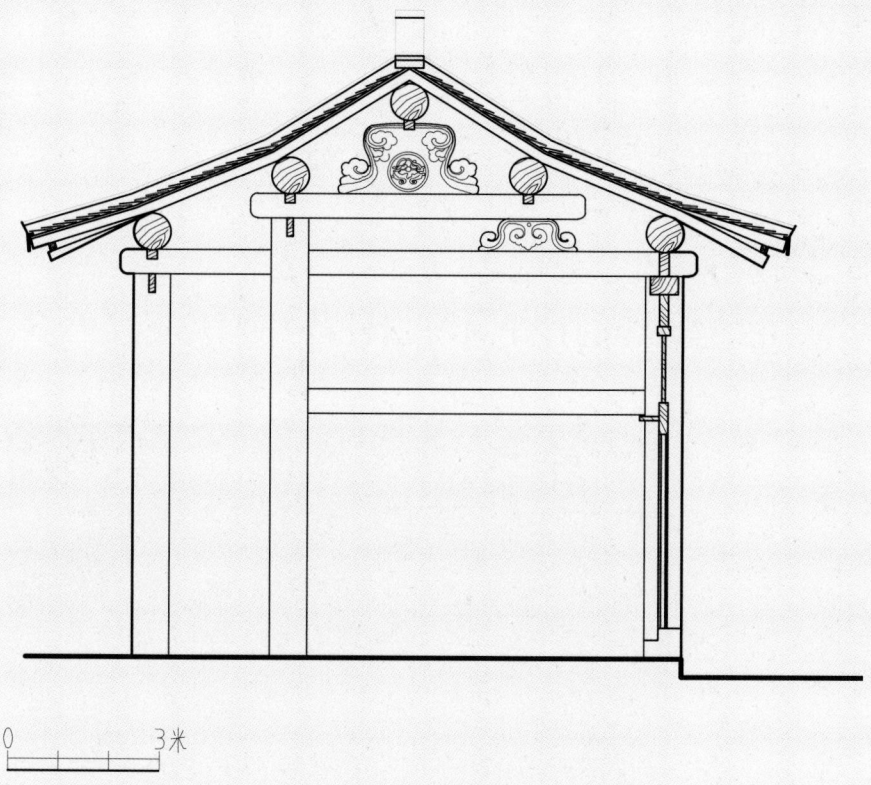

0 　 3米

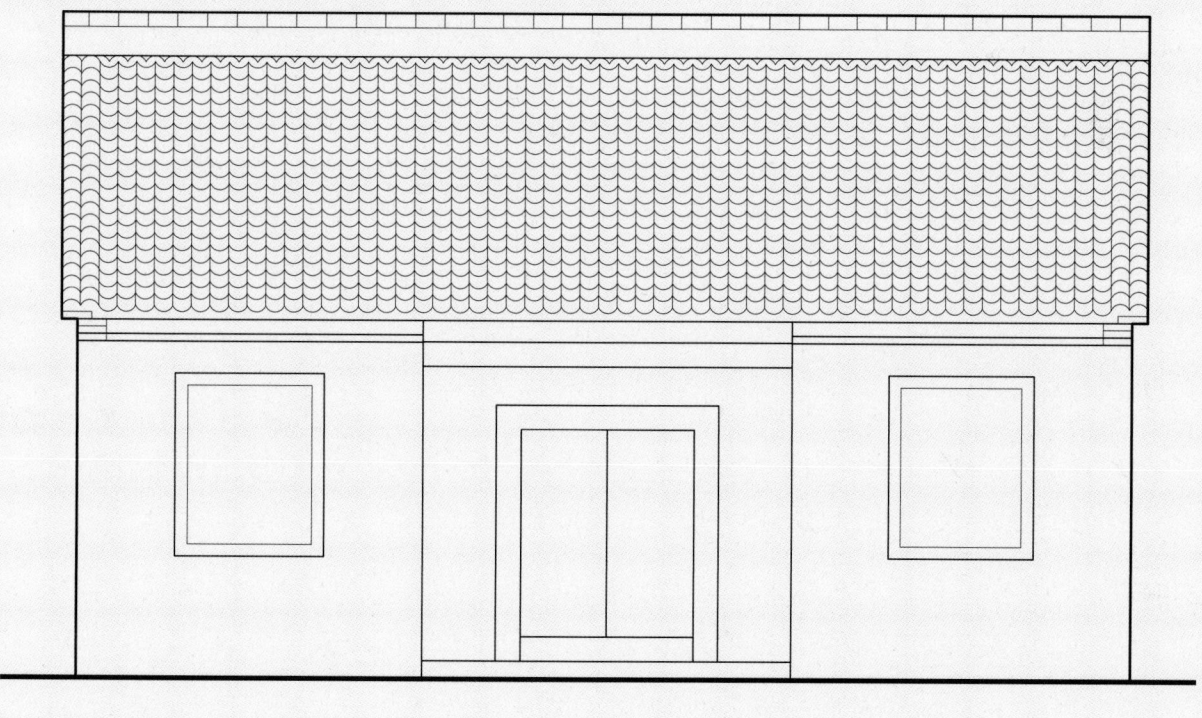

0 　 3米

四、建筑装饰艺术

（1）唐草纹。唐草纹由绵延不断的蔓生植物的植茎演化而来，代表着茂盛、长久。唐时多取牡丹的枝叶，显得植茎饱满华丽，生机勃勃，反映了唐代工艺美术富丽华美的风格。

（2）"寿"字。在中国古代传统文化中，人们认为福、禄、寿、喜、财为人生几件大事，反映了古人对长寿的追求。

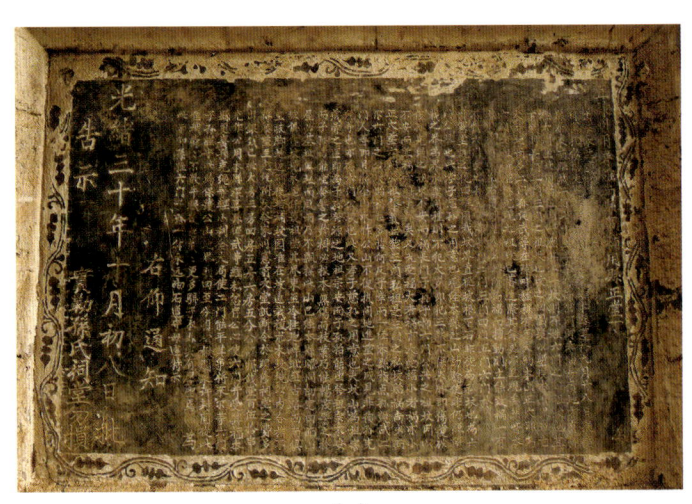

（a）

直隶州用属雒南县事补用正堂丁

出示永远遵守□□县前□

州宪札伤劫丈县□东南距城二百七十里油房岭地方有孙姓六门坐北向南祖山一座其上一坟则孙两岔河北油房岭地方亲诣县□东南距城二百七十里两岔河孙姓地山本县遵于九月二十八日亲其下坟则长门二门三门之祖坟也坟之四围护有年大约本山正穴即七大余地尚多二门祖坟其上一坟则孙两岔河北油房岭地方有为六门公坟所葬孙克绳武祖坟已落边际擅动则立能致祸一有砂仅地尚多二门孙克绳之祖坟已落边际擅动则立能致祸一有不安而并葬六门子孙矣又况受福大者祸亦大受福小者祸亦少以小正穴葬六门余气始葬三门私祖是三门之私坟祸亦不不慎六门受之孙克绳等长门二门三门四门五门六门于本山来□明堂左右护□□人总无所福而擅动则立能致祸一有州宪堂讯之后回雒同栽坟界直从坡根下石非徒在私坟也为六门公坟也此此孝子慈孙之用意也现经本县赴山劫验使非仍照而尔六门之公坟贻祸也此悔何反乎幸而一经本县指点孙绳武所栽之界为界禁开种也不犯三煞即不伤来脉即伤祖孙二门人等即恳将全山永作执开地进葬之成见非徇孙为祖克绳等也亦为六门之公坟贻祸也夫坟之成见非徇孙为祖小正穴葬六门余气始葬三门私祖是三门之私坟祸亦不宗藏骨之区即为子孙合源之地孝子安而子孙怡能坐开祖宗安而子藏骨之地亦即孝子慈孙之用意也现经本县赴山劫验使非仍照而尔六门之公坟贻祸也此悔何反乎幸而一经本县指点孙绳武于屋必基址无坏而风雨乃不飘摇此山已经本县同□□四面山坡俱作坟境永远保护祖坟其界东冷牲地畔北至古路西南俱至坡脚地边嗣后培补坟园准在现修祠堂范围之内合族得添公用本县深喜孙克绳等捐私愿存公心捐钱一百五十串充作公用本县深喜孙克绳等捐私愿存公心使六门并受其福本县更喜孙克绳等轻小利全大局使二门能平其争将来尔等六门出银钱已处大房三房四房五房六房五分公认存公于现修祠堂之费多子孙谨守此为保护公山地界则四至分明松楸则永许封固从此佳城爵〤不数牛眠□起蒸〤更多异子母违许则永许封固从此此示仰孙姓六门子孙一体永远砌石递守母违特示

右仰通知

告示 实勒孙氏祠堂无损

光绪三十年十月初八日批

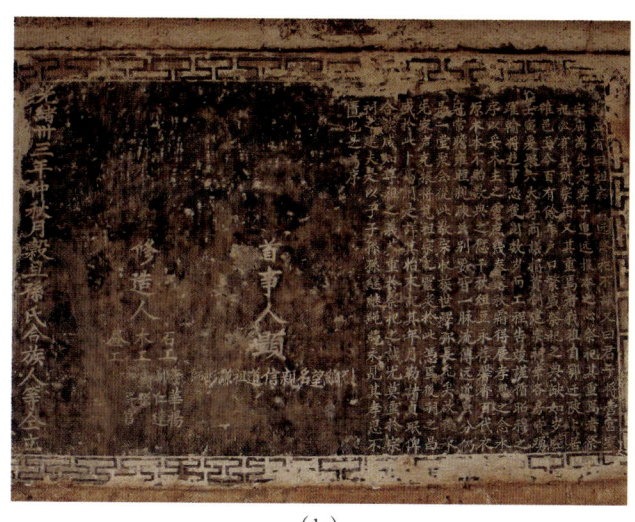

(b)

图8　孙家祠堂碑文（a）

图9　孙家祠堂柁墩雕花大样图

图10　孙家祠堂碑文（b）

先正有曰祖宗之远祭祀不诚又曰君子将营宫室宗庙为先是孝子追远报本之心祭祀其重焉者祭祀必有其所宗庙又其重焉者我祖自鄂迁陕卜居雒邑至今百有余年祀其所在壬寅爱聚六大房商议捐资创建宗祠幸各房皆踊跃输户口繁盛后嗣数岁而工程告竣谨循昭穆将趋事恐后阅数岁几春露秋霜得展孝思之序以妥木主之灵庶乎俎豆千秋祖豆永荐馨香百代衣冠常瞻雍睦亲疏总别要皆一脉流传远近总分仍是一堂数典从此振将见祖宗之灵夹于此凭焉后嗣先家声克敬宗收族世泽弥长允矣启后承先家声克于此卜焉是详其始末记其年月勒诸贞珉俾合族咸知尊祖之义莫重于祭祀之诚尤莫重于宗祠之建夫是以子子孙孙继继绳绳永见其孝思不匮也是为序

首事人显

师　彬谦祖道信亲名望纲烈

修造人：石工　李华杨　邱仁达
　　　　木工　显聪
　　　　昼工　晋富

光绪卅三年仲秋月谷旦孙氏合族人等

同立

姚家祠堂

陕西省商洛市商南县清油河镇团坪村

一、建筑区位分析

姚家祠堂位于陕西省商洛市商南县清油河镇团坪村（该文物点经纬度为 33°56′N，110°74′E）。

商南县，因地处商山之南而得名，又名"鹿城"，位于商洛市东南部，东与河南省的西峡县、淅川县相连接，南同湖北省的郧阳区、郧西县相望，西与丹凤县、山阳县相连，北同河南省的卢氏县毗邻。

二、建筑空间结构

姚家祠堂，坐北朝南。正殿面阔三间 13.6 米，进深 7.7 米。

三、建筑空间记忆

陕西省商洛市商南县姚姓宗亲是三百多年前由安徽省安庆地区被清廷由安徽宿松县强迁而来。

姚家祠堂历经数百年，经多次修缮。2018年，姚家族人筹措资金，立足原址，拆迁扩院，重新修建了姚家祠堂。

图1 姚家祠堂结构

图2 姚家祠堂正殿

图3 姚家祠堂牌位

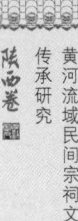

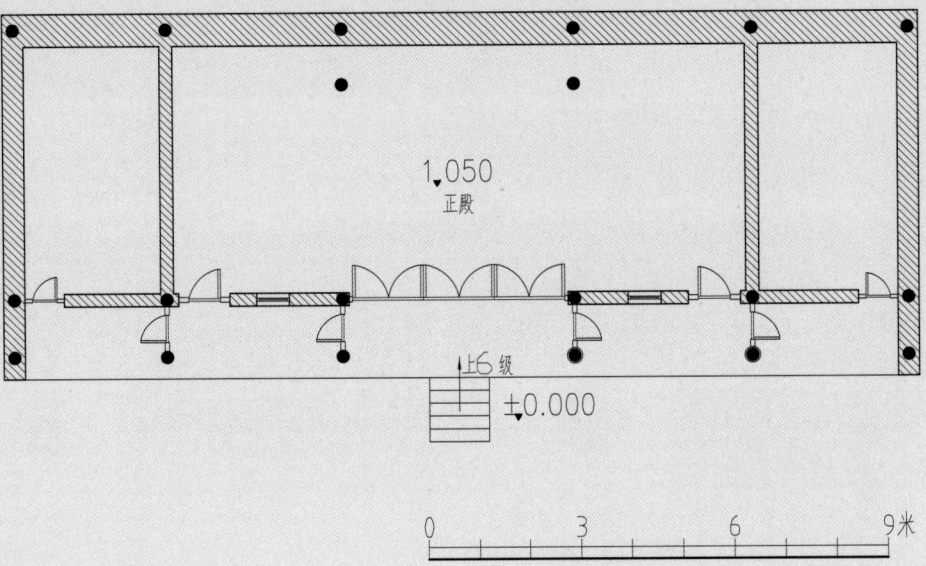

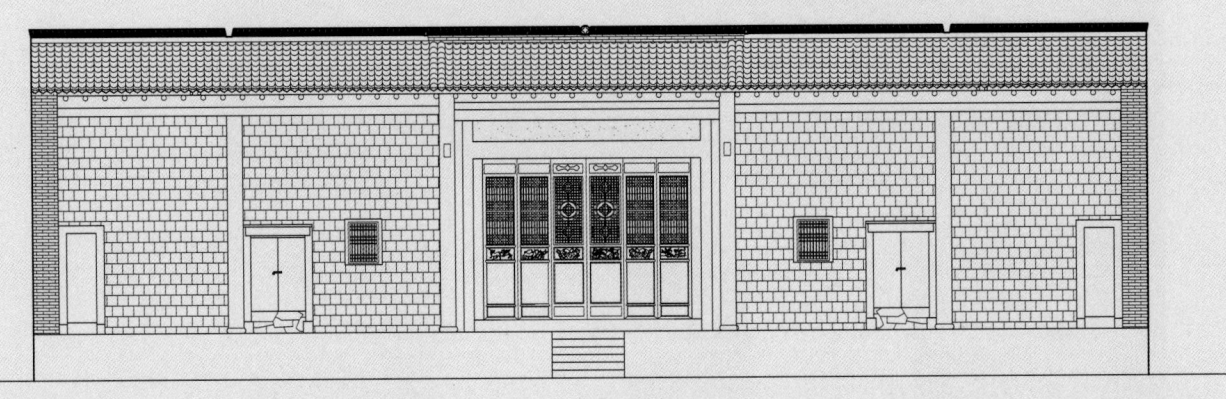

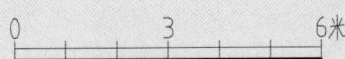

四、建筑装饰艺术

（1）喜鹊。喜鹊是喜的象征，常与梅花相结合，寓意"喜上眉（梅）梢"。

（2）鹤鹿同春。鹤鹿同春是中国传统寓意纹样之一。六合是指天地四方（天、地、东、南、西、北），亦泛指天下。六合同春便指天下皆春，万物欣欣向荣。中国民间运用谐音的手法，以"鹿"取"陆"之音，"鹤"取"合"之音。"春"的寓意则取花卉、松树、椿树等。这些形象，组合起来构成"六合同春"吉祥图案。

（3）喜报三元。指的是喜鹊和三只桂圆图案，通过取喜鹊之首字和三只桂圆之"元"字来寓意。旧时选拔官吏所用方法为科举制，在科举考试中，各县的秀才到省里参加举人的考试，第一名称为解元；各省的举人到京城参加贡士的考试——会试，第一名称为会元；之后，全国的贡士举行殿试，天子要亲自参加，第一名称为状元。由此而来，连中三元即指解元、会元、状元连续及第。荔枝、桂圆、核桃三种果品都是圆的，也寓意"三元"。

图 4　姚家祠堂总平面图
图 5　姚家祠堂正殿立面图
图 6　姚家祠堂雕花大样图

郭氏祠堂

陕西省商洛市商州区腰市镇上集村

一、建筑区位分析

郭家祠堂位于陕西省商洛市商州区腰市镇上集村（该文物点经纬度为33°81′N，110°02′E）。

腰市镇位于陕西省商洛市商州区北部，地处秦岭南侧，地势西北高，东南低，平均海拔880米。

二、建筑空间结构

郭氏祠堂，坐北朝南。正殿面阔三间10.9米，进深9.8米；拜殿面阔三间10.9米，进深6.5米；东西厢房面阔三间5.4米，进深3.1米。

三、建筑空间记忆

郭家祠堂位于商州区腰市镇上集村，始建于乾隆十八年（1753），占地面积一千六百多平方米（包括祠堂对面的戏楼及活动场地，建筑面积近700平方米），经多次维修重建，现存建筑为清代风格。2007年，郭家祠堂被列为省级重点文物保护单位，于2021年12月10日在族人大力支持下恢复匾牌悬挂，圆满落成。

郭氏祠堂为纪念郭氏先祖郭子仪而建。目前郭家保存的《郭氏家谱》编撰于清代咸丰年间（1851—1861），记载了唐朝大将军郭子仪始祖广意，原

图1 郭氏祠堂正殿

籍山西太原府曲阳县，汉授光禄卿，传至郭子仪为第七世，出生在陕西华县（今渭南华州区）莲花寺镇西马村。第十八世郭秀于明洪武年间授命南征，出谋制胜，官至督府，举家由河南省阌乡县西董村迁至商州腰市定居，并建宗祠，以祭先祖。郭秀卒后，葬于商州中乡川，即腰市镇中乡郭村。

整个建筑的墙壁、梁架、檐枋、檐板内外，保留了大量壁画、绘画、书法、题记。其中前厅西山墙所画一幅壁画高2.5米，宽6米，如今仍可辨认。内容为郭子仪平安史之乱，收回鹘、土藩的功绩故事。绘画近300幅，书法、题记三十余处（幅）。绘画形式有描金、水墨、堆彩等。

绘画内容涉及八仙侍女、农耕牧养、砍樵打柴、书法绘画、垂钓狩猎、生活宴饮以及狮兽、花卉等。是商洛发现的各类古代建筑中保存较完整，存量较多，极有价值的古代建筑彩绘艺术。

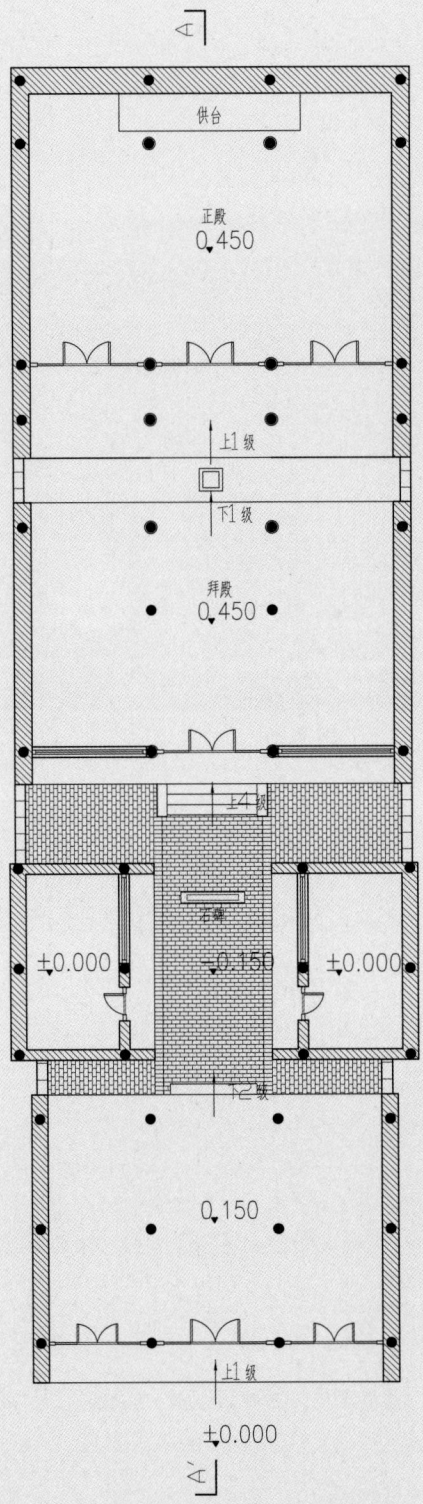

图 2 郭氏祠堂总平面图

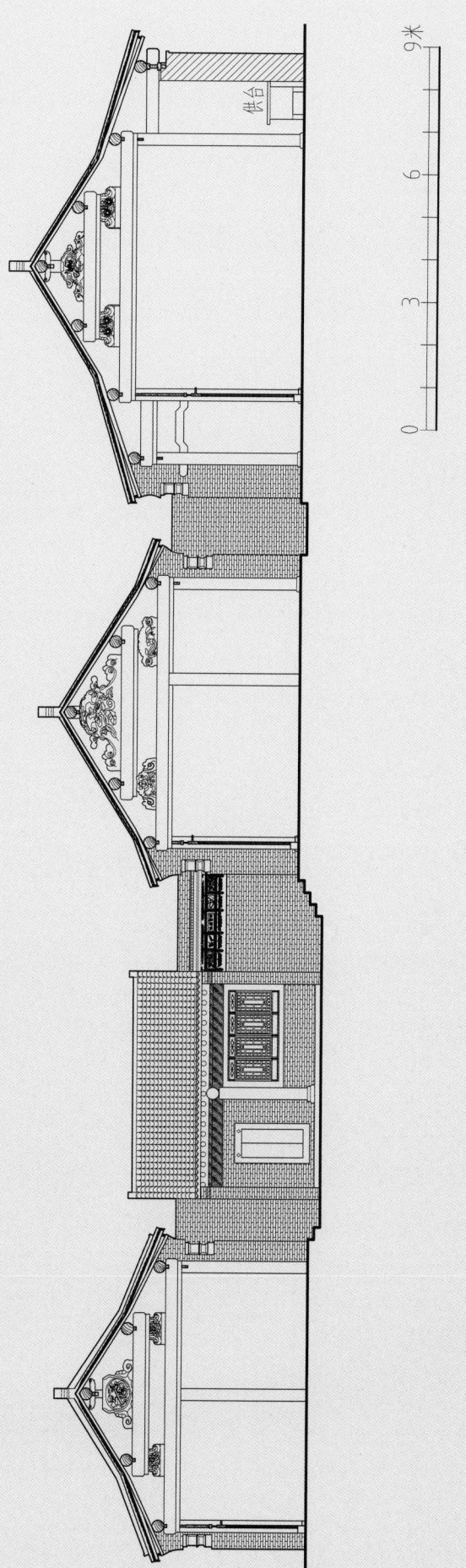

图3 郭氏祠堂 A-A' 剖立面图

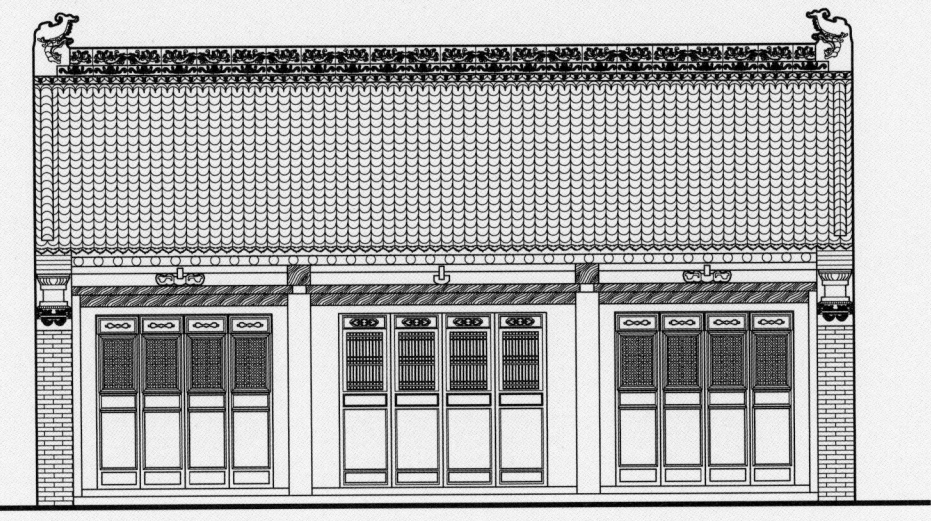

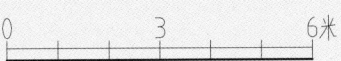

图4　郭氏祠堂山门立面图

图5　郭氏祠堂正殿立面图

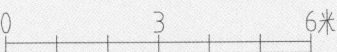

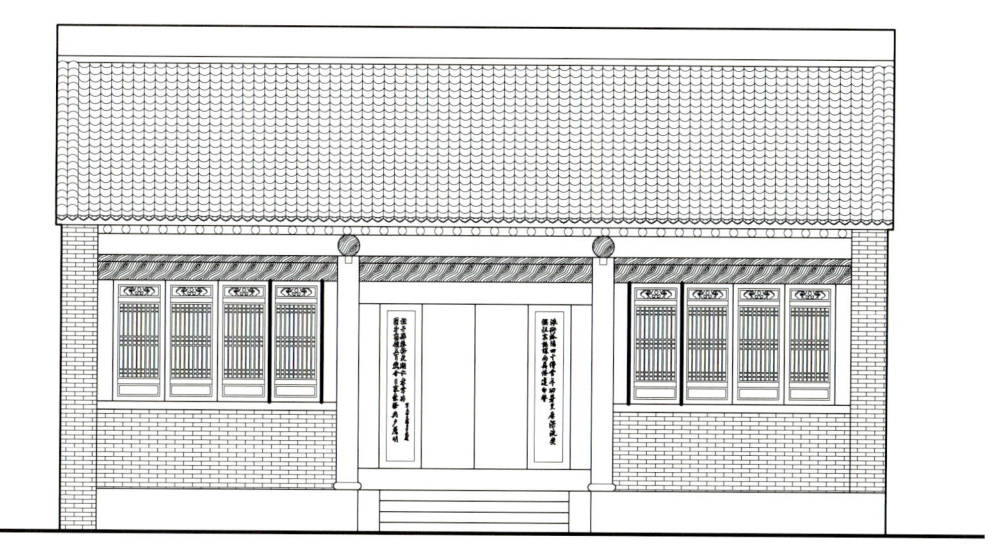

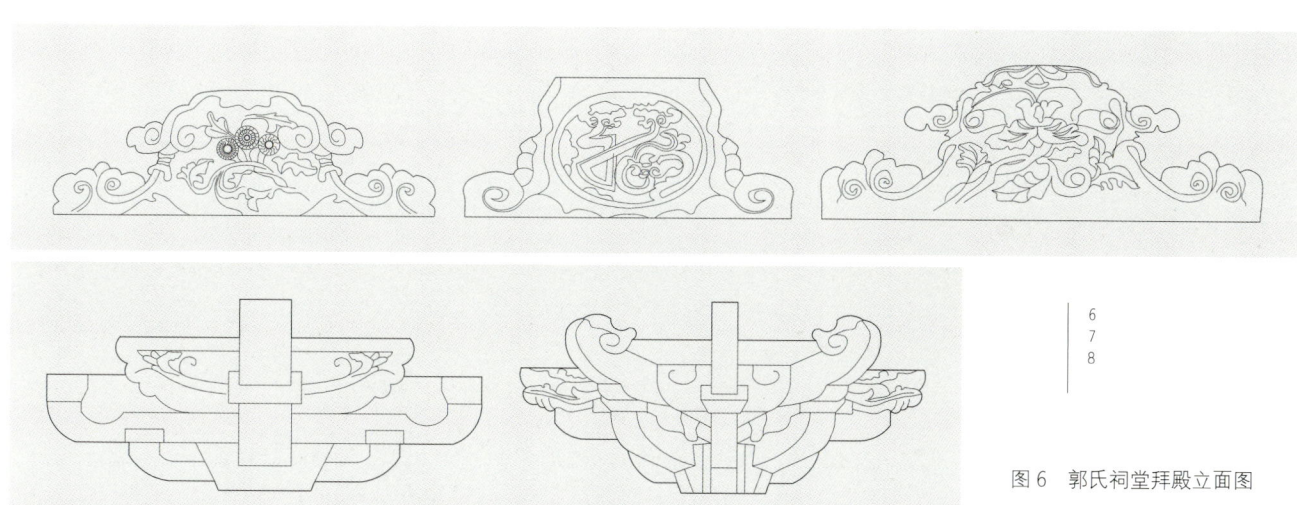

图 6　郭氏祠堂拜殿立面图
图 7　郭氏祠堂柁墩大样图
图 8　郭氏祠堂斗拱大样图

四、建筑装饰艺术

（1）福。在吉祥图案中，福的基本图形标志可分为三类：第一类是福字及变体；第二类是民间神崇拜中的神，如天官、三星等；第三类是取音借义的吉祥符号和图形。

（2）宝相花。又称作"宝仙花"，是古人在荷花、牡丹、菊花基础上经过艺术创造加工的装饰花卉图纹。加工后的花呈正侧剖面放射状，结合卷草纹样，形成完全新颖的、完美的缠枝状艺术花卉纹图。

图9 郭氏祠堂墀头细节

图10 郭氏祠堂院内景

图11 郭氏祠堂屋顶结构

图12 郭氏祠堂楹联

叶家祠堂

陕西省商洛市洛南县保安镇蒿坪村

一、建筑区位分析

叶家祠堂位于陕西省商洛市洛南县保安镇蒿坪村（该文物点经纬度为 34°16′N，109°97′E）。

保安镇，地处洛南县西部，东连永丰镇，南邻商州区，西与洛源镇相连，北接华州区金堆镇。保安镇地处秦岭南麓，洛河北岸，地势西高东低，属土石山区。

二、建筑空间结构

叶家祠堂，坐北朝南。正殿面阔五间 15.7 米，进深 5.8 米；东西厢房面阔三间 8.3 米，进深 4.4 米。

三、建筑空间记忆

叶家祠堂坐落于当地人称"草帽山"的山脚。

据蒿坪村叶家后人说，祖上是百年以前从安徽河南等地迁徙过来的"下湖人"。在民国时叶家也是乡里的大户，富甲一方，后遭匪劫，家道衰落。土改时，因这几处破旧房子，被划为地主，后逢政策调整，该祠堂及其占地又归叶家。

叶家祠堂于清光绪十四年（1888）修建，重建年代不详。叶家祠堂被列为洛南古建筑文物重点保护单位。

图1　叶家祠堂山门

图2　叶家祠堂外景

图3　叶家祠堂屋顶结构

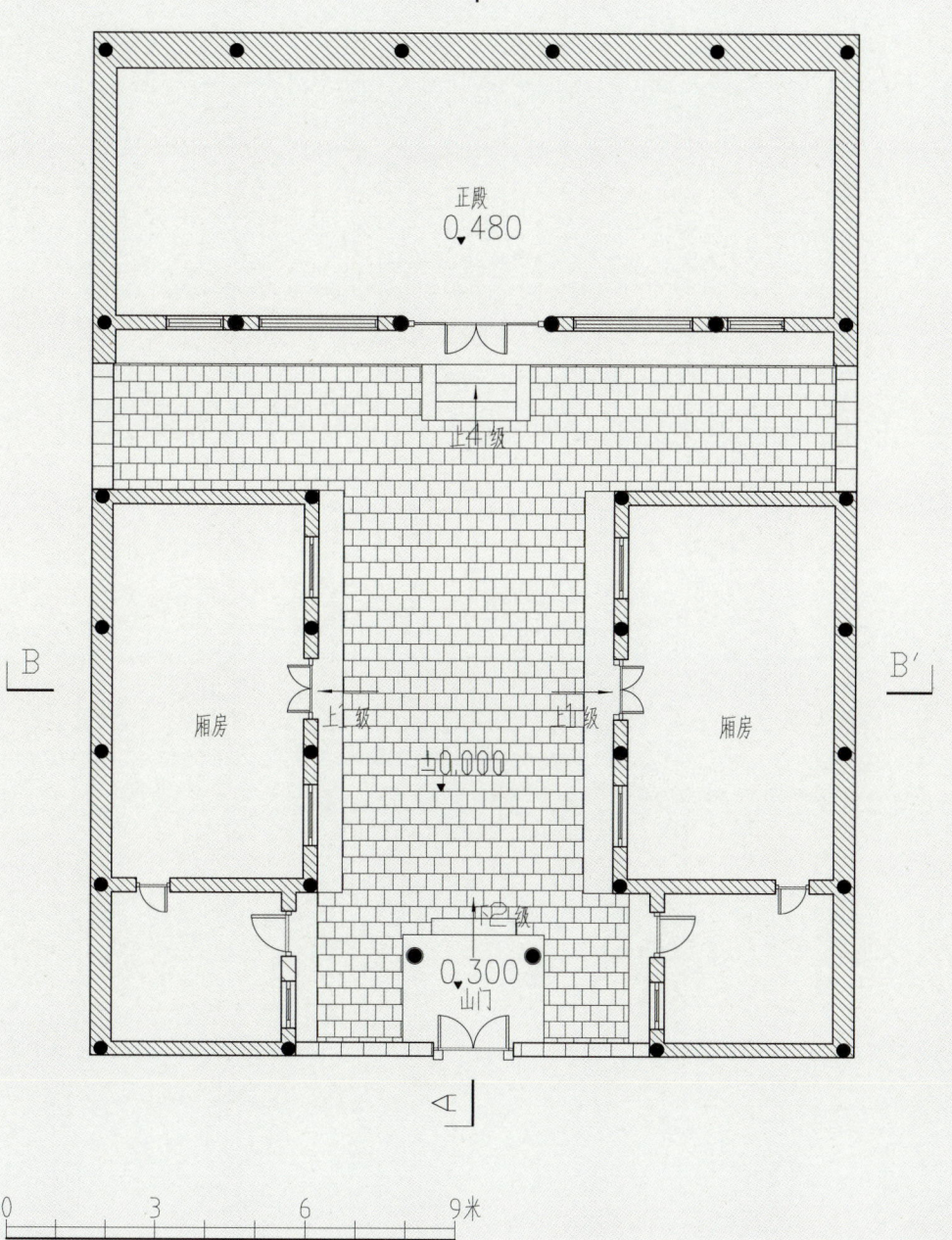

图 4 叶家祠堂总平面图

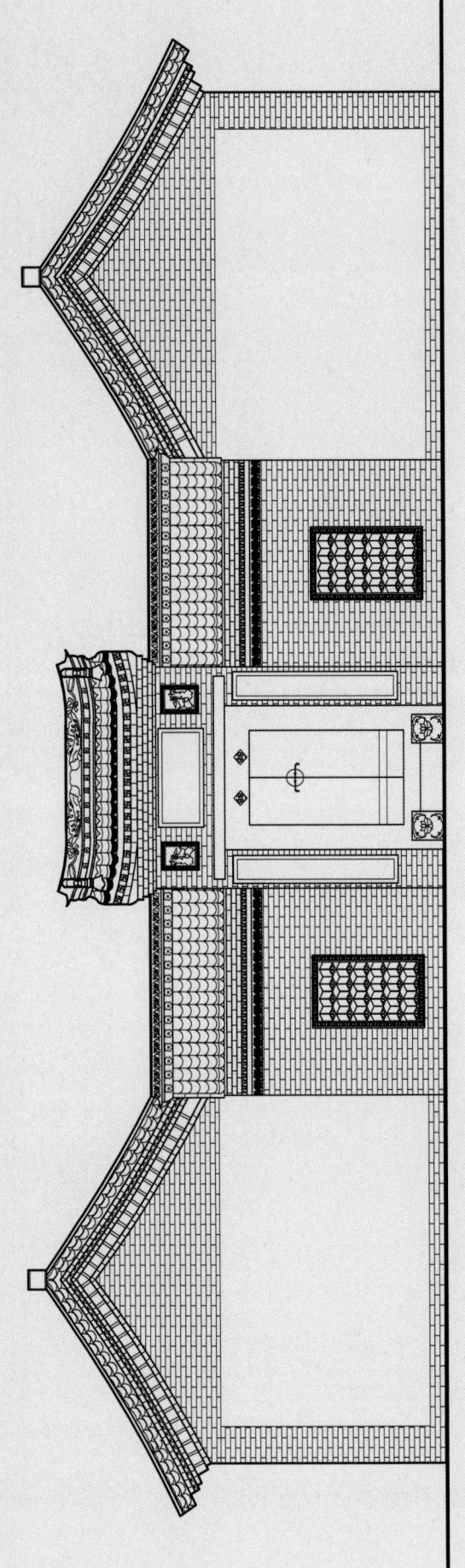

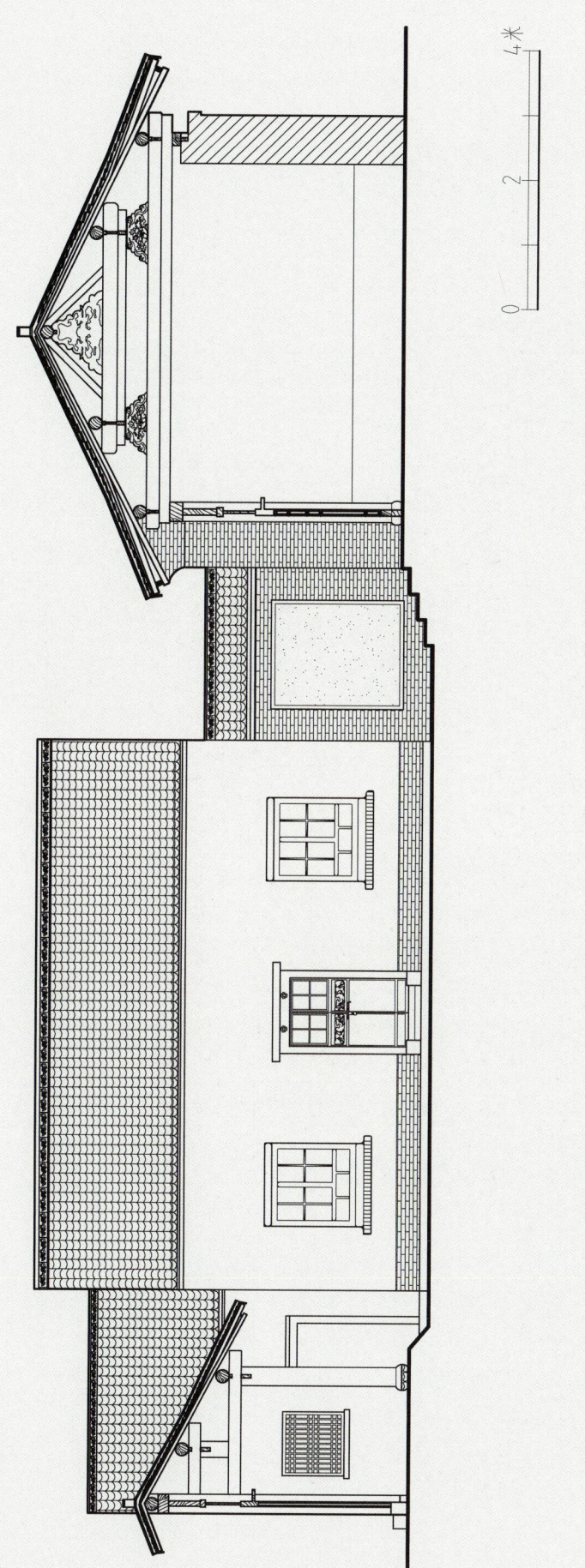

图 5　叶家祠堂山门立面图
图 6　叶家祠堂 A-A' 剖立面图

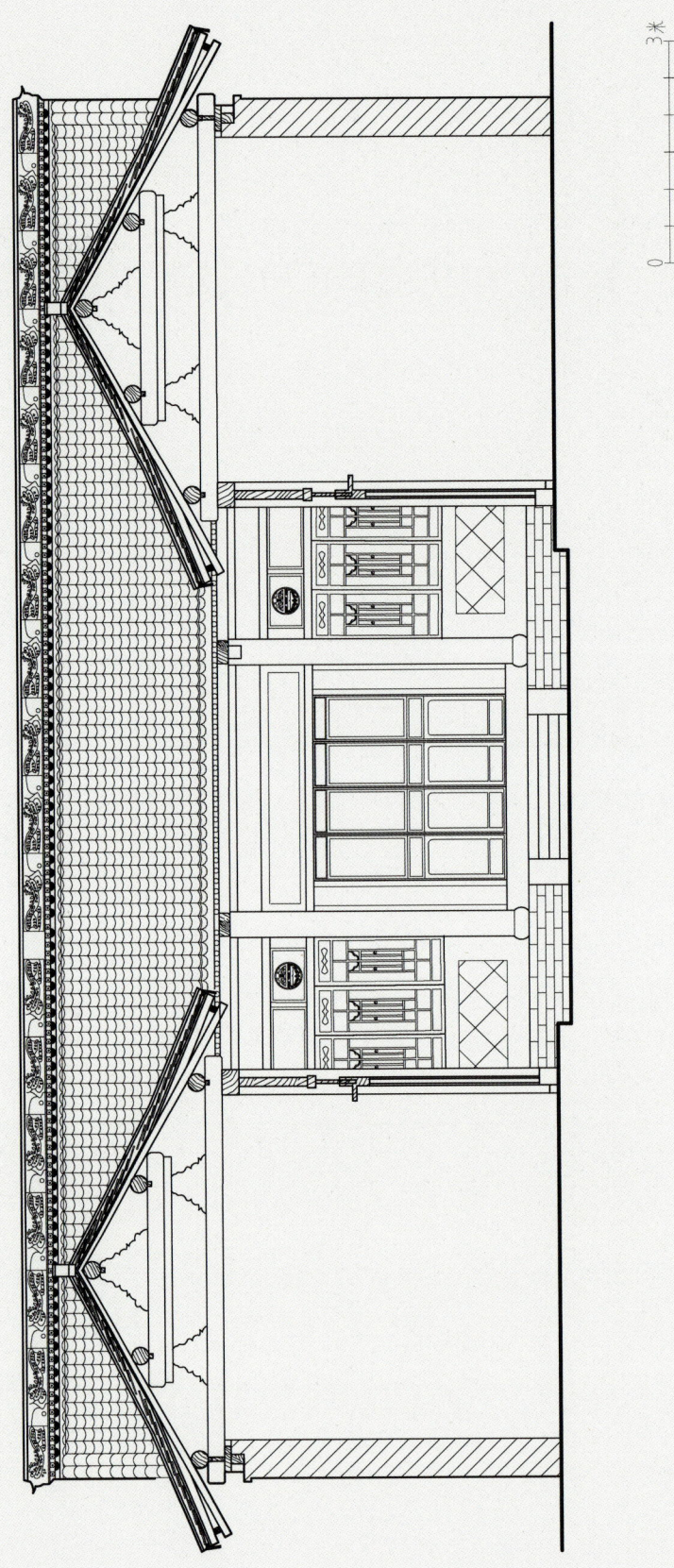

图7 叶家祠堂 B-B' 剖立面图
图8 叶家祠堂雕花大样图

四、建筑装饰艺术

（1）龟背锦。该图案是江河湖海里生长的乌龟背壳象形图案，是神灵使者的象征符号。我国古代将龟与龙、凤、麟合称"四灵"。龙能变化，凤知治乱，龟兆吉凶，麟性仁厚。"龟背锦"不仅规整美丽，而内涵健康长寿、无灾平安，能得到镇守北方的玄武神的保护之意。

（2）步步锦样式棂花。这是一幅有规则的几何图案，主要由直棂和横棂组成。直棂与横棂独立地纵横着，各自端头逗着对方的中部与边部形成丁字形状，直、横棂由外长而内短相逗形成一步步变化的图案。内涵事业上事事成功，当官步步高升的美好寓意。

（3）套方样式棂花。这是一组由四个直角套在一个四方形的四角后形成的大小四方形重叠的图案，它与方胜的区别是，套方锦是以四方形套四方形，方胜是菱形套菱形。套方锦样式的棂花图案有四方形、十字、八角等图案，寓意吉祥。

图 9　叶家祠堂院景

图 10　叶家祠堂窗细节

图 11　叶家祠堂花窗图细节（a）

图 12　叶家祠堂花窗图细节（b）

（a）　　　　　　　　　　（b）

房氏宗祠

陕西省商洛市商州区金陵寺镇房店子村

一、建筑区位分析

房氏宗祠位于陕西省商洛市商州区金陵寺镇房店子村（该文物点经纬度为33°89′N，109°82′E）。

金陵寺镇地处商州区西南部，东邻杨峪河镇，南接麻池河镇，西界杨斜镇、三岔河镇，北依麻街镇。金陵寺镇辖区东西长，南北略窄。最高点熊耳山雄踞中央，最低点位于全湾村。房店子村位于商州区金陵寺镇东部，坐落于土地岭西侧，北与下竹园村相邻，西和闫村相接，南临金陵寺河。

二、建筑空间结构

房氏宗祠，坐北朝南。正殿为两层，高7.7米，一层面阔三间8.9米，进深8.5米。

三、建筑空间记忆

房姓先祖于公元1644年由临潼鱼池湾迁商居此。房店子村原名周店子，住周姓、姜姓人家，而且姜姓居此早于周姓。陆续周姓、姜姓的房屋土地落入房姓人之手，这样周店子便更名房店子。房姓后人在村中修建了一座房氏宗祠，该祠堂上殿三间，前殿六间，东西厢房各三间，均系青砖筒瓦，五脊六兽，格子门，八扇雕窗。殿内墙上塑有壁画，暖官楼两边悬挂木雕楹联"香烛影万代辉煌,春露秋霜千载发祥"。前殿大门上方悬挂"房氏宗祠"牌匾。大门两边悬木雕楹联"祥发临潼祖宗德范垂训百世,庆衍商州嗣续承祧祀万年"。

早年的房氏祠堂是房姓族人每年清明、冬至、春节聚集在一起祭祖、讨论家事的地方,同时也将一年以来的地租和账目拿来在这里进行清算。祠堂里陈列着整个村子房姓人祖辈的牌位,墙壁上还挂有房姓人祖辈肖像的布画。房氏宗祠原来是一个四合院,坐北朝南,东西两边配有厢房,"文革"期间两边厢房相继被拆除,只剩南北前后的上房和外房,祠堂里的挂布和牌位也被破坏,被封锁了一段时间,后来渐渐成为作过事和庙会唱戏的地方。

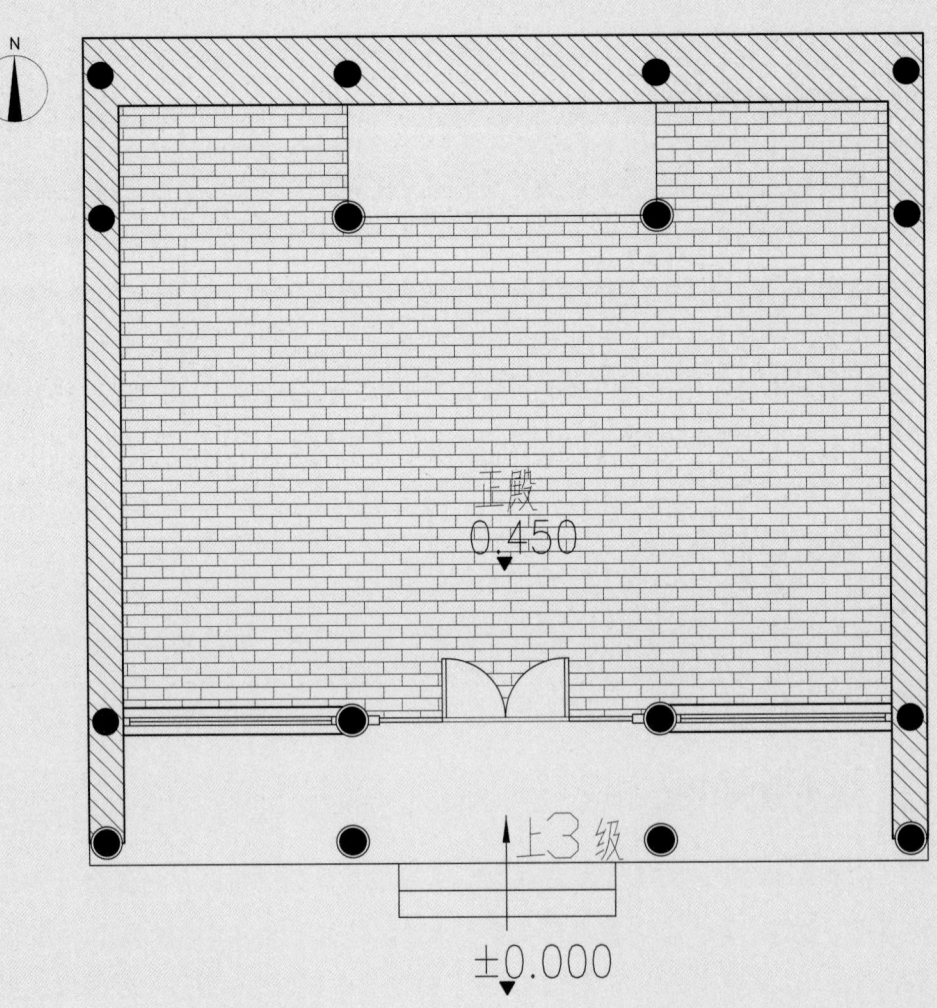

图1 房氏宗祠总平面图

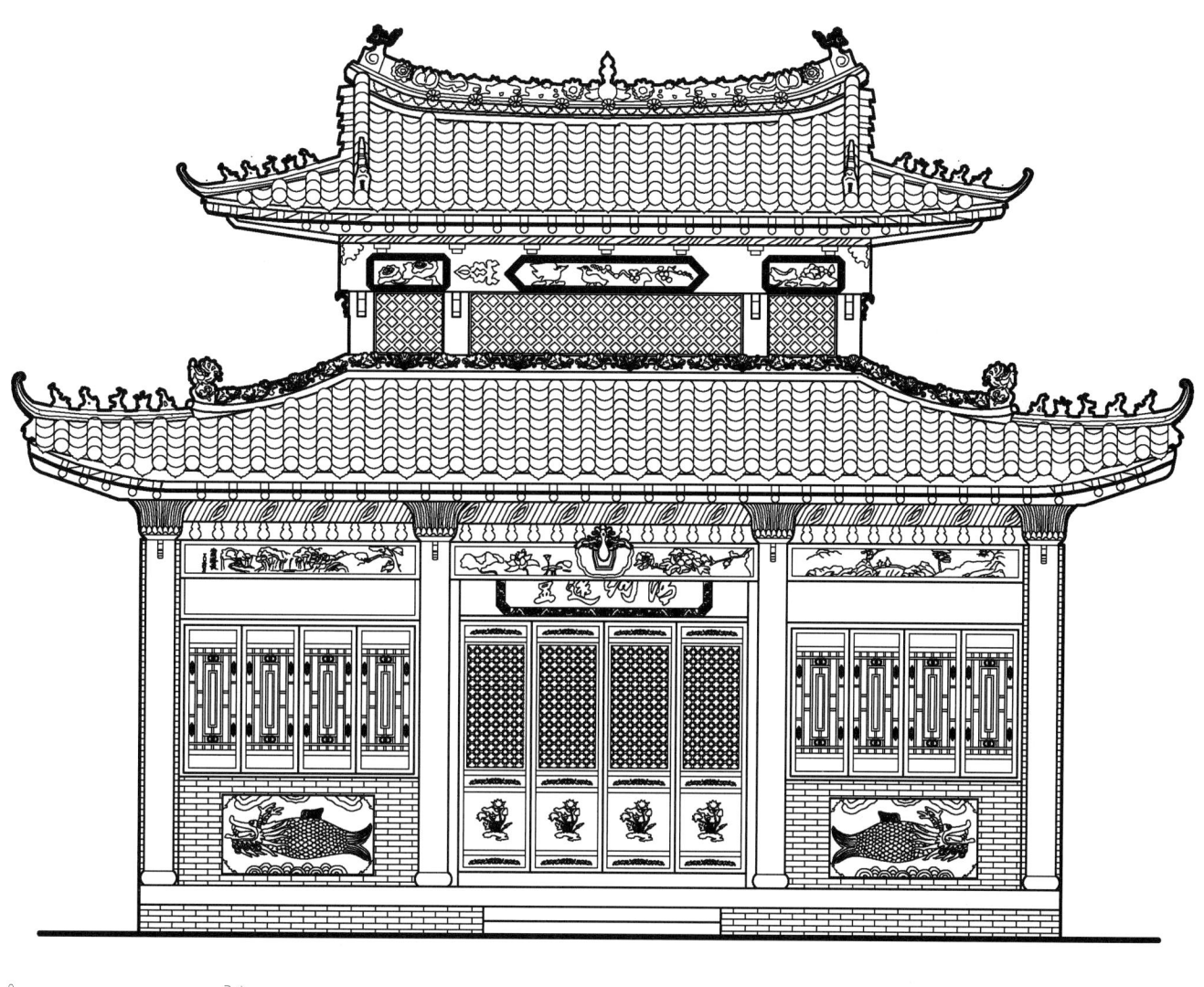

图 2 房氏宗祠正殿立面图

四、建筑装饰艺术

龙鱼。"龙"寓意"吉祥","鱼"寓意"富足"。龙鱼一直被认为是吉祥与运势的化身。龙代表吉祥贵气,鱼代表财气结余。

图3 房氏宗祠雕花大样图

图 4　房氏宗祠正殿细节

图 5　房氏宗祠正殿门

图 6　房氏宗祠正殿

图 7　房氏宗祠"清河远堂"牌匾

曹氏宗祠

陕西省商洛市商南县白浪镇地坪村老屋场

一、建筑区位分析

曹氏宗祠位于陕西省商洛市商南县白浪镇地坪村老屋场（该文物点经纬度为 33°22′N，110°91′E）。

白浪镇位于陕西省商洛市商南县东南部，地形以低山丘陵为主，地势西北高，东南低。

二、建筑空间结构

曹氏宗祠，坐北朝南。正殿面阔五间 19.2 米，进深 11.8 米；前殿面阔三间 11.7 米，进深 5.7 米；东西厢房面阔三间 11.9 米，进深 5.0 米。

三、建筑空间记忆

东晋末年，匈奴右贤王曹毂屯马兰山，被后秦苻坚斩杀，苻坚封曹毂的长子曹玺为洛川侯，统领贰城（故址在陕西省延安市黄陵县西北）以西两万部落，封他的小儿子曹寅为力川侯，统领贰城以东两万部落，历史上就称他们为东曹、西曹，其后裔子孙皆称曹姓。

现商洛曹姓为清代曹昌自安徽省安庆府怀宁县受家乡五十都钱家神社下迁入。曹氏祠堂修建年代不详，重建年代不详。

图1 曹氏宗祠屋顶结构

图2 曹氏宗祠山门

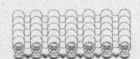

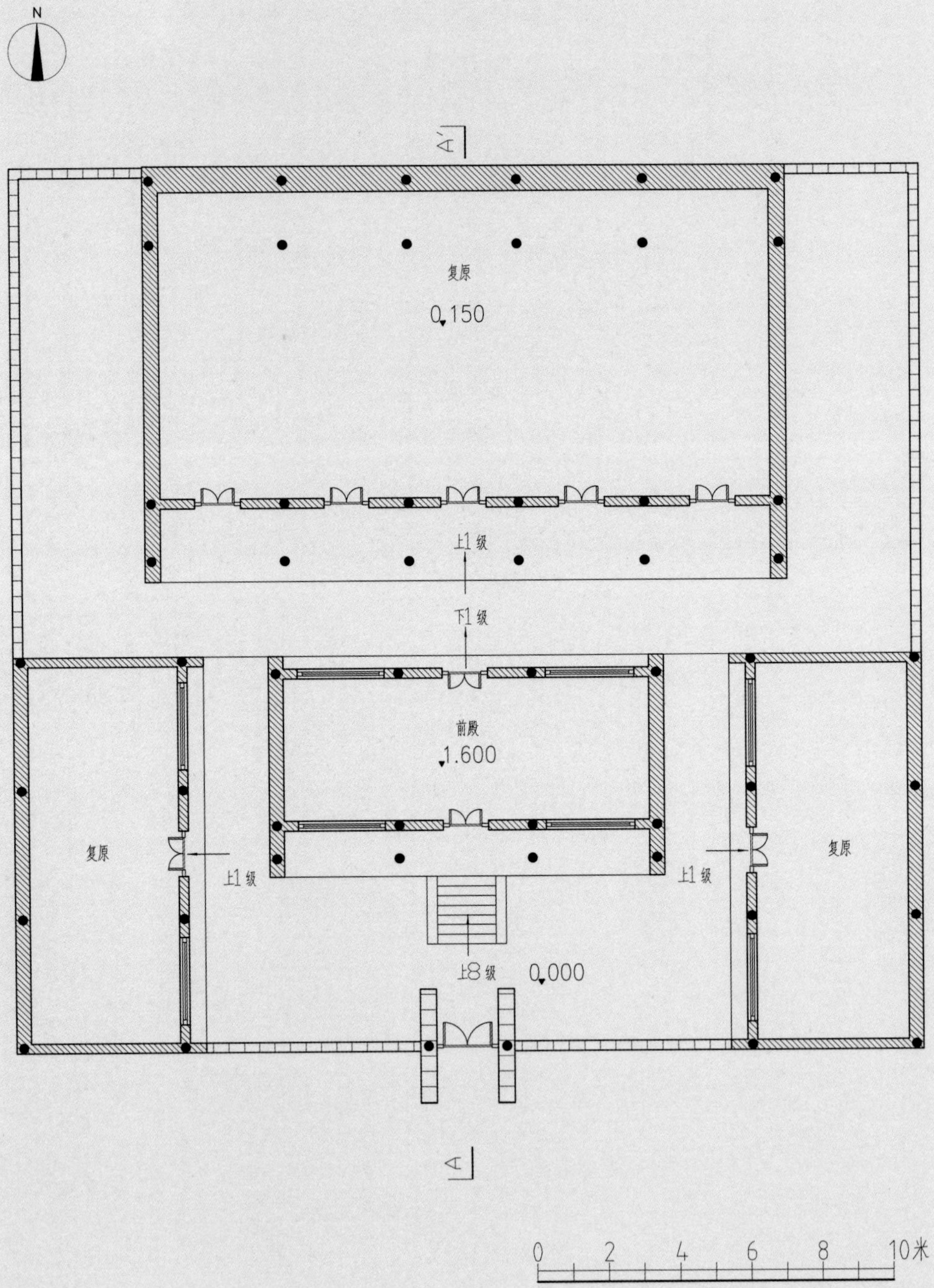

3 | 4

图3　曹氏宗祠总平面图

图4　曹氏宗祠 A–A' 剖面图

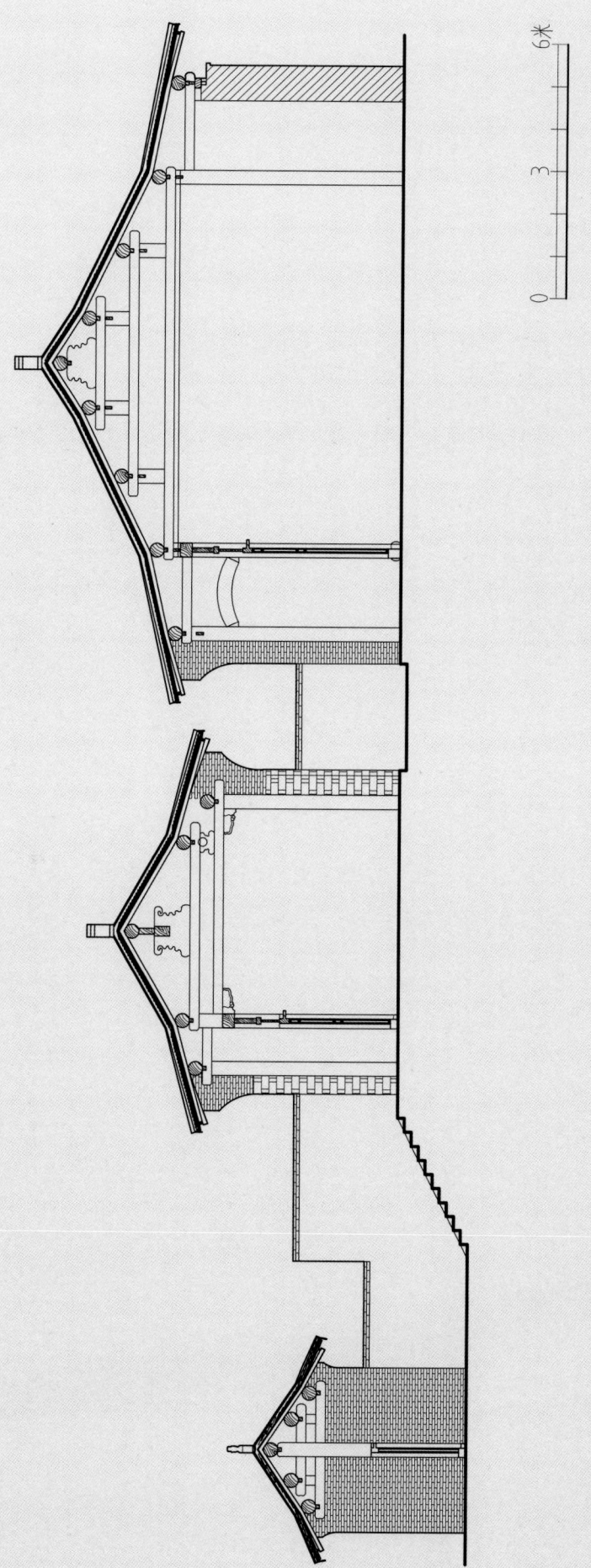

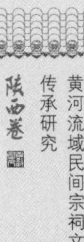

图 5 曹氏宗祠山门立面图

后记

  本项目于 2016 年 3 月底获准立项，按照项目申请书中的计划，搜集并研读相关研究资料，对文献资料进行了归纳梳理；项目组利用 2016 年、2017 年、2018 年共六个寒暑假对黄河中游晋陕豫地区的民间宗祠进行了全面的实地调研考察、测绘、访谈、数据收集及资料整理。因可资参考调研数据文献少，故在实地考察出发前进行了周密的调研，项目研究范围广，涉及三省所有地市的每个乡村，费时耗力，总计行程二十余万公里。

  项目研究团队成员及西安建筑科技大学艺术学院研究生 2012 级王纲，2014 级史雯澜、栗笑寒、钱俊祥、卢科全、刘轩，2015 级马荣、赵珂珂、赵萍萍、董亮、李孝瑾、刘敬允，2016 级丁楠、董甜子、彭美月、肖红、谢茜、闫坤、杨帆参与实地调研及宗祠图典的制图工作；2017 级邓雯、郭小钰、董涵、李维嘉、李赫、石格、王洋、赵丹笛、孟赛龙、赵宗楷、和含睿，2018 级曲琛琛、王霞、祁喻、黄蕊、孟欣琪、李豪杰、王园、郭弘菁、项明、朱泽玉，2019 级李千卉、杨高婕、曹世博、高旭、张欣颖、郝燕、陈彦琪、郭强、倪浩睿参与图典的制图工作；2020 级唐安楠、贠思汀、邹睿、成丹、王明朗玥、樊欣、高团结、邹凡、吴子威、李疏桐；2021 级刘心语、南凯源、郭家豪、张烜伟、刘晓瑶、曹紫枫、尹圣雅、闫坤参与本套书的制图及排版校对工作。特别鸣谢 2020 级研究生邹睿在该书稿设计及图片处理等方面所做的努力。

  本套书是对黄河中游晋陕豫地区民间宗祠的研究成果汇集，能对之后的历史研究及文物保护创新起指导作用，并为晋陕豫地区民间宗祠建筑遗产的保护、修缮、修复等工作提供理论依据。本套书对雕刻文化、装饰纹样、建筑结构、空间形态、民俗文化、宗祠教化等方面资料的整理能为相关学科的深入研究提供基础性资料。

作 者

2022 年 6 月 16 日